线性模型参数的估计理论

陈希孺　陈桂景
吴启光　赵林城　著

科学出版社
北京

内 容 简 介

本书为作者近几年在数理统计线性模型参数估计理论方面所做的研究工作的总结.

全书共分四章. 第一章是预备知识, 第二章讨论线性模型回归系数的最小二乘估计及一般线性估计的相合性问题, 第三章介绍误差方差估计的大样本性质, 第四章讨论小样本理论, 即回归系数的线性估计与误差方差的二次型估计的容许性问题.

本书读者对象为高等院校数学系高年级大学生、研究生、教师和数理统计科学研究工作者.

图书在版编目(CIP)数据

线性模型参数的估计理论/陈希孺等著. —北京: 科学出版社, 2010
(中国科学技术经典文库 · 数学卷)

ISBN 978-7-03-028792-2

I. 线… II. 陈… III. 线性模型-参数估计 IV. O212

中国版本图书馆 CIP 数据核字(2010) 第 166909 号

责任编辑: 刘嘉善 陈玉琢 / 责任校对: 朱光兰
责任印制: 吴兆东 / 封面设计: 王 浩

科学出版社 出版
北京东黄城根北街 16 号
邮政编码: 100717
http://www.sciencep.com
北京建宏印刷有限公司印刷
科学出版社发行 各地新华书店经销
*
2010 年 9 月第 一 版 开本: B5 (720 × 1000)
2024 年 9 月第三次印刷 印张: 14
字数: 272 000
定价: 128.00 元
(如有印装质量问题, 我社负责调换)

序　　言

本书的目的是介绍线性模型理论的若干新发展. 对数理统计知识有过一点接触的人, 都了解线性模型的重要地位. 一些富有实用意义的统计分支, 诸如回归分析、方差分析和多元分析等, 都以这种模型理论为基础, 或与之有密切联系. 因此, 有关这种统计模型的一些较为古典的内容, 在一般数理统计教科书中都有不同程度的介绍. 近几十年来, 特别是 20 世纪 60 年代以来, 线性模型理论无论在广度和深度上都有不少新发展, 像大样本理论、可容许的线性与二次型估计、非参数和 Robust 估计、序贯和 Bayes 方法以及自变量也带随机误差的所谓 “Error In Variables” 模型等等. 这些发展大都有实用上的意义: 有的改进了传统的估计方法而提供了较好的估计, 有的扩大了模型的应用范围, 有的在误差的正态性不成立的情况下提供了可用的大样本检验和区间估计等. 另一些发展的主要意义则在于纯理论方面, 它加深了我们对这个重要模型的性质的认识.

本书作者近年来在这个领域里做了一点研究工作, 对其现状作了一些了解, 写作这本专著的念头就是由此而起. 但由于篇幅所限而且由于不少新的发展目前还远未达到比较成熟和定型, 所以要写一本详尽的、包括到目前为止的所有主要成果的专著是不现实的. 我们希望本书内容以我们自己的工作为基础, 这样, 对所涉及的课题能作较深入的论述. 因此, 我们挑选了线性模型参数的线性和二次型估计的大样本理论和容许性这些题材, 并把书名定为《线性模型参数的估计理论》.

本书共分四章. 第一章是预备知识. 在这一章开头列举了为阅读本书所需的各种预备知识. 由于本书使用的方法没有超出古典分析、矩阵及一般分析概率论的范围, 即使只读过少数基本课程的概率统计专业学生, 也不难看懂本书的绝大部分内容. 第二章讨论线性模型回归系数的最小二乘估计及一般线性估计相合性问题, 介绍了在各种意义下的相合性条件. 从概率论角度, 可以把本章内容看作是古典大数定律的某种推广, 因为它的主题无非是关于线性型 $\sum\limits_{i=1}^{n} a_{ni}e_i$ (这里 a_{ni} 是常数, e_i 为满足一定性质的随机变量) 在各种意义下收敛到 0 的问题. 只是 $\{a_{ni}\}$ 是由试验点列 $\{x_i\}$ 所决定, 而条件必须加在 $\{x_i\}$ 上, 而不能直接涉及 $\{a_{ni}\}$, 因而增加了复杂性. 第三章讨论线性模型的另一重要参数 —— 误差方差估计的大样本性质, 主要是讨论基于残差平方和的二次型估计. 在相合性、渐近于正态分布的一致和非一致性速度等问题上, 都得到了较理想的结果. 在一个特殊情况下, 这方面的工作早在 20 世纪 40 年代已由许宝騄教授开其端. 本章的工作可以看作是他的工作的继续和发展. 第四章讨论回归系数的线性估计与误差方差的二次型估计的容许性问题. 前两节主要是介绍 Rao, Cohen, Stein, James 和 Brown 等人的工作, 其中包括了近代参数估计理论中的若干重大成果, 过去在中文文献中还很少介绍. 以后几节包括在矩阵损失下线性估计的容许性及误差方差二次型估计的容许性, 则主要是本书作者及其合作者的工作.

作者的一个希望是使一些初进入研究工作的青年读者相信, 使用初等工具也可以解决数理统计学中比较困难的理论问题, 并达到比较深入的结果. 总观近四十年来数理统计学发展的状况, 给人的印象是: 虽然新的结果大量涌现, 但这个数学分支仍保持了这样一个特点: 其多数重大结果依赖于熟练和深入地使用古典方法的技巧, 而不是更新的数学工具.

本书写作分工情况如下: 第一章至第四章的初稿分别由陈希孺、陈桂景、赵林城和吴启光执笔, 最后由陈希孺写成定稿. 由于作者水平所限, 书中不妥和错误之处肯定不少, 希望同行专家和广大读者不吝赐教.

作　者

1981 年 11 月 24 日

目　　录

序言
第一章　预备知识 …… 1
§1.1　矩阵与线性模型 …… 1
§1.2　判决函数与容许性 …… 10
§1.3　概率论中的若干极限定理 …… 18
参考文献 …… 29
第二章　回归系数最小二乘估计的相合性 …… 30
§2.1　LS 估计弱相合的条件 …… 31
§2.2　一般线性弱相合估计的存在问题 …… 43
§2.3　LS 估计的 r 阶平均相合性 …… 54
§2.4　LS 估计的强相合性 …… 64
参考文献 …… 88
第三章　误差方差估计的大样本性质 …… 90
§3.1　σ_n^2 的相合性 …… 91
§3.2　一致性收敛速度 (I) …… 104
§3.3　一致性收敛速度 (II) …… 119
§3.4　非一致性收敛速度 …… 135
§3.5　σ_n^2 的分布的渐近展开 …… 151
参考文献 …… 155
第四章　线性模型参数估计的容许性问题 …… 156
§4.1　回归系数的线性估计的可容许性 I (在线性估计类中) …… 157
§4.2　回归系数的线性估计的可容许性 II (在一般估计类中) …… 171
§4.3　矩阵损失下回归系数线性估计的可容许性 …… 182
§4.4　误差方差的二次型估计的可容许性 I (在二次型估计类中) …… 189
§4.5　误差方差的二次型估计的可容许性 II (在一般估计类中) …… 213
参考文献 …… 216

第一章　预备知识

阅读本书所需的预备知识有以下三方面：一是相当于大学二年级程度的数学分析与线性代数，二是数理统计. 除了初等教本中包含的一般性内容外，还需要一点线性模型的估计理论知识、判决函数的基本概念、Bayes 方法初步和估计的容许性理论中若干较不常见的结果. 三是概率论. 需要测度论、强弱极限理论及鞅论的初步知识，程度大体上相当于 Loève 的专著 Y[1]，个别地方还需用到 Petrov 专著 [2] 和 Stout 的专著 [3] 中的材料.

在本章中，我们打算对本书中常用的一部分知识 (如线性模型的最小二乘估计理论和矩阵的广义逆等) 以及某些在文献中不易查阅的事实给以较仔细的叙述. 对其他内容，主要是概率论中极限理论方面，因涉及面太广，自无法在此详细叙述. 但准备将一些常用结果不加证明地汇集一下，以便于查阅. 了解这些结果的确切意义而不必涉及其证明细节，就可以读懂本书的有关部分. 当然，如果要进一步做这方面的研究工作，则必须去钻研上面提到的有关著作，或与之相当的著作.

§1.1　矩阵与线性模型

先提出本书中常用的一些记号. m 行 n 列的矩阵 A 常称为 $m\times n$ 矩阵 A，或 $A:m\times n$. 当 $m=n$ 时称为 n 阶方阵. 方阵 A 的行列式记为 $|A|$. 矩阵 A 的转置记为 A'. 一列矩阵称为列向量，而一行矩阵称为行向量. 我们总是以不加 “′” 的向量表列向量. 例如，a 为一列向量，而 a' 则为行向量. 向量 $a=(a_1,\cdots,a_n)'$ 的长为 $\left(\sum\limits_1^n a_i^2\right)^{1/2}$，记为 $\|a\|$. 矩阵 A 的秩记为 $\mathrm{rk}(A)$. 若 A 为方阵，则其迹 (trace)，即主对角线元之和，记为 $\mathrm{tr}(A)$. 本书中涉及的矩阵都是实的.

若 $\mathscr{A}$ 为一线性子空间，则其正交补空间记为 $\mathscr{A}^\perp$. 设 $A=(a_1\vdots\cdots\vdots a_n)$，则由 A 的列向量 $a_1,\cdots,a_n$ 张成 (或生成) 的线性子空间记为 $\mathscr{M}(A)$. 其正交补空间记为 $\mathscr{M}^\perp(A)$.

正定方阵 A 记为 $A>0$. 半正定 (又称非负定) 方阵 A 记为 $A\geqslant 0$. 在本书中，正定与半正定方阵必为对称. 若 $A-B\geqslant 0(A-B>0)$，则记为 $A\geqslant B(A>B)$. n 阶单位阵记为 I_n，或简记为 I.

设 $A:m\times n$ 的 (i,j) 元为 a_{ij}，则记为 $A=(a_{ij})_{i=1,\cdots,m,j=1,\cdots,n}$. 设 $A_n=$

$(a_{ij}^{(n)})_{i=1,\cdots,u,j=1,\cdots,v}$, $n=1,2,\cdots$. 若

$$\lim_{n\to\infty} a_{ij}^{(n)}=0,\quad i=1,\cdots,u,\quad j=1,\cdots,v,$$

则称 $\lim\limits_{n\to\infty} A_n=0$ 或 $A_n\to 0$. 若 $\{b_n\}$ 为一列正数, 且当 $n\to\infty$ 时, $a_{ij}^{(n)}=O(b_n)(o(b_n))$ 对 $i=1,\cdots,u,j=1,\cdots,v$, 则称 $A_n=O(b_n)(o(b_n))$.

(一) 广义逆　设 A 为任一矩阵. 若矩阵 B 满足关系

$$ABA=A, \tag{1.1}$$

则称 B 为 A 的一个 "减号广义逆", 记为 $B=A^-$. 在本书中, 我们只用这种方式定义的广义逆, 因此在以后, "减号" 两字常省去.

若 A 为一满秩 (非异) 方阵, 则 A^- 惟一且等于 A 的逆矩阵 A^{-1}. 以下将看到, 这事实之逆亦真. 由这个性质可知, A^- 是 A^{-1} 的某种推广. 这在以下的性质 1 中看得更为明显.

广义逆的性质 (以下只涉及在后面有用的):

1. $B=A^-$ 的充要条件为, 若 $Ax=c$ 有解, 则 $x=Bc$ 为其一解.

证　设 $B=A^-$, 则式 (1.1) 成立. 记 $A=(a_1\vdots\cdots\vdots a_n)$, 有 $ABa_i=a_i$, $i=1,\cdots,n$. 因为 $Ax=c$ 有解, 任取其一解 $x^*=(x_1^*,\cdots,x_m^*)'$, 故有 $c=\sum\limits_1^m x_i^*a_i$, 因而

$$ABc=A\sum_1^m x_i^*\ Ba_i=\sum_1^m x_i^*ABa_i=\sum_1^m x_i^*a_i=c,$$

即 Bc 为一解. 反过来, 若所设条件成立, 则因 $Ax=a_i$ 有解 ($(0,\cdots,0,1,0,\cdots,0)'$ 即为一解), 有 $ABa_i=a_i\,(i=1,\cdots,n)$, 因而式 (1.1) 成立, 故 $B=A^-$.

2. 对任意 A, A^- 必存在. 更进一步：若通过初等变换将 A 变为

$$A=P\begin{pmatrix} I_r & 0\\ 0 & 0\end{pmatrix}Q$$

的形状, 则 $B=A^-$ 的充要条件为：B 有形式

$$B=Q^{-1}\begin{pmatrix} I_r & D\\ E & F\end{pmatrix}P^{-1},$$

此处 D,E,F 任意 (当然, 若 A 为 $m\times n$, 则 $\begin{pmatrix} I_r & D\\ E & F\end{pmatrix}$ 必须为 $n\times m$).

证　设 A 为 $m\times n$. 任取一个 $n\times m$ 的矩阵 B, 表之为 $\begin{pmatrix} G & D\\ E & F\end{pmatrix}P^{-1}$. 则

$$ABA = A \Leftrightarrow P\begin{pmatrix} I_r & 0 \\ 0 & 0 \end{pmatrix}\begin{pmatrix} G & D \\ E & F \end{pmatrix}\begin{pmatrix} I_r & 0 \\ 0 & 0 \end{pmatrix}Q = P\begin{pmatrix} I_r & 0 \\ 0 & 0 \end{pmatrix}Q$$

$$\Leftrightarrow \begin{pmatrix} I_r & 0 \\ 0 & 0 \end{pmatrix}\begin{pmatrix} G & D \\ E & F \end{pmatrix}\begin{pmatrix} I_r & 0 \\ 0 & 0 \end{pmatrix} = \begin{pmatrix} I_r & 0 \\ 0 & 0 \end{pmatrix}$$

$$\Leftrightarrow \begin{pmatrix} G & 0 \\ 0 & 0 \end{pmatrix} = \begin{pmatrix} I_r & 0 \\ 0 & 0 \end{pmatrix}$$

$$\Leftrightarrow G = I_r,$$

明所欲证. 由这个结果推出以下几点:

a. A^- 必存在.

b. $\mathrm{rk}(A^-) \geqslant \mathrm{rk}(A)$. 更进一步: 若 $A : m\times n$, 则对任意 t, $\mathrm{rk}(A) \leqslant t \leqslant \min(m, n)$, 存在 A^-, 致 $\mathrm{rk}(A^-) = t$.

c. 当且仅当 A 为满秩方阵时, A^- 才惟一.

3. 对任意矩阵 A, 有

$$AA'(AA')^-A = A, \tag{1.2}$$

$$A'(AA')^-AA' = A'. \tag{1.3}$$

证 因为任一实矩阵 B=0 的充要条件是 BB'=0, 记 $B = AA'(AA')^-A - A$. 有 $B' = (CA)' = A'C'$, 其中 $C = AA'(AA')^- - I$, 故由式 (1.1) (改其中的 A 为 AA', B 为 $(AA')^-$)

$$BB' = [AA'(AA')^-AA' - AA']C' = 0,$$

因而 B=0. 这证明了式 (1.2). 式 (1.3) 类似证明.

4. 设 A 为对称方阵, 将 A 表为

$$A = P\mathrm{diag}(\lambda_1, \cdots, \lambda_n)P',$$

此处 P 为正交阵, $\lambda_1, \cdots, \lambda_n$ 为 A 的全部特征根. 又 $\mathrm{diag}(\lambda_1, \cdots, \lambda_n)$ 记一对角阵, 其主对角线元依次为 $\lambda_1, \cdots, \lambda_n$. 则 A 之一广义逆为

$$A^- = P\mathrm{diag}(\lambda_1^{-1}, \cdots, \lambda_n^{-1})P',$$

此处约定 $O^{-1} = O$. 由此可知, 若 A 对称 (半正定), 则必存在对称 (半正定) 的 A^-.

(二) 投影矩阵与幂等矩阵 设 $\mathscr{A}$ 为 n 维实向量空间中之一线性子空间. 如所周知, 任一向量 x 可分解为 $x = a_x + b_x$, 其中 $a_x \in \mathscr{A}$, 而 $b_x \in \mathscr{A}^\perp$, 且这种分解是惟一的. 变换 $x \to a_x$ 显然是一线性变换, 称为 "向 $\mathscr{A}$ 的投影变换". 将此变换用矩阵表为 $a_x = B_x$, 则 B 称为 "向 $\mathscr{A}$ 的投影 (变换) 阵". 一般地, 若 B 为向某一线性子空间的投影阵, 则称 $\mathscr{B}$ 为投影阵.

有如下的重要结果.

定理 1.1　设 A 为任一矩阵, 则向 $\mathscr{M}(A)$ 的投影阵为 $P_A = A(A'A)^- A'$(由投影阵的惟一性, 这结果也表示 $A(A'A)^- A'$ 与 $(A'A)^-$ 的取法无关).

证　只需验证以下三条: a. $P_A x \in \mathscr{M}(A)$, 对任意 x. b. $P_A x = x$, 当 $x \in \mathscr{M}(A)$. c. $x - P_A x \perp \mathscr{M}(A)$, 对任意 x.

a 是显然的. 对 b, 注意若 $x \in \mathscr{M}(A)$, 则存在向量 c, 使得 $x = Ac$. 于是由式 (1.2),

$$P_A x = P_A Ac = A(A'A)^- A'Ac = Ac = x.$$

为证 c, 任取 $y = Ad \in \mathscr{M}(A)$, 则由式 (1.3)

$$\begin{aligned} y'(x - P_A x) &= d'A'(I - A(A'A)^- A')x \\ &= d'[A' - A'A(A'A)^- A']x = 0. \end{aligned}$$

明所欲证.

这个结果给投影阵以一明确的表达式, 是广义逆的一重要应用. 易见, 向 $\mathscr{M}^{\perp}(A)$ 的投影阵为 $I - P_A$. 又 P_A 之秩等于 A 之秩. 事实上, 由 $P_A = A(A'A)^- A'$ 知 $\mathrm{rk}(P_A) \leqslant \mathrm{rk}(A)$. 又在式 (1.2) 中改 A 为 A', 得 $A'P_A = A'$, 因而

$$\mathrm{rk}(P_A) \geqslant \mathrm{rk}(A') = \mathrm{rk}(A).$$

若一方阵 A 满足 $A^2 = A$, 则称 A 为幂等阵. 以后我们只考虑对称的幂等阵. 易见这种方阵的特征根只能为 1 或 0, 故得

1. A 为对称幂等阵的充要条件为: 存在正交阵 P, 致

$$A = P' \begin{pmatrix} I_r & 0 \\ 0 & 0 \end{pmatrix} P, \quad r = \mathrm{rk}(A). \tag{1.4}$$

设 $P = (p_{ij})_{i,j=1,\cdots,n}$, 则由式 (1.4) 得

$$x'Ax = \sum_{i=1}^{r} \left(\sum_{j=1}^{n} p_{ij} x_j \right)^2, \quad x = (x_1, \cdots, x_n)'. \tag{1.5}$$

又利用关系式 $\mathrm{tr}(AB) = \mathrm{tr}(BA)$, 由式 (1.4) 立得

2. 对称幂等阵的迹等于其秩 (此性质对一般幂等阵也成立).

幂等阵之一重要性质为其与投影阵的联系:

3. A 为投影阵的充要条件为: A 对称幂等.

证　设 A 为向线性子空间 $\mathscr{A}$ 的投影阵. 在 $\mathscr{A}$ 中找向量 $b_1, \cdots, b_n$, 使得 $\mathscr{A} = \mathscr{M}(B)$, $B = (b_1 \vdots \cdots \vdots b_n)$, 则 $A = P_B = B(B'B)^- B'$. 因 $B'B$ 对称, 故由广义逆

的性质 4, 知存在对称的 $(B'B)^-$. 取此作为 P_B 中的 $(B'B)^-$(前已指出, 由 P_B 的惟一性, P_B 与 $(B'B)^-$ 的取法无关), 知 $A=P_B$ 为对称阵. 又由式 (1.2)(改 A 为 B') 有

$$A^2=B(B'B)^-B'B(B'B)^-B'=B(B'B)^-B'=A,$$

知 A 为幂等的. 反过来, 若 A 为对称幂等, 则易见, A 即为向 $\mathscr{M}(A)$ 的投影阵. 因 $Ax\in\mathscr{M}(A)$, 又

$$\begin{aligned}
&x\in\mathscr{M}(A)\Rightarrow x=Ac\Rightarrow Ax=AAc=Ac=x;\\
&y\in\mathscr{M}(A)\Rightarrow y=Ac\Rightarrow y'(x-Ax)=c'A'(I-A)x\\
&\qquad\qquad\qquad\qquad\qquad\qquad\quad =c'A(I-A)x\\
&\qquad\qquad\qquad\qquad\qquad\qquad\quad =c'(A-A^2)x=0.
\end{aligned}$$

明所欲证.

(三) 线性模型与最小二乘估计 设 $\beta=(\beta_1,\cdots,\beta_p)'$ 为未知的 p 维向量, $x_i=(x_{1i},\cdots,x_{pi})'$ $(i=1,\cdots,n)$ 为已知的 p 维向量. $e_1,\cdots,e_n$ 为随机变量, 则称

$$Y_i=x_i'\beta+e_i,\quad i=1,\cdots,n \tag{1.6}$$

为一线性 (回归) 模型. 事实上, 这表示一个包含 p 个自变量 $X_1,\cdots,X_p$ 和一个因变量 Y 的结构. 在第 i 次试验或观察时, 自变量 $X_1,\cdots,X_p$ 分别取值 $x_{1i},\cdots,x_{pi}$, 而因变量则取值 Y_i. 在一些问题中, $x_{1i},\cdots,x_{pi}$ 的值可事先指定. 这时称 $x_1,\cdots,x_n$ 为"试验点列", 而 $X=(x_1\vdots\cdots\vdots x_n)'$ 为"设计矩阵". 即使在 x_i 之值不能由试验者自由选择的场合, 我们为方便计也沿用以上术语. $\beta_1,\cdots,\beta_p$ 称为回归系数. $x_i'\beta$ 可视为因变量 Y_i 的值中, 依赖于自变量的部分, 而 e_i 则被视为第 i 次试验的随机性误差. 因此, 常假定

$$E_{ei}=0,\quad i=1,\cdots,n. \tag{1.7}$$

引进 $Y=(Y_1,\cdots,Y_n)'$, $e=(e_1,\cdots,e_n)'$, 可将线性模型 (1.6) 写为矩阵形式

$$Y=X\beta+e. \tag{1.8}$$

在大样本理论中, 式 (1.6) 中的 n 是不固定的, 这时写成 $Y_i=x_i'\beta+e_i$, $i=1,\cdots,n,\cdots$. 相应于式 (1.8) 的形式, 则上式为 $Y_{(n)}=X_{(n)}\beta+e_{(n)}$, $n=1,2,\cdots$.

线性模型理论中首要问题之一, 就是利用 x_i 和 $Y_i\,(i=1,\cdots,n)$, 以对 β 及其线性函数作出估计, 及检验关于它的假设. 在此我们只讨论估计问题. 称 $\hat\beta$ 为 β 的最小二乘 (least squares, 简记为 LS) 估计, 若 $\hat\beta$ 满足条件

$$\|Y-X\hat\beta\|^2=\min\{\|Y-X\beta\|^2:\beta\in\mathbb{R}^p\}. \tag{1.9}$$

用微分法, 得出必要条件为: $\hat{\beta}$ 是方程

$$S\beta = X'Y \quad (S = X'X) \tag{1.10}$$

之解. 方程 (1.10) 称为正则方程.

定理 1.2　1° 方程 (1.10) 必有解. 2° 方程 (1.10) 之任一解必满足条件 (1.9). 3° 反之, 若 β^* 满足条件 (1.9), 则 β^* 为 (1.10) 之一解.

证　1° 显然. 因由 (1.2) 易知:

$$\hat{\beta} = S^- X'Y \tag{1.11}$$

就是 (1.10) 之一解. 若 $\hat{\beta}$ 为 (1.10) 之任一解, 则对任意 $\beta \in \mathbb{R}^p$ 有

$$\begin{aligned}\|Y - X\beta\|^2 &= \|Y - X\hat{\beta}\|^2 + \|X(\hat{\beta} - \beta)\|^2 \\ &\quad + 2(\hat{\beta} - \beta)'X'(Y - X\hat{\beta}) \\ &= \|Y - X\hat{\beta}\|^2 + \|X(\hat{\beta} - \beta)\|^2 \geqslant \|Y - X\hat{\beta}\|^2.\end{aligned} \tag{1.12}$$

这证明了 2°. 若 β^* 满足条件 (1.9), 则以 $\beta = \beta^*$ 代入式 (1.12), 应有 $\|X(\hat{\beta} - \beta^*)\|^2 = 0$, 因而 $X\hat{\beta} = X\beta^*$, 故

$$S\beta^* = X'X\beta^* = X'X\hat{\beta} = S\hat{\beta} = X'Y,$$

即 β^* 确为方程 (1.10) 之一解. 证毕.

若 $\mathrm{rk}(X) = p$, 则 $|S| \neq 0$, 这时称为 “满秩情形”. 在满秩情形下, 式 (1.10) 的解, 即 β 的 LS 估计是惟一的:

$$\hat{\beta} = S^{-1}X'Y. \tag{1.13}$$

在这种情形下称 β 为可估的. 一般, 只有在 β 可估时, 才谈到其 LS 估计. 但我们以后不坚持这一点, 而称可表为式 (1.11) 的 $\hat{\beta}$ 为 β 的 LS 估计.

容易证明, 若 β 可估而条件 (1.7) 满足, 则 β 的 LS 估计 $\hat{\beta}$ 为无偏的. 又若 $e = (e_1, \cdots, e_n)'$ 的协差阵为 Σ, 则 $\hat{\beta}$ 的协差阵为

$$\mathrm{cov}(\hat{\beta}) = S^{-1}X'\Sigma XS^{-1}. \tag{1.14}$$

事实上, 有 $\hat{\beta} = S^{-1}X'Y = S^{-1}X'(X\beta + e) = \beta + S^{-1}X'e$, 故由 $Ee = 0$ 立知 $\hat{\beta}$ 为无偏的. 再注意到 S 对称, 即得

$$\mathrm{cov}(\hat{\beta}) = S^{-1}X'\Sigma(S^{-1}X')' = S^{-1}X'\Sigma XS^{-1}.$$

一个重要的特例是

$$\Sigma = \sigma^2 I_n, \quad 0 < \sigma^2 < \infty, \tag{1.15}$$

这时由式 (1.14) 得

$$\mathrm{cov}(\hat{\beta}) = \sigma^2 S^{-1}. \tag{1.16}$$

如果线性模型 (1.8) 满足条件 (1.7) 和 (1.15), 则称它为 Gauss-Markov 模型, 简称为 GM 模型 (在此并未要求 X 满秩). 条件 (1.7) 和 (1.15) 也称为 GM 条件或 GM 假定. 在讨论线性模型时, 一般常假定条件 (1.7), 故 GM 条件一般特指式 (1.15). 在式 (1.15) 中, σ^2 为随机误差的 (公共) 方差. 它一般假定为未知, 是线性模型的一个重要参数.

在证明定理 1.3 时曾得到表达式

$$\hat{\beta} - \beta = S^{-1} X' e, \tag{1.17}$$

它把 $\hat{\beta} - \beta$ 表为 $e_1, \cdots, e_n$ 的线性组合, 这是一个很有用的关系式.

(四) 可估函数与 Gauss-Markov(GM) 定理, BLUE 设有线性模型 (1.8), 并设条件 (1.7) 成立. 设 $c'\beta$ 为 β 之一线性函数. 若存在 $c'\beta$ 之一无偏估计量 $\varphi(Y)$, 则称 $c'\beta$ 为可估的 ($\varphi(Y)$ 自然还可依赖于 $x_1, \cdots, x_n$. 因 $x_1, \cdots, x_n$ 已知且无随机性, 这个依赖关系不必指出). 若 C 为 $r \times p$ 矩阵, 其各行向量为 $c_1', \cdots, c_r'$, 而 $c_i'\beta$ 皆可估 ($i = 1, \cdots, r$), 则称 $C\beta$ 为可估的.

定理 1.3 设 $c'\beta$ 可估, 则必存在 $c'\beta$ 的形如 $a'Y$ 的线性无偏估计. 又 $c'\beta$ 可估的充要条件为 $c \in \mathscr{M}(X')$.

证 首先, 由于 $c'\beta = E_\beta \varphi(Y)$, 而 Y 的分布只通过 $X\beta$ 而依赖于 β①, 有

$$X\beta = X\beta^* \Rightarrow c'\beta = c'\beta^*.$$

换句话说, 若 $\beta - \beta^*$(它可取 $\mathbb{R}^p$ 中任意向量为值) 与 $\mathscr{M}(X')$ 正交, 则必与 C 正交, 因而 $c \in \mathscr{M}(X')$. 反过来, 若 $c \in \mathscr{M}(X')$, 则存在 a, 使 $c = X'a$. 这时 $E_\beta(a'Y) = a'X\beta = c'\beta$, 因而 $c'\beta$ 可估. 这一举证明了定理中的两个结论.

以 $\hat{\beta}$ 记 β 的任一个 LS 估计. 当 $c'\beta$ 可估时, 称 $c'\hat{\beta}$ 为 $c'\beta$ 的 LS 估计. 易见此时 $c'\hat{\beta}$ 与 $\hat{\beta}$ 的取法无关. 事实上, 若 $\hat{\beta}_{(1)}$ 和 $\hat{\beta}_{(2)}$ 为两个 LS 估计, 则 $X'Y = S\hat{\beta}_{(1)} = S\hat{\beta}_{(2)}$. 因 $c'\beta$ 可估, 有 $c \in \mathscr{M}(X') = \mathscr{M}(X'X) = \mathscr{M}(S) = \mathscr{M}(S')$, 故存在 d, 使得 $c = S'd$, 而

$$c'\hat{\beta}_{(1)} = d'S\hat{\beta}_{(1)} = d'S\hat{\beta}_{(2)} = c'\hat{\beta}_{(2)}.$$

明所欲证.

---

① 此处隐含了这样的假定: 在模型 (1.8) 中, e 的分布与 β 无关. 若给线性模型以更一般的定义: $EY = X\beta$, $\mathrm{COV}(Y) = \sigma^2 I$, 则定理 1.3 的前一结论不必成立.

定理 1.4 (GM 定理) 设 GM 条件满足. 若 $c'\beta$ 可估, 则在 $c'\beta$ 的一切线性无偏估计类中, 其 LS 估计 $c'\hat{\beta}$ 是惟一的方差一致最小的估计.

证 先明确一点: 从字面上看, $c'\beta$ 的线性估计可以包括形如 $a'Y+a_0$ 的非齐次估计. 但要这估计为无偏, 必须 $c'\beta=E_\beta(a'Y+a_0)=a'X\beta+a_0$, 对一切 $\beta\in\mathbb{R}^p$. 特别, 取 $\beta=0$ 得 $a_0=0$. 因此, 可限于考虑齐次线性估计.

现证 $c'\hat{\beta}$ 无偏. 因 $c'\beta$ 可估, 由定理 1.3 及其证明, 知存在 a, 使得 $c=Sa$, 故 $c'\hat{\beta}=a'S\hat{\beta}$. 据式 (1.10), 有 $c'\hat{\beta}=a'X'Y$, 故 $E_\beta(c'\hat{\beta})=a'X'X\beta=a'S\beta=c'\beta$. 因而 $c'\hat{\beta}$ 为 $c'\beta$ 之一无偏估计.

现任取 $c'\beta$ 之一无偏估计 $a'Y$. 由无偏性有 $c'\beta=E_\beta(a'Y)=a'X\beta$ 对一切 β, 故 $a'X=c'$. 而 $c'\hat{\beta}=a'X\hat{\beta}$. 依式 (1.15), 有

$$\begin{aligned}\operatorname{var}_{\beta,\sigma}(c'\hat{\beta})&=a'XS^-X'a\sigma^2=a'P_Xa\sigma^2\\&=a'P_XP_Xa\cdot\sigma^2=\sigma^2\left\|P_Xa\right\|^2.\end{aligned}$$

另一方面, 有 $\operatorname{var}_{\beta,\sigma}(a'Y)=\sigma^2\|a\|^2$. 因为对任意 a 有 $\|a\|\geqslant\|P_Xa\|$, 故 $c'\hat{\beta}$ 的方差总不会超过 $a'Y$ 的方差. 而要 $\|a\|=\|P_Xa\|$, 充要条件为 $a\in\mathscr{M}(X)$, 即存在 d, 使得 $a=Xd$. 这时有

$$c'\hat{\beta}=a'X\hat{\beta}=d'X'X\hat{\beta}=d'S\hat{\beta}=d'X'Y=a'Y.$$

这证明了 $c'\hat{\beta}$ 为使方差最小的惟一的线性无偏估计. 定理证毕.

这个重要定理奠定了在 GM 模型下, LS 估计的重要地位. 如果有线性模型 (1.8) 且仍假定条件 (1.7) 成立, 但代替 GM 条件 (1.15), 假定

$$\operatorname{cov}(e)=\sigma^2V,\quad V>0\ \text{已知},\quad 0<\sigma^2<\infty,\sigma^2\ \text{未知}, \tag{1.18}$$

则关于线性函数 $c'\beta$ 的可估性定义、LS 估计等, 并无改变. 因这些只依赖于 Y 的均值向量, 而不依赖于其协差阵. 但是, 在 $V\neq I$ 的场合, 可估函数 $c'\beta$ 的 LS 估计 $c'\hat{\beta}$ 一般已不再具有定理 1.4 中所描述的性质. 事实上, 上述模型不难转化到 GM 模型: 作变换 $Z=V^{-1/2}Y$, 则有

$$Z=\tilde{X}\beta+\tilde{e},$$

其中 $\tilde{X}=V^{-1/2}X$, $\tilde{e}=V^{-1/2}e$. 而

$$\operatorname{cov}(\tilde{e})=V^{-1/2}\sigma^2VV^{-1/2}=\sigma^2I,$$

故对 Z 而言, GM 条件满足. 若 $c'\beta$ 可估, 在 Z 模型求 β 之任一 LS 估计, 为

$$\tilde{\beta}=(X'V^{-1}X)^-X'V^{-1/2}Z=(X'V^{-1}X)^-X'V^{-1}Y. \tag{1.19}$$

因而得到 (据 GM 定理) 在一切线性无偏估计类中, 惟一的无偏方差最小估计为

$$c'\tilde{\beta} = c'(X'V^{-1}X)^{-}X'V^{-1}Y. \tag{1.20}$$

这个估计在文献中常称为 “最佳线性无偏估计” (best linear unbiased estimate, 简记为 BLUE). 它与 $c'\beta$ 的在 Y 模型下的 LS 估计 $c'(X'X)^{-}X'Y$ 一般不同. 有时, 也称式 (1.20) 为 GM 估计. 于是, 在 GM 条件下, GM 估计重合于 LS 估计.

(五) $\boldsymbol{\sigma^2}$ 的估计 假定线性模型 (1.8) 满足 GM 条件 (1.7) 与 (1.15), 于是有估计 σ^2 的问题. 任取 β 之一 LS 估计 $\hat{\beta}$(在估计 σ^2 时, 不必要求 β 可估). 称

$$\delta_i = Y_i - x_i'\hat{\beta}\,(i = 1, \cdots, n)$$

为残差. 易见它们不依赖于 $\hat{\beta}$ 的选择 (因为 $x_i'\beta$ 为可估, 而 $x_i'\hat{\beta}$ 为其 LS 估计. 前已指出, 它与 $\hat{\beta}$ 的选择无关). 通常, 以 $\delta_1, \cdots, \delta_n$ 的平方和除以适当常数 (使之成为无偏的) 作为 σ^2 的估计, 称之为 “基于残差平方和的估计”. 记 $\delta = (\delta_1, \cdots, \delta_n)'$, 有 $\delta = Y - X\hat{\beta} = Y - XS^{-}X'Y = (I - P_X)Y$, 而 P_X, 因而 $I - P_X$ 为对称幂等阵, 故

$$\|\delta\|^2 = Y'(I - P_X)'(I - P_X)Y = Y'(I - P_X)Y. \tag{1.21}$$

注意到 $(I - P_X)X = O$(据式 (1.3)), 有

$$(I - P_X)Y = (I - P_X)X\beta + (I - P_X)e = (I - P_X)e. \tag{1.22}$$

因此由式 (1.21) 又有

$$\|\delta\|^2 = e'(I - P_X)e. \tag{1.23}$$

利用式 (1.7) 及式 (1.15), 由式 (1.23) 得

$$\begin{aligned} E\,\|\delta\|^2 &= \sigma^2\mathrm{tr}(I - P_X) = \sigma^2\mathrm{tr}(I) - \sigma^2\mathrm{tr}(P_X) \\ &= n\sigma^2 - \sigma^2\mathrm{rk}(P_X) = (n - r)\sigma^2, \quad r = \mathrm{rk}(X), \end{aligned}$$

故知

$$\hat{\sigma}^2 = \|\delta\|^2 / (n - r) \tag{1.24}$$

为 σ^2 之一无偏估计. 据式 (1.23) 及 (1.5), 有

$$\|\delta\|^2 = \sum_1^n e_i^2 - \sum_{i=1}^r \left(\sum_{j=1}^n p_{ij}e_j\right)^2, \tag{1.25}$$

其中

$$\sum_{k=1}^n p_{ik}p_{jk} = \delta_{ij}, \quad 当\ i, j = 1, \cdots, r. \tag{1.26}$$

表达式 (1.25) 对研究 $\hat{\sigma}^2$ 的大样本性质很重要, 见第三章.

§1.2 判决函数与容许性

(一) 统计判决理论的基本概念 设 X 为随机元, 取值于空间 $\mathscr{X}$. 通常, X 是 n 维 ($n \geqslant 1$) 的随机向量, 而 $\mathscr{X}$ 是 $\mathbb{R}^n$ 或其一 Borel 子集. 取定一个由 $\mathscr{X}$ 的某些子集构成的 σ 域 $\mathscr{B}$, 则可测空间 $(\mathscr{X}, \mathscr{B})$ 称为 X 的样本空间. 当 $\mathscr{X}$ 为 $\mathbb{R}^n$ 或其 Borel 子集时, $\mathscr{B}$ 总取为 $\mathscr{X}$ 的一切 Borel 子集构成的 σ 域. 这时样本空间 $(\mathscr{X}, \mathscr{B})$ 称为是欧氏的.

X 的概率分布就是 $\mathscr{B}$ 上的概率测度 P. 在统计问题中, P 不是完全已知, 而是依赖于参数 θ, θ 取值于某集合 Θ, 称为参数空间. 通常, Θ 为 m 维 ($m \geqslant 1$) 欧氏空间或其 Borel 子集. X 的分布族记为 $(P_\theta, \theta \in \Theta)$.

设对 X 进行观察而得到样本 x. 统计判决问题, 就是要依据 x 作出某种决定或采取某种行动. 例如, 设问题是要估计 θ 的某一函数 $g(\theta)$ 之值, 则采取一个决定或行动, 意味着依据样本 x 而给出一个值 $T(x)$, 作为 $g(\theta)$ 之估计值. 在一个确定的问题中, 所能采取的行动的全体 A 一般是确定的. 以上面估计 $g(\theta)$ 为例, 可取 $A = \{g(\theta) : \theta \in \Theta\}$, 或取 A 为包含 $\{g(\theta) : \theta \in \Theta\}$ 之适当集合. A 称为行动空间. 在大多数情形下, A 总是欧氏空间或其 Borel 子集.

为评价和比较所采取的行动的后果, 引进损失函数 $L(\theta, a)$, 定义于 $\theta \in \Theta$ 和 $a \in A$. 它表示当参数值为 θ 而采取行动 a 时所遭受的损失, 损失函数是非负的, 且要满足一定的可测性条件. 在 A 中引进由其某些子集构成的 σ 域 $\mathscr{B}_1$, 要求对任意固定的 $\theta \in \Theta$, $L(\theta, a)$ 作为 $a \in A$ 的函数, 是 Borel 可测的. 在有些问题中还需在 Θ 中引进由其某些子集构成的 σ 域 $\mathscr{B}_2$. 这时要求 $L(\theta, a)$ 作为 $(\Theta \times A, \mathscr{B}_2 \times \mathscr{B}_1)$ 上的函数为 Borel 可测.

样本空间和分布族 $\{\mathscr{X}, \mathscr{B}, P_\theta, \theta \in \Theta\}$、行动空间 A 及损失函数 $L(\theta, a)$, 称为统计判决问题的三要素. 给定一统计判决问题就等于给定这三个要素.

定义于 $(\mathscr{X}, \mathscr{B})$ 而取值于 $(A, \mathscr{B}_1)$ 的可测映射 $\delta(x)$, 称为判决函数, 或更确切地称为非随机化的判决函数. 本书将只涉及这种判决函数. 判决函数是统计判决问题的 "解" 的形式: 因为根据 $\delta(x)$, 一旦有了样本 x, 就从 A 中挑出 $\delta(x)$ 作为所采取的行动, 当参数值为 θ 时, 使用判决函数 δ 所遭受的平均损失为

$$R(\theta, \delta) = E_\theta L(\theta, \delta(X)) = \int_{\mathscr{X}} L(\theta, \delta(x)) dP_\theta(x), \quad \theta \in \Theta,$$

称为 δ 的风险函数. 在目前尚称流行的理论中, 两个判决函数的优劣比较, 全基于其风险函数. 因此, 自然地称两判决函数 δ_1 和 δ_2 等价, 若 $R(\theta, \delta_1) \equiv R(\theta, \delta_2)$ 于 Θ 上. 称 δ_1 一致优于 δ_2, 若 $R(\theta_1 \delta_1) \leqslant R(\theta, \delta_2)$ 对任意 $\theta \in \Theta$, 且 δ_1 与 δ_2 不等价. 又若存在一判决函数 δ^*, 使得对任意判决函数 δ, 或者有 δ 等价于 δ^*, 或者有 δ^* 一致

优于 δ, 则称 δ^* 为所给判决问题的一致最优解. 在这种情形下, 采用 δ^* 有足够的理由. 然而, 在一切有实用意义的问题中, 这种一致最优解几乎不存在, 因此必须考虑其他较为松一些的标准, 以便在这种标准下可挑出最优的判决函数. 下段中谈到的 Bayes 解就是一个重要的例子. 不过, 一致最优准则虽没有实用价值, 但有一个与之联带的概念, 却是极为重要且构成本书第四章的主题, 那就是判决函数的可容许性. 简而言之, 若 δ 为一判决函数, 而不存在一致优于 δ 的判决函数, 则称 δ 为可容许的, 否则为不可容许的. 显然, 可容许性与样本分布族及损失函数的选择有关. 又, 可能在问题中已对所允许使用的判决函数作了限制, 例如, 在点估计中, 限制使用无偏估计、线性估计之类. 一般, 设 $\mathscr{D}$ 为允许使用的判决函数类, 而 $\delta \in \mathscr{D}$. 称 δ 为 $\mathscr{D}$ 可容许的, 若不存在 $\delta_1 \in \mathscr{D}$, 使得 δ_1 一致优于 δ. 显然, 判决函数 δ 是否可容许, 与所限制的类 $\mathscr{D}$ 有关.

以上就是 A. Wald 在 20 世纪 40 年代末期所发表的统计判决理论的极简略的纲要. Wald 创立这个理论的目的, 是为了要把形形色色的统计问题归纳到一个统一的模式内. 30 年来的统计发展史大体上证明了这个想法在实质上并未实现. 但是, 这个理论对近代统计的发展却产生了重大的影响. 从理论的角度看, 它提出了不少新问题以至新的研究方向, 容许性就是其中之一. 从实际的角度看, 它把统计问题的解看成一种行动, 通过分析行动的后果 —— 损失, 使问题的提法及其解更能适合特定的应用. 而在此以前, 人们只考虑统计推断, 在这里, 问题带有一般的性质, 而不考虑所作推断在种种特定情形下可能招致的后果.

(二) Bayes 解 沿用前面的记号. 在 $(\Theta, \mathscr{B}_2)$ 上引进概率测度 H, 它称为 θ 的 "先验分布". 设判决函数 δ 的风险函数为 $R(\theta, \delta)$, 称

$$R_H(\delta) = \int_{\Theta} R(\theta, \delta) dH(\theta) \tag{1.27}$$

为 δ 的 Bayes 风险.

若判决函数 δ_H 满足条件: $R_H(\delta_H) \leqslant R_H(\delta)$ 对任意判决函数 δ 成立, 则称 δ_H 为在先验分布 H 之下的一个 Bayes 解.

从判决函数的优良性准则的观点看, 先验分布 H 不过是提供了一个 "权", 借以对风险函数 $R(\theta, \delta)$ 进行加权平均, 而获得用以比较的标准 $R_H(\delta)$. 然而, 从实用的观点看, H 表达了在观察到样本 X 之前对 θ 的了解. 因而它的选择应与这一了解一致. 这正是 H 获得 "先验分布" 这名称的由来. 从统计学中很有影响的 "Bayes 学派" 的观点看, 在任意统计问题中, 先验分布都是一个必不可少的要素. 如果没有客观的依据去确定这个分布, 则也可以用主观的考虑去确定之. 这种观点和实践在统计学界引起了争论, 涉及许多带哲学性的统计基础问题, 在此我们没有必要涉及这些问题, 因为在本书中, Bayes 方法只是作为一种理论论证的工具, 先验分布的选择是根据论证的需要而不是与实际是否符合的考虑.

下面来讨论求 Bayes 解的问题. 我们限于考虑一种在实用上最重要、最常见并且适合于本书要求的情形. 设在 $\mathscr{B}$ 上存在 σ 有限测度 μ, 使得对任意 $\theta \in \Theta$, P_θ 对 μ 绝对连续. 记 P_θ 对 μ 的 Radom-Nikodym 导数 $dP_\theta(x)/d\mu$ 为 $f(x,\theta)$, 且设

$$0 < \int_\Theta f(x,\theta)dH(\theta) < \infty, \quad \text{对任意 } x \in \mathscr{X} \tag{1.28}$$

(也可以有一个例外集 $C \in \mathscr{B}$, $P_\theta(C) = 0$ 对一切 $\theta \in \Theta$), 则称

$$f(\theta|x)dH(\theta) = \frac{f(x,\theta)dH(\theta)}{\displaystyle\int_\Theta f(x,\phi)dH(\phi)} \tag{1.29}$$

为给定 x 时, θ 的后验分布, 它事实上就是通常的条件分布. 为方便计, 记

$$f_H(x) = \int_\Theta f(x,\phi)dH(\phi).$$

称

$$r_x(a) = \int_\Theta L(\theta,a)f(x,\theta)dH(\theta)/f_H(x), \quad a \in A \tag{1.30}$$

为行动 a (在获得样本 x 时) 的后验风险. 设存在判决函数 $\delta^*(x)$, 使得

$$r_x(\delta^*(x)) = \inf\{r_x(a) : a \in A\}, \ \forall x \in \mathscr{X}.$$

则称 $\delta^*(x)$ 为 "后验风险最小的解". 有如下的重要定理:

定理 1.5　后验风险最小的解 δ^* 必是一个 Bayes 解.

证　只要注意到: 任一判决函数 δ 的 Bayes 风险可表为 (E^* 表示对 (θ, X) 的联合分布取期望)

$$R_H(\delta) = E^*L(\theta,\delta(X)) = \int_{\mathscr{X}} f_H(x)r_x(\delta(x))d\mu(x), \tag{1.31}$$

则证明一目了然.

在后面我们需要用到 Bayes 解的惟一性问题. 首先要明确什么叫惟一性: 如果任意两个 Bayes 解都等价, 则称 Bayes 解惟一. 下面的定理对本书的目的已够了:

定理 1.6　设以下几条满足:

1° 对任意 $x \in \mathscr{X}$, $r_x(a)$ 作为 a 的函数, 有惟一的极小值点 $\delta^*(x)$. 且 $\delta^*(x)$ 为 $(\mathscr{X}, \mathscr{B}) \to (A, \mathscr{B}_1)$ 可测 (即 δ^* 为一判决函数).

2° $R_H(\delta^*) < \infty$.

3° 若 $C \in \mathscr{B}$ 而

$$\int_C f_H(x)d\mu(x) = 0,$$

则对一切 $\theta \in \Theta$, $P_\theta(C) = 0$.

从而 δ^* 为惟一的 Bayes 解.

证 δ^*为 Bayes 解的事实已见定理 1.5. 由表达式 (1.31) 知, 若 δ 为任一 Bayes 解, 则必有

$$\int_C f_H(x) d\mu(x) = 0,$$

而

$$C = \{x : x \in \mathscr{X}, \quad \delta(x) \neq \delta^*(x)\}.$$

因若不然, 由式 (1.31) 及 $R_H(\delta^*) < \infty$ 而得 $R_H(\delta > R_H(\delta^*)$, 与 δ 为 Bayes 解矛盾. 但根据假定 3°, 有对一切 $\theta \in \Theta$, $P_\theta(C) = 0$, 从而得到 $R(\theta, \delta) \equiv R(\theta, \delta^*)$ 于 Θ 上, 即 δ 等价于 δ^*. 这证明了所要的结果.

在本书中限于考虑平方型的损失函数: 在 θ 取值于 $\mathbb{R}'$ 的情形, 为

$$L(\theta, a) = (\theta - a)^2. \tag{1.32}$$

对 θ 取值于 $\mathbb{R}^p$ 的情形, 为

$$L(\theta, a) = (\theta - a)' B(\theta - a), \tag{1.33}$$

其中 $B > 0$ 为已知的 p 阶方阵. 最常见的为 $B = I_p$ 的情形, 这时有

$$L(\theta, a) = \|\theta - a\|^2. \tag{1.34}$$

对以上这几种损失函数, 不难看出定理 1.6 的条件 1° 都成立. 事实上. 对任意 x, 若后验分布的均值 $E(\theta|x)$ 存在且 $r_x(E(\theta|x)) < \infty$, 则它是 $r_x(a)$ 的惟一极小值点. 故 $E(\theta|x)$ 就是后验风险最小的解. 在定理 1.6 的条件下, 它是惟一的 Bayes 解 ($E(\theta|x)$ 不存在或 $E(\theta|x)$ 存在, 但 $r_x(E(\theta|x)) = \infty$ 的情形另当别论, 在本书中不会出现这种情形).

(三) 关于可容许性的若干结果 在 (一) 中已给出了判决函数可容许性的定义. 本段将给出判定容许性的一些结果.

下面的结果是初步的.

定理 1.7 若 Bayes 解 δ_H 惟一 (回忆前面关于 Bayes 解惟一的定义), 则 δ_H 为可容许.

证明显然: 因若存在一致优于 δ_H 的判决函数 δ, 则 δ 也是一 Bayes 解. 因 δ 并不等价于 δ_H, 这就与 Bayes 解的惟一性矛盾.

1958 年, Karlin[4] 研究了单参数指数族均值的可容许估计, 获得了充分条件. 1964 年, 成平 [5] 推广了 Karlin 的结果. 下面介绍他们的工作.

设 X 的分布为指数族

$$\{c(\theta)e^{\theta T(x)}d\mu(x), a<\theta<b\}, \tag{1.35}$$

此处 μ 为 σ 有限测度, a 可以为 $-\infty$, b 可以为 $+\infty$. 记 $\omega(\theta)=E_\theta T(X)$, $\sigma^2(\theta)=\mathrm{var}_\theta T(X)$. 由指数族分布的性质, 有

$$\omega(\theta)=-c^{-1}(\theta)c'(\theta),$$

$$\sigma^2(\theta)=\omega'(\theta).$$

要估计 $\omega(\theta)$, 损失函数取为

$$L(\theta,d)=(d-\omega(\theta))^2. \tag{1.36}$$

定理 1.8 (Karlin)　在分布族 (1.35) 下, 如果存在 $\theta_0\in(a,b)$ 和常数 $\lambda\neq-1$, 使得

$$\lim_{\theta\to a}\int_\theta^{\theta_0}c^{-\lambda}(y)dy=\infty, \tag{1.37}$$

$$\lim_{\theta\to b}\int_{\theta_0}^{\theta}c^{-\lambda}(y)dy=\infty, \tag{1.38}$$

则 $d_0(X)=(1+\lambda)^{-1}T(X)$ 为在损失函数 (1.36) 下, $\omega(\theta)$ 的可容许估计.

成平把这个定理推广为

定理 1.9　设 X 的分布为指数族 (1.35). 若存在 $\theta_0\in(a,b)$ 及常数 $\lambda\neq-1$ 和常数 k, 使得

$$\lim_{\theta\to a}\int_\theta^{\theta_0}c^{-\lambda}(y)e^{-k\lambda y}dy=\infty, \tag{1.39}$$

$$\lim_{\theta\to b}\int_{\theta_0}^{\theta}c^{-\lambda}(y)e^{-k\lambda y}dy=\infty, \tag{1.40}$$

则 $d_0(X)=(T(X)+k\lambda)/(1+\lambda)$ 为在损失函数 (1.36) 下, $\omega(\theta)=E_\theta T(X)$ 的可容许估计.

证　若存在估计 $d_1(X)$, 使得

$$E_\theta(d_0(X)-\omega(\theta))^2\geqslant E_\theta(d_1(X)-\omega(\theta))^2, \tag{1.41}$$

则 $Ed_1(X)$ 存在且有限. 记 $b_{d_1}(\theta)=E_\theta d_1(X)-\omega(\theta)$. 由 $C-R$ 不等式, 有

$$\begin{aligned}E_\theta(d_1(X)-\omega(\theta))^2&=b_{d_1}^2(\theta)+\mathrm{var}_\theta d_1(X)\\&\geqslant b_{d_1}^2(\theta)+\left[\frac{d}{d\theta}E_\theta d_1(X)\right]^2\left\{E_\theta\left[\frac{\partial}{\partial\theta}\log C(\theta)e^{\theta T(X)}\right]^2\right\}^{-1}\end{aligned}$$

$$= b_{d_1}^2(\theta) + (\sigma^2(\theta))^{-1}[b'_{d_1}(\theta) + \sigma^2(\theta)]^2. \tag{1.42}$$

又

$$E_\theta(d_0(X) - \omega(\theta))^2 = (1+\lambda)^{-2}[\sigma^2(\theta) + \lambda^2(\omega(\theta) - k)^2]. \tag{1.43}$$

把式 (1.42) 和式 (1.43) 代入式 (1.41), 得

$$(1+\lambda)^{-2}[\sigma^2(\theta) + \lambda^2(\omega(\theta) - k)^2] \geqslant b_{d_1}^2(\theta) + (\sigma^2(\theta))^{-1}[b'_{d_1}(\theta) + \sigma^2(\theta)]^2. \tag{1.44}$$

因 $b_{d_0}(X) = E_\theta d_0(X) - \omega(\theta) = -\lambda(1+\lambda)^{-1}(\omega(\theta) - k)$, 故若令

$$g(\theta) = b_{d_1}(\theta) - b_{d_0}(\theta) = b_{d_1}(\theta) + \lambda(1+\lambda)^{-1}(\omega(\theta) - k),$$

则由式 (1.44) 可得

$$\begin{aligned} &[g(\theta) - \lambda(1+\lambda)^{-1}(\omega(\theta) - k)]^2 + (\sigma^2(\theta))^{-1}[(1+\lambda)^{-1}\sigma^2(\theta) + g'(\theta)]^2 \\ &\quad \leqslant (1+\lambda)^{-2}[\sigma^2(\theta) + \lambda^2(\omega(\theta) - k)^2]. \end{aligned}$$

上式经初等简化, 得

$$g^2(\theta) + 2(1+\lambda)^{-1}[g'(\theta) - \lambda(\omega(\theta) - k)g(\theta)] \leqslant -(\sigma^2(\theta))^{-1}[g'(\theta)]^2 \leqslant 0. \tag{1.45}$$

记 $I(\theta) = c^\lambda(\theta)e^{k\lambda\theta}g(\theta)$, 式 (1.45) 可改写为

$$c^{-\lambda}(\theta)e^{-k\lambda\theta}I^2(\theta) + 2(1+\lambda)^{-1}I'(\theta) \leqslant 0. \tag{1.46}$$

当 $\lambda > -1$ 时 ($\lambda < -1$ 的情形完全类似), 由上式可知 $I'(\theta) \leqslant 0$, 即 $I(\theta)$ 在 (a, b) 上非增, 故存在 $\theta' \in (a, b)$, 使得在 $\theta' < \theta < b$ 时, $I(\theta)$ 或者恒为零或者恒不为零. 若是后者, 则由式 (1.46) 得

$$\frac{d}{d\theta}I^{-1}(\theta) = -I'(\theta)I^{-2}(\theta) \geqslant 2^{-1}(1+\lambda)c^{-\lambda}(\theta)e^{-k\lambda\theta}, \quad \theta' < \theta < b, \tag{1.47}$$

于是由式 (1.40) 知, 当 $\theta \to b$ 时

$$I^{-1}(\theta) - I^{-1}(\theta') \geqslant 2^{-1}(1+\lambda)\int_{\theta'}^{\theta} c^{-\lambda}(y)e^{-\lambda k y}dy \to \infty.$$

由此可知 $\lim\limits_{\theta \to \infty} I(\theta) = 0$. 同理可证 $\lim\limits_{\theta \to a} I(\theta) = 0$. 再由 $I(\theta)$ 的非增性知, $I(\theta) \equiv 0$, 于 (a, b) 上. 因而 $g(\theta) \equiv 0$, 于 (a, b) 上. 故 $E_\theta(d_1(X) - d_0(X)) = b_{d_1}(\theta) - b_{d_0}(\theta) =$

$g(\theta) \equiv 0$, 于 (a,b) 上. 由指数族的完全性知, $d_0(X) = d_1(X)$ a.e. μ, 因而式 (1.41) 成立等号, 于 (a,b) 上. 这就得到 $d_0(X)$ 是可容许的. 证毕.

最后介绍两个性质比较特殊的关于容许性的结果.

定理 1.10 设 X 的样本空间和分布族为 $(\mathscr{X}, \mathscr{B}, P_\theta, \theta \in \Theta)$, 这里 $dP_\theta(x) = p(x,\theta_1,\theta_2)d\mu(x)$, μ 为 $\mathscr{B}$ 上的 σ 有限测度, $\theta = (\theta_1, \theta_2)$, $\theta_i \in \Theta_i$ $(i=1,2)$ Θ_i 为 $\mathbb{R}^{k_i}$ 或其 Borel 子集. 以 $\mathscr{B}_i$ 记 Θ_i 的一切 Borel 子集构成的 σ 域 $(i=1,2)$. 设 $\xi_{\theta_2}(C)$ 定义于 $\theta_2 \in \Theta_2$ 和 $C \in \mathscr{B}_1$ 上, 对固定的 $\theta_2, \xi_{\theta_2}(C)$ 是 $\mathscr{B}_1$ 上的概率测度, 而当 C 固定时, $\xi_{\theta_2}(C)$ 作为 θ_2 的函数, 为 $\mathscr{B}_2$ 可测. 令

$$p_\xi(x,\theta_2) = \int_{\Theta_1} p(x,\theta_1,\theta_2)\xi_\theta(d\theta_1).$$

假定有①

$$\{P_\xi(x,\theta_2) : \theta_2 \in \Theta_2\} \sim \{p(x,\theta_1,\theta_2) : \theta_i \in \Theta_i, i=1,2\}. \tag{1.48}$$

又设损失函数 $L(\theta,a)$ 与 θ_1 无关, 故可写为 $L(\theta_2,a)$. 假定当 θ_2 固定时, 它是 a 的严凸函数.

考虑变量 Y, 其样本空间和分布族为 $\{\mathscr{X}, \mathscr{B}, p_\xi(y,\theta_2)d\mu(y), \theta_2 \in \Theta_2\}$, 损失函数不变. 如果 $\delta_0(X)$ 可容许且其风险函数有限, 则在 X 的上述分布族之下, $\delta_0(X)$ 也是可容许的.

证 若存在 $\delta_1(X)$ 一致优于 $\delta_0(X)$, 则

$$\int_{\mathscr{X}} L(\theta_2,\delta_1(x))p(x,\theta_1,\theta_2)d\mu(x) \leqslant \int_{\mathscr{X}} L(\theta_2,\delta_0(x))p(x,\theta_1,\theta_2)d\mu(x) \tag{1.49}$$

对一切 $(\theta_1,\theta_2) \in \Theta_1 \times \Theta_2$, 且不等号对某个 (θ_1,θ_2) 成立. 故若以 R_ξ 记在 Y 问题中的风险函数, 则有

$$\begin{aligned}
R_\xi(\theta_2,\delta_1(Y)) &= \int_{\mathscr{X}} L(\theta_2,\delta_1(y))p_\xi(y,\theta_2)d\mu(y) \\
&= \int_{\Theta_1} \left\{\int_{\mathscr{X}} L(\theta_2,\delta_1(y))p(y,\theta_1,\theta_2)d\mu(y)\right\}\xi_{\theta_2}(d\theta_1) \\
&\leqslant \int_{\Theta_1} \left\{\int_{\mathscr{X}} L(\theta_2,\delta_0(y))p(y,\theta_1,\theta_2)d\mu(y)\right\}\xi_{\theta_2}(d\theta_1) \\
&= R_\xi(\theta_2,\delta_0(Y)) < \infty.
\end{aligned}$$

由 $\delta_0(Y)$ 在 Y 问题中的可容许性, 及 $L(\theta_2,a)$ 为 a 的严凸函数, 用在定理 1.8 的证明中使用的方法可知：若记 $C = \{y : y \in \mathscr{X},\ \delta_1(y) \neq \delta_0(y)\}$, 则有

---

① 指两族分布对等. 确切地说, 式 (1.48) 表示：对任意 $C \in \mathscr{B}$,

$\int_C p\xi(x,\theta_2)d\mu(x) = 0$ 对一切 $\theta_2 \in \Theta_2 \Leftrightarrow \int_C p(x,\theta_1,\theta_2)d\mu(x) = 0$ 对一切 $\theta_i \in \Theta_i, i=1,2.$

$$\int_C p_\xi(y,\theta_2)d\mu(y)=0,\quad \forall\theta_2\in\Theta_2.$$

再由式 (1.48), 得

$$\int_C p(x,\theta_1,\theta_2)d\mu(x)=0,\quad \forall\theta_i\in\Theta_i,\quad i=1,2. \tag{1.50}$$

由式 (1.50) 得知, 式 (1.49) 对一切 (θ_1,θ_2) 成立等号, 与前述该式在某点成立不等号矛盾. 定理证毕.

注 若 $p(x,\theta_1,\theta_2)>0$ 对一切 $x\in\mathscr{X}$ 和 $\theta_i\in\Theta_i$ $(i=1,2)$, 则条件 (1.48) 满足.

下一个定理有一个特点, 就是涉及与样本有关的损失函数, 即形如 $L(\theta,a,x)$ 的损失函数. 这时风险函数自然地定义为: $R(\theta,\delta)=E_\theta[L(\theta,\delta(X),X)]$.

定理 1.11 维持定理 1.10 的全部记号与假定, 只是损失函数 $L(\theta_1,\theta_2,a)$, 与 θ_1 和 θ_2 都可以有关, 又假定 $p(x,\theta_1,\theta_2)>0$ 对一切 $x\in\mathscr{X}$ 及 $\theta_i\in\Theta_i$ $(i=1,2)$. 令

$$\bar{L}(\theta_2,a,y)=\int_{\Theta_1}L(\theta_1,\theta_2,a)p(y,\theta_1,\theta_2)\xi_{\theta_2}(d\theta_1)/p_\xi(y,\theta_2).$$

考虑变量 Y, 其样本空间和分布族为 $(\mathscr{X},\mathscr{B},p_\xi(y,\theta_2)d\mu,\theta_2\in\Theta_2)$, 并以 $\bar{L}$ 为损失函数. 如果 $\delta_0(Y)$ 可容许且其风险函数有限, 则在 X 的所述分布族 (见定理 1.10) 之下, $\delta_0(X)$ 也是可容许的.

证 与定理 1.10 相似: 设 δ_1 满足

$$\begin{aligned}R(\theta_1,\theta_2,\delta_1(X))&=\int_{\mathscr{X}}L(\theta_1,\theta_2,\delta_1(x))p(x,\theta_1,\theta_2)d\mu(x)\\&\leqslant\int_{\mathscr{X}}L(\theta_1,\theta_2,\delta_0(x))p(x,\theta_1,\theta_2)d\mu(x)=R(\theta_1,\theta_2,\delta_0(X))\end{aligned}$$

对一切 $\theta_i\in\Theta_i$ $(i=1,2)$, 则有

$$\int_{\Theta_1}R(\theta_1,\theta_2,\delta_1)\xi_{\theta_2}(d\theta_1)\leqslant\int_{\Theta_1}R(\theta_1,\theta_2,\delta_0)\xi_{\theta_2}(d\theta_1)$$

对一切 $\theta_2\in\Theta_2$, 因而

$$\begin{aligned}&\int_{\mathscr{X}}\bar{L}(\theta_2,\delta_1(y),y)p_\xi(y,\theta_2)d\mu(y)\\\leqslant&\int_{\mathscr{X}}\bar{L}(\theta_2,\delta_0(y),y)p_\xi(y,\theta_2)d\mu(y)<\infty.\end{aligned} \tag{1.51}$$

由定理条件知, $\bar{L}(\theta_2,a,y)$ 为 a 的严格凸函数, 且有 $p_\xi(y,\theta_2)>0$ 对一切 $y\in\mathscr{X}$ 及 $\theta_2\in\Theta_2$. 因而, 仿照定理 1.10 的推理, 知 $\delta_1(x)=\delta_0(x)$, a.s. μ, 因而有

$$R(\theta_1,\theta_2,\delta_1(X))=R(\theta_1,\theta_2,\delta_0(X))$$

对一切 $\theta_i\in\Theta_i$ (i= 1, 2). 于是证明了 $\delta_0(X)$ 的可容许性. 定理证毕.

§1.3　概率论中的若干极限定理

(一) 引言　本书中有一大半篇幅是用于讨论线性模型参数的估计量的大样本理论, 即在样本大小无限增加时, 有关估计量 (在概率意义下) 的极限性质, 因此, 在后面的叙述中, 我们将要使用很多关于极限理论方面的结果. 这些结果的大部分可以在较深的概率论著作, 例如文献 [1] 中找到. 另一些则需查阅更专门的著作. 为方便读者, 我们把后面需用的结果在此作一个整理. 这有两个作用: 一是把需用结果的确切形式表述出来, 便于直接引用. 一是对不甚熟悉这些结果的读者, 将介绍合适的参考文献. 由于结果多且涉及面广, 不可能在此给出所有结果的证明.

设 $(\Omega, \mathscr{F}, P)$ 为一概率空间, $T_1, T_2, \cdots$ 及 T 为定义于其上的一串随机变量, $F_1, F_2, \cdots, F$ 为它们的概率分布函数. 如所周知, 在概率统计中常用到的收敛性有以下 4 种:

1. 依概率收敛. 称 T_n 依概率收敛于 T 并记为 $T_n \xrightarrow{P} T$, 若对任给 $\varepsilon > 0$ 有 $\lim\limits_{n\to\infty} P(|T_n - T| \geqslant \varepsilon) = 0$.

2. 以概率 1 收敛或称几乎处处收敛. 称 T_n 以概率 1 或几乎处处收敛于 T 并记为 "$\lim\limits_{n\to\infty} T_n = T$, a.s." 或 "$T_n \to T$, a.s.", 若 $P(\lim\limits_{n\to\infty} T_n = T) = 1$.

3. $r(r > 0)$ 阶平均收敛. 称 T_n r 阶平均收敛于 T 并记为 $T_n \xrightarrow{r} T$, 若 $\lim\limits_{n\to\infty} E|T_n - T|^r = 0$. 当 $r = 2$ 时也常称为均方收敛.

4. 依分布收敛. 称 F_n 依分布收敛于 F 并记为 $F_n \xrightarrow{\mathscr{L}} F$, 若对 F 的任一连续点 x, 有 $\lim\limits_{n\to\infty} F_n(x) = F(x)$. 我们也可以说一串随机变量依分布收敛于某个随机变量或者其分布. 又如, 记号 $F_n \xrightarrow{\mathscr{L}} N(0,1)$, 或 $T_n \xrightarrow{\mathscr{L}} N(0,1)$, 也用于表示 T_n 或其分布 F_n 依分布收敛于标准正态分布 $N(0, 1)$.

如所周知, 这几种收敛性的关系如下:

$$\begin{matrix} T_n \to T, \text{ a.s.} \\ T_n \xrightarrow{r} T \end{matrix} \begin{matrix} \searrow \\ \nearrow \end{matrix} T_n \xrightarrow{P} T \Rightarrow F_n \xrightarrow{\mathscr{L}} F,$$

但在一般情形下其逆不真.

在数理统计学中, 当使用前三种收敛性时, T 多半是常数, 表示某种有待估计的参数 (例如, T 可以是线性模型 (1.8) 中的回归系数向量 β, 或随机误差方差 σ^2), 而 T_n 则是其某种估计量, n 通常表示样本大小. T_n 在某种意义下收敛于 T, 表示当样本大小无限增加时, 估计的精度可以在一定意义下任意地改善. 这种性质通常叫做 "相合性", 是最重要的一项大样本性质. 与各种收敛性相对应, 有以下几种相合性:

1. 弱相合性. 称 T_n 为 T 的弱相合估计, 或者说 T_n 有弱相合性, 若 $T_n \xrightarrow{P} T$.

2. 强相合性. 称 T_n 为 T 的强相合估计, 或者说 T_n 有强相合性, 若 $T_n \to T$, a.s.

3. r 阶平匀相合性. 称 T_n 为 T 的 r 阶平均相合估计, 或者说 T_n 有 r 阶平均相合性, 若 $T_n \xrightarrow{r} T$. 当 $r=2$ 时, 常说 T_n 有均方相合性.

依分布收敛应用于数理统计也比较广泛. 最重要的场合是 T 的分布为标准正态分布 N (0, 1) 的情形. 称 T_n 为 "渐近正态" 的或有渐近正态性, 若存在 $A_n > 0$ 和 B_n(都是常数), 使得 $(T_n - B_n)/A_n \xrightarrow{\mathscr{L}} N(0,1)$. 一般 B_n 和 A_n^2 就是 T_n 的均值和方差. 有时也将上述事实说成 "T_n 有渐近正态分布 $N(B_n, A_n^2)$". 在数理统计中, 除正态分布外, 其他某些分布, 例如 χ^2 分布, 也常作为种种统计量的极限分布, 但本书中只碰到正态分布的情形.

(二) 依概率收敛于 0 的若干结果 (弱大数律) 设 $T_1, T_2, \cdots$ 为定义于 $(\Omega, \mathscr{F}, P)$ 上的一串随机变量. 关于使得 $T_n \xrightarrow{P} 0$ 成立的条件, 使用最广且最方便的是

$$\lim_{n\to\infty} E\left|T_n\right|^r = 0, \quad 对某个\ r > 0. \tag{1.52}$$

当 $\{T_n\}$ 一致有界时, 条件 (1.52) 对任意 $r > 0$ 也必要. 若以 f_n 记 T_n 的特征函数, 则 $T_n \xrightarrow{P} 0$ 的一个充要条件为

$$\lim_{n\to\infty} f_n(t) = 1, \quad 对一切\ t \in \mathbb{R}'. \tag{1.53}$$

一个重要情形是 $T_n = (X_1 + \cdots + X_n)/n$, 此处 $X_1, X_2, \cdots$ 相互独立. 下述称为 "古典大数定律" 的结果, 是 Kolmogorov 首先证明的:

定理 1.12 以 G_n 记 X_n 的分布函数, 则 $T_n \xrightarrow{P} 0$ 的充要条件, 是以下三条同时成立:

1.
$$\sum_{i=1}^n \int_{|x|\geqslant n} dG_i(x) \to 0,$$

2.
$$\frac{1}{n}\sum_{i=1}^n \int_{|x|<n} x dG_i(x) \to 0,$$

3.
$$\frac{1}{n^2}\left\{\int_{|x|<n} x^2 dG_i - \left(\int_{|x|<n} x dG_i(x)\right)^2\right\} \to 0.$$

证明见文献 [1], p.278.

本书中还要用到

$$T_n = X_{n1} + \cdots + X_{nk_n}, \quad n = 1, 2, \cdots$$

的情形, 此处对固定的 n, 随机变量 $X_{n1},\cdots,X_{nk_n}$ 相互独立.

又以 G_{ni} 记 X_{ni} 的概率分布函数, 有

定理 1.13　任取 $\tau>0$, 定义

$$a_{ni}(\tau)=\int_{|x|<\tau}xdG_{ni}(x),$$

$$\sigma_{ni}^2(\tau)=\int_{|x|<\tau}x^2dG_{ni}(x)-a_{ni}^2(\tau).$$

则 $T_n\xrightarrow{P}0$ 的充要条件是以下三条同时成立:

1.
$$\sum_{i=1}^{k_n}\int_{|x|\geqslant\varepsilon}dG_{ni}(x)\to0,\quad\forall\varepsilon>0,$$

2.
$$\sum_{i=1}^{k_n}a_{ni}(\tau)\to0,$$

3.
$$\sum_{i=1}^{k_n}\sigma_{ni}^2(\tau)\to0.$$

证明见文献 [1], p. 317.

系 1.1　若对任意 n 及 i $(1\leqslant i\leqslant k_n)$, X_{ni} 的分布关于原点对称, 则充要条件转化为

1.
$$\sum_{i=1}^{k_n}\int_{|x|\geqslant\varepsilon}dG_{ni}(x)\to0,\quad\forall\varepsilon>0,$$

2.
$$\sum_{i=1}^{k_n}\int_{|x|<\tau}x^2dG_{ni}(x)\to0.$$

(三) 关于 a.s. 收敛的若干结果　验证 $T_n\to0$, a.s. 的一个方便而常用的结果如下:

定理 1.14　若对任给 $\varepsilon>0$ 有

$$\sum_{n=1}^{\infty}P(|T_n|\geqslant\varepsilon)<\infty,\tag{1.54}$$

则 $T_n\to0$, a.s.. 又若 $T_1,T_2,\cdots$ 相互独立, 则条件 (1.54) (对任给 $\varepsilon>0$) 也是必要的.

证明见文献 [1], p. 228.

系 1.2 若对某个 $r>0$ 有 $\sum\limits_{n=1}^{\infty} E|T_n|^r<\infty$, 则 $T_n\to 0$, a.s.

另一个常用的重要结果如下:

定理 1.15 (Kolmogorov) 设 $X_1,X_2,\cdots$ 相互独立, X_i 的均值方差存在且分别记为 a_i 和 b_i^2 $(i=1,2,\cdots)$. 又设 $\{B_n\}$为一串常数, $B_n\uparrow\infty$, 则当 $\sum\limits_{i=1}^{\infty} b_i^2/B_i^2<\infty$ 时, 有 $\sum\limits_{i=1}^{n}(X_i-a_i)/B_n\to 0$, a.s.

证明见文献 [1], p. 238.

在 $X_1,X_2,\cdots$ 独立同分布的情形, 有下述由 Kolmogorov 和 Marcinkiewicz 得到的著名结果:

定理 1.16 (Kolmogorov 强大数律) 设 $X_1,X_2,\cdots$ 独立同分布, 则 "存在常数 a, 使得 $\sum\limits_{i=1}^{n} X_i/n\to a$, a.s." 的充要条件为 EX_1 存在, 且这时必有 $a=EX_1$.

证明见文献 [1], p. 239.

定理 1.17 (Marcinkiewicz) 设 $X_1,X_2,\cdots$ 独立同分布, 又设对某个 $r\in(0,2)$, $E|X_1|^r<\infty$. 令 $a=0$ 或 EX_1, 视 $0<r<1$ 或 $1\leqslant r<2$ 而定, 则有

$$n^{-1/r}\sum_{i=1}^{n}(X_i-a)\to 0,\quad \text{a.s.} \tag{1.55}$$

反过来, 若存在一串常数 $\{a_n\}$及 $r\in(0,2)$, 使得 $n^{-1/r}\sum\limits_{i=1}^{n}(X_i-a_i)\to 0$, a.s., 则 $E|X_1|^r<\infty$.

证明见文献 [1], p.243, 及文献 [3], p.126.

值得注意的是: 当 $r>1$ 时, Marcinkiewicz 定理对 $\sum\limits_{i=1}^{n}(X_i-a)/n$ 收敛于 0 给出了速度 $o(n^{-(1-1/r)})$. 又 Marcinkiewicz 定理中关于 $X_1,X_2,\cdots$ 同分布的条件, 可略减轻为: 存在随机变量 X, 使得 $E|X|^r<\infty$, 且 $P(|X|\geqslant x)\geqslant P(|X_i|\geqslant x)$, 对 $i=1,2,\cdots$ 及任意 $x>0$ (见文献 [1], p.242).

下面的定理对有界随机变量的大数定律提供了一个充要条件:

定理 1.18 (Prokhorov) 设 $X_1,X_2,\cdots$ 相互独立, $EX_1=EX_2=\cdots=0$, 且对充分大的 n, 存在 $|X_n|\leqslant cn/\log\log n(c>0$ 为常数), 则 $\sum\limits_{i=1}^{n}X_i/n\to 0$, a.s. 的充要条件为

$$\sum_{i=1}^{\infty}\exp\left(-\varepsilon 2^{2i}\Big/\sum_{j=2^t+1}^{2^{i+1}}EX_j^2\right)<\infty,\quad \forall\varepsilon>0.$$

证明见文献 [3], p. 276.

另一类 a.s. 收敛的条件与随机变量的对称化的概念 (参看文献 [1] 第五章 §17). 设 $\{X_t, t \in T\}$为一族随机变量, 构造另一族随机变量 $\{X'_t, t \in T\}$, 使得与 $\{X_t, t \in T\}$独立, 且对任意 $t \in T$, X_t 与 X'_t 同分布. 令 $X^*_t = X_t - X'_t$, 则称 $\{X^*_t, t \in T\}$ 为 $\{X_t, t \in T\}$ 的对称化.

定理 1.19　设以 μ_n 和 X^*_n 分别记 X_n $(n = 1, 2, \cdots)$, 的中位数及其对称化而 $\{a_n\}$ 为任一串常数, 则 $X_n - a_n \to 0$, a.s. 的充要条件为: $X^*_n \to 0$, a.s., 以及 $\mu_n - a_n \to 0$.

证明见文献 [1], p. 247.

定理 1.20　设 $X_1, X_2, \cdots$ 相互独立, $\{b_n\}$为一串常数, $b_n \uparrow \infty$, 且存在子序列 $\{b_{n_i}, i = 1, 2, \cdots\}$ 以及常数 c 和 c' $(1 < c' \leqslant c < \infty)$, 使得 $c' \leqslant b_{n_{i+1}}/b_{n_i} \leqslant c$, 对 $i = 1, 2, \cdots$. 记

$$S_n = \sum_{i=1}^{n} X_i, T_k = (S_{n_k} - S_{n_{k-1}})/b_{n_k},$$

则以下两命题等价 (以 $\mu(Y)$ 表示变量 Y 的中位数):

1. $S_n/b_n - \mu(S_n/b_n) \to 0$, a.s.;

2. $T_k - \mu(T_k) \to 0$, a.s..

证明见文献 [1], p. 252. 又注意, 由于 $T_1, T_2, \cdots$ 相互独立, 根据定理 1.14, 以上两命题等价于

$$\sum_{k=1}^{\infty} P(|T_k - \mu(T_k)| \geqslant \varepsilon) < \infty, \quad \forall \varepsilon > 0.$$

下面的定理涉及随机级数的 a.s. 收敛问题. 对独立项的情形, 最一般的结果是下述由 Kolmogorov 得出的所谓 “三级数定理”.

定理 1.21 (三级数定理)　设 $X_1, X_2, \cdots$ 为一串独立随机变量, 又对常数 $c > 0$, 以 X^c_n 记 $X_n I_{(|X_n| < c)}$(I_A 表集 A 的指示函数), 则 $\sum\limits_n X_n$ 为 a.s. 收敛的充要条件为: 对任意 $c > 0$, 以下三级数都收敛:

1°

$$\sum_n P(|X_n| \geqslant c),$$

2°

$$\sum_n \mathrm{var}(X^c_n),$$

3°

$$\sum_n EX^c_n.$$

证明见文献 [1], p. 237.

一个在应用上方便的充分条件如下:

定理 1.22 设 $X_1, X_2, \cdots$ 相互独立, 且存在 $r \in (0,2]$, 致 $\sum\limits_n E|X_n|^r < \infty$. 记 $a_n = 0$ 或 EX_n, 视 $r < 1$ 或 $r \geqslant 1$ 而定, 则 $\sum\limits_n (X_n - a_n)$ 为 a.s. 收敛.

除独立项级数外, 本书中还将用到另外两种随机项级数的 a.s. 收敛性. 称 $\{X_n\}$为正交序列, 若 $EX_iX_j = 0$ 当 $i \neq j$. 称 $\{X_n\}$ 为鞅差序列, 若对 $n = 2, 3, \cdots$, 有 $E(X_n | X_1, \cdots, X_{n-1}) = 0$, a.s..

定理 1.23 设 $\{X_n\}$为正交变量序列, 则当 $\sum\limits_n (\log n)^2 EX_n^2 < \infty$ 时, $\sum\limits_n X_n$ 为 a.s. 收敛, 又若 $b_n \uparrow \infty$, 且 $\sum\limits_n (\log n)^2 EX_n^2 / b_n^2 < \infty$, 则 $\sum\limits_{i=1}^n X_i / b_n \to 0$, a.s..

证明见文献 [1], p. 458. 本定理的前一部分是 Raclemacher 和 Menchoff 证明的, 后者在 1923 年证明 (可参看文献 [6], p. 88), 这一部分的逆也成立:

定理 1.24 设 $\{b_n\}$为任一上升数列, $b_n = o(\log^2 n)$, 则存在正交变量序列 $\{X_n\}$, 使得 $\sum\limits_n b_n EX_n^2 < \infty$, 但 $\sum\limits_n X_n$ 以概率 1 发散.

定理 1.25 设 $\{X_n\}$ 为一鞅差序列, 且存在 $r \in [1,2]$, 使得 $\sum\limits_n E|X_n|^r < \infty$, 则 $\sum\limits_n X_n$ 为 a.s. 收敛 (见文献 [3], p.47).

当 $X_1, X_2, \cdots$ 相互独立, 且 $EX_1 = EX_2 = \cdots = 0$ 时, $\{X_n\}$ 为一鞅差序列, 故定理 1.25 是定理 1.17 的 $1 \leqslant r \leqslant 2$ 部分的推广. 由本定理得出下面的

系 1.3 设 $\{X_n\}$ 为一鞅差序列, $\sup\limits_n EX_n^2 < \infty$, 则对任意满足条件 $\sum\limits_n c_n^2 < \infty$ 的序列 $\{c_n\}$, $\sum\limits_n c_n X_n$ 为 a.s. 收敛.

(四) 中心极限定理及收敛速度 设 $X_1, X_2, \cdots$ 为一串独立随机变量, $EX_i = a_i, \mathrm{var}(X_i) = \sigma_i^2, i = 1, 2, \cdots$. 以 G_n 记

$$\sum_{i=1}^n (X_i - a_i) \Big/ \left(\sum_{i=1}^n \sigma_i^2 \right)^{\frac{1}{2}}$$

的分布函数, Φ 表 $N(0,1)$ 的公布函数. 所谓古典中心极限问题, 就是讨论使得 $G_n \xrightarrow{\mathscr{L}} \Phi$ 成立的条件问题. 这方面的基本结果就是著名的 Lindeberg-Feller 定理:

定理 1.26 以 F_i 记 X_i $(i = 1, 2, \cdots)$ 的分布函数, 则 $G_n \xrightarrow{\mathscr{L}} \Phi$ 且 $\max\limits_{1 \leqslant i \leqslant n} \sigma_i^2 / \sum\limits_{i=1}^n \sigma_i^2 \to 0$ 的充要条件是

$$\lim_{n \to \infty} \frac{1}{B_n^2} \sum_{i=1}^n \int_{|x| \geqslant \varepsilon B_n} x^2 dF_i(x + a_i) = 0$$

对任给 $\varepsilon > 0$ 成立, 此处 $B_n^2 = \sum\limits_{i=1}^n \sigma_i^2$.

证明见文献 [1],p. 280.

紧接着的问题就是讨论 G_n 收敛于 Φ 的速度问题. 有两种基本类型, 一种是形如

$$\|G_n - \Phi\| = \sup_x |G_n(x) - \Phi(x)| \leqslant c_n$$

的估计, 此处 c_n 为趋于 0 的常数, 这种类型的收敛速度称为一致性的 (对 x 一致). 另一种是形如

$$\|G_n - \Phi\| = C(n, x)$$

的估计. 一般, 当 x 固定而 $n \to \infty$ 时, $C(n, x) \to 0$; 又当 n 固定而 $|x| \to \infty$ 时, $C(n, x) \to 0$. 目前见到的都是 $C(n, x)$ 分解为 $A(x)c_n$ 的形状, 这种类型的收敛速度称为非一致性的.

在一致性速度方面主要结果是 Berry-Esseen 定理:

定理 1.27　设 $X_1, X_2, \cdots$ 相互独立, $EX_i = 0, EX_i^2 = \sigma_i^2, i = 1, 2, \cdots$. 记

$$B_n^2 = \sigma_1^2 + \cdots + \sigma_n^2, L_n = \sum_{i=1}^n E|X_i|^3 / B_n^3.$$

又 G_n 的意义同前, 则存在绝对常数 $A > 0$, 使得

$$\|G_n - \Phi\| \leqslant AL_n.$$

上述定理的基础是 Berry 和 Esseen 的一个重要不等式, 它可以用到更广的范围.

定理 1.28　设函数 F 非降有界于 $\mathbb{R}^1$, 函数 G 有界变差于 $\mathbb{R}^1$, f 和 g 分别为 F 和 G 的 Fourier-Stieltjes 变换 (即 $f(u) = \int_{-\infty}^{\infty} e^{iux} dF(x)$ 等等), 又 $T > 0$ 固定, 则对任意常数 $b > (2\pi)^{-1}$, 有

$$\|F - G\| \leqslant b \int_{-T}^{T} \left| \frac{f(t) - g(t)}{t} \right| dt + bT \sup_x \int_{|y| \leqslant c(b)/T} |G(x + y) - G(x)| \, dy, \quad (1.56)$$

这里 $C(b) > 0$ 只依赖于 b. 事实上, 它可取为方程

$$\int_0^{C(b)/4} \frac{\sin^2 u}{u^2} du = \frac{\pi}{4} + \frac{1}{8b}$$

的根.

系 1.4 若进一步假定 G' 在 $\mathbb{R}^1$ 处处存在且 $\sup\limits_x |G'(x)| = C$, 且 $F(-\infty) = G(-\infty)$, 则对任意 $b > (2\pi)^{-1}$ 存在只与 b 有关的 $K(b)$, 使得

$$\|F - G\| \leqslant b \int_{-T}^{T} \left| \frac{f(t) - g(t)}{t} \right| dt + K(b) \frac{C}{T}. \tag{1.57}$$

以上两个定理的证明参看文献 [2], 第五章.

关于非一致收敛速度, 主要是 Osipov 的工作.

定理 1.29 设 $X_1, \cdots, X_n$ 独立同分布, $EX_1 = 0, 0 < EX_1^2 = \sigma^2 < \infty, E|X_1|^3 = \rho\sigma^3 < \infty$. 以 G_n 记 $\sum\limits_{i=1}^{n} X_i/\sqrt{n}\sigma$ 的分布函数, 则存在绝对常数 A, 使得

$$|G_n(x) - \Phi(x)| \leqslant A\rho n^{-\frac{1}{2}}(1 + |x|^3)^{-1}.$$

与定理 1.28 相应, 有如下的结果:

定理 1.30 设 F 在 $\mathbb{R}^1$ 非降, G 在 $\mathbb{R}^1$ 上可微且有界变差, $F(\pm\infty) = G(\pm\infty)$, 且对某个 $s \geqslant 2$ 有

$$\int_{-\infty}^{\infty} |x|^s \, |d(F(x) - G(x))| < \infty.$$

又存在常数 K, 使得 $|G'(x)| \leqslant K(1 + |x|)^{-s}$ 对一切 $x \in \mathbb{R}^1$. 以 f 和 g 分别记 F 和 G 的 Fourier-Stieltjes 变换, 则对任意的 $x \in \mathbb{R}^1$ 和 $T > 1$, 有

$$|F(x) - G(x)| \leqslant C(s)(1 + |x|)^{-s} \left\{ \int_{-T}^{T} \left| \frac{f(t) - g(t)}{t} \right| dt + \int_{-T}^{T} \left| \frac{\delta_s(t)}{t} \right| dt + \frac{K}{T} \right\},$$

此处 $C(s)$ 只与 s 有关, 而

$$\delta_s(t) = \int_{-\infty}^{\infty} e^{itx} d\left\{x^s(F(x) - G(x))\right\}.$$

以上结果参看文献 [2], 第五和六章.

(五) 独立同分布和的分布的渐近展开 设 $X_1, X_2, \cdots$ 独立同分布, $EX_1 = 0, \delta^2 = EX_1^2 > 0$, 又存在整数 $k \geqslant 3$, 使得 $E|X_1|^k < \infty$. 以 $G_n(x)$ 记标准化和 $\sum\limits_{i=1}^{n} X_i/\sqrt{n}\sigma$ 的分布函数. 依中心极限定理, $G_n(x)$ 有极限 $\Phi(x)$. 可以说, $\Phi(x)$ 是 $G_n(x)$ 的 "一阶近似". 依 Berry-Esseen 定理, 可设想在剩余 $G_n(x) - \Phi(x)$ 中, 主要部分应有 $A_1(x)/\sqrt{n}$ 的形状, 而剩余 $G_n(x) - \{\Phi\ (x) + A_1(x)/\sqrt{n}\}$ 将有 $O(n^{-1})$ 的数量级. 从这个剩余中, 可设想分离出主要部分 $A_2(x)/\sqrt{n}^2$. 这样下去, 就得到 $G_n(x)$ 按 $1/\sqrt{n}$ 展开的渐近表达式.

形式上得出这种表达式 (常称为 Edgeworth 展开) 并不难, 问题在于它在什么条件下成立. 这方面的严格处理属于 Osipov, 见文献 [2], 第六章.

定理 1.31　以 $\upsilon(t)$ 记 X_1 的特征函数, r_ν 记其 ν 阶半不变量. $\varphi(x)=\Phi'(x)=e^{-x^2/2}/\sqrt{2\pi}$. $H_\nu(x)$ 为 ν 阶的 Hermite 多项式, 即 $(-1)^\nu e^{x^2/2}d^\nu(e^{-x^2/2})/dx^\nu$. 设对某整数 $k\geqslant 3, E|X_1|^k<\infty$, 又

$$\lim_{|t|\to\infty}\sup|\upsilon(t)|<1, \tag{1.58}$$

则对 $x\in\mathbb{R}^1$ 一致地成立

$$G_n(x)=\Phi(x)+\sum_{\nu=1}^{k-2}Q_\nu(x)/n^{\nu/2}+o(n^{-(k-1)/2}),$$

此处

$$Q_\nu(x)=-\varphi(x)\sum\nolimits^* H_{\nu+2(k_1+\cdots+k_\nu)-1}(x)\prod_{m=1}^{\upsilon}\frac{1}{k_m!}\left(\frac{r_{m+2}}{(m+2)!\sigma^{m+2}}\right)^{k_m}. \tag{1.59}$$

Σ^* 表示求和范围为: $k_1,\cdots,k_\nu$ 为非负整数, 且 $\sum\limits_{m=1}^{\nu}mk_m=\nu$.

(六) 杂项　在本段中, 我们列举一些在本书中要用到的分析概率论和分析上的结果.

1. 若干重要的概率不等式.

Minkowski 不等式. 设 $X_1,\cdots,X_n$ 为任意随机变量, 而 $r\geqslant 1$, 则

$$\{E|X_1+\cdots+X_n|^r\}^{1/r}\leqslant\sum_{i=1}^n\{E|X_i|^r\}^{1/r}.$$

Hölder 不等式. 设 X,Y 为任意随机变量, $r>1,s>1,\ r^{-1}+s^{-1}=1$, 则

$$E|XY|\leqslant\{E|X|^r\}^{1/r}\{E|Y|^s\}^{1/s}.$$

当 $r=s=2$ 时, 得到重要的 Cauchy-Schwarz 不等式.

Jensen 不等式: 设 X 为 m 维随机向量, $E\|X\|<\infty$. 又 W 为 m 元凸函数, 则

$$E(W(X))\geqslant W(EX).$$

一个重要特例是: 对任意一维变量 X, 当 $r>s\geqslant 1$ 时有

$$\{E|X|^r\}^{1/r}\geqslant\{E|X|^s\}^{1/s}.$$

以上诸不等式的证明参看文献 [1], p.155.

Burkholder-Marcinkiewicz-Zygmund 不等式：设 $\{X_i, i \geqslant 1\}$ 为一鞅差序列, 而 $\alpha > 1$, 则存在与 n 无关的常数 A_α, 使得

$$E\left|\sum_{i=1}^{n} X_i\right|^{\alpha} \leqslant A_\alpha \left\{E\left(\sum_{i=1}^{n} X_i^2\right)\right\}^{\alpha/2}. \tag{1.60}$$

证明见文献 [3], p.149.

2. 特征函数的两个不等式.

定理 1.32 设 $X_1, \cdots, X_n$ 相互独立, $EX_j = 0, E|X_j|^3 < \infty$, 又记 $\sigma_j^2 = EX_j^2, j = 1, \cdots, n$. 记 $B_n^2 = \sigma_1^2 + \cdots + \sigma_n^2$, 设 $B_n > 0$. 记 $L_n = \sum\limits_{j=1}^{n} E|X_j|^3 / B_n^3$, f_n 为标准化和 $\sum\limits_{j=1}^{n} X_j / B_n$ 的特征函数, 则当 $|t| \leqslant (4L_n)^{-1}$ 时, 有

$$\left|f_n(t) - \exp(-t^2/2)\right| \leqslant 16 L_n |t|^3 \exp(-t^2/3).$$

证明见文献 [2],p.109.

定理 1.33 设 $\mathscr{F}$ 为一族随机变量. 设对任意 $X \in \mathscr{F}$, 存在常数 $a > 0$ 及 $b < \infty$, 使得 $\operatorname{var}(X) \geqslant a$, $E|X|^3 \leqslant b$, 则存在 $\eta > 0, \delta > 0$, 使得对 $\mathscr{F}$ 中任一变量的特征函数 f, 有

$$|f(t)| \leqslant 1 - \delta t^2, \quad \text{当 } |t| \leqslant \eta.$$

证明见文献 [2],p.11.

沿用定理 1.31 的记号, 并记

$$p_\nu(it) = \Sigma^* \prod_{m=1}^{\nu} \frac{1}{k_m!} \left(\frac{r_{m+2}(it)^{m+2}}{(m+2)!\sigma^{m+2}}\right)^{k_m}.$$

和 Σ^* 的意义与式 (1.59) 相同.

定理 1.34 在定理 1.31 的条件 (但去掉条件 (1. 58)) 与记号下, 并以 f_n 记标准化和 $\sum\limits_{i=1}^{n} X_i / \sqrt{n}\sigma$ 的特征函数, 即 $f_n(t) = v^n(t/\sigma\sqrt{n})$, 则当

$$|t| \leqslant \sqrt{n}\sigma^{k/(k-2)} \beta_k^{-1/(k-2)} (\beta_k = E|X_1|^k)$$

时, 有

$$\left|\frac{d^m}{dt^m}\left\{f_n(t) - e^{-t^2/2}\left(1 + \sum_{\nu=1}^{k-3} P_\nu(it)/n^{\nu/2}\right)\right\}\right|$$
$$\leqslant C(k)\beta_k \left(|t|^{k-m} + |t|^{3(k-1)+m}\right) e^{-t^2/12} \sigma^{-k} n^{\frac{k-2}{2}},$$

$$m = 0, 1, \cdots, k-1,$$

此处 $C(k)$ 为仅与 k 有关的常数.

证明见文献 [2], 第六章引理 4.

3. 几个分析结果.

定理 1.35　设函数 f 在点 x 有 ν 阶微商, 则

$$\frac{d^\nu}{dx^\nu} e^{f(x)} = \nu! e^{f(x)} \Sigma^* \prod_{m=1}^{\nu} \frac{1}{k_m!} \left(\frac{1}{m!} \frac{d^m f(x)}{dx^m} \right)^{k_m}.$$

和 Σ^* 的意义与式 (1.59) 同.

证明见文献 [2],p.136.

定理 1.36　设 $G(u)$ 为一维分布函数, $F(u)$ 为 $\mathbb{R}$ 上的有界函数, 又 $|F'(u)| \leqslant M < \infty$ 对一切 $x \in \mathbb{R}'$, 且 $F(-\infty) = 0$, $F(\infty) = 1$. 令

$$\delta = \frac{1}{2M} \sup_u |G(u) - F(u)|,$$

则

$$\sup_z \left| \int_{-\infty}^{\infty} \frac{1 - \cos Tu}{u^2} (G(z+u) - F(z+u))\, du \right| \geqslant 2MT\delta \left(3 \int_0^{T\delta} \frac{1 - \cos u}{u^2} du - \pi \right).$$

此即文献 [7] 的引理 8.

定理 1.37　设 $P(x)$ 在 Lebesgue 意义下为非奇异的分布函数, 则对任意固定的整数 $\nu (1 \leqslant \nu \leqslant m)$ 及常数 $c > 0$, 有

$$\sup_{u_\nu : |u_\nu| \geqslant c} \left| \int_{-\infty}^{\infty} \exp \left(i \sum_{l=1}^{m} u_l x^l \right) dP(x) \right| < 1.$$

此即文献 [7] 的引理 7.

定理 1.38　设 $G(x)$ 为 $\mathbb{R}'$ 上的有界变差函数, $g(t)$ 为其 Fourier-Stieltjes 变换, $\lim\limits_{|x| \to \infty} G(x) = 0$, 且对某个整数 $m \geqslant 1$, 有

$$\int_{-\infty}^{\infty} |x|^m |dG(x)| < \infty.$$

则 $x^m G(x)$ 在 $\mathbb{R}'$ 上有有界变差, 且

$$(-it)^m \int_{-\infty}^{\infty} e^{itx} d\{x^m G(x)\} = m! \sum_{\nu=0}^{m} \frac{(-t)\nu}{\nu!} g^{(\nu)}(t).$$

参考文献

1 Loève M. Probability Theory. Princeton: D Van Nostrand, 1960
2 Petrov V V. Sums of Independent Random Variables. New York: Springer-Verlag. 1975
3 Stout W. Almost Sure Convergence. New York: Academic Press, 1974
4 Karlin S. Admissibility for estimation with quadratic loss. Ann Math Statist, 1958, 29: 406~436
5 成平. 指数族分布之参数的极小极大化估计. 数学学报, 1964, 14: 252~275
6 Alexitz G. Convergence Problems of Orthogonal Series. Oxford: Pergamon, 1961
7 Hsu P L(许宝騄). The approximate distributions of the mean and variance of a sample of independent variables. Ann Math Statist, 1945, 16: 1~29

第二章　回归系数最小二乘估计的相合性

考虑线性模型

$$Y_i = x_i'\beta + e_i, \quad i = 1, \cdots, n, \cdots, \tag{2.1}$$

这里 $Y_i, x_i = (x_{i1}, \cdots, x_{ip})', \beta = (\beta_1, \cdots, \beta_p)'$ 以及 e_i 诸记号的意义, 已在第一章 §1.2 中说明过了. 我们也将使用在那里引进过的记号

$$\begin{aligned} Y_{(n)} &= (Y_1, \cdots, Y_n)', \\ e_{(n)} &= (e_1, \cdots, e_n)', \\ X_n &= (x_1 \cdots x_n)', \\ S_n &= X_n'X_n. \end{aligned} \tag{2.2}$$

在本章中常假定当 n 充分大时, S_n 非异, 因为大样本性质的问题与开头几个 n 值无关, 为方便计就假定 $|S_p| > 0$(这时自然有 $|S_n| > 0$ 当 $n > p$). 因而我们常不加声明就使用 S_n^{-1}. 对这个假定提供一点说明, 若无论 n 多大都有 $|S_n| = 0$, 则因 S_n 的秩, 也就是 X_n 的秩 $\text{rk}(X_n)$ 是 n 的非降函数, 故当 n 充分大时必存在 $r < p$, 使得

$$\text{rk}(X_n) = r. \tag{2.3}$$

现设 $\tilde{\beta}_1 = c_1'\beta$ 为一可估函数, 我们要考虑它的估计问题. 依式 (2.3), 当 n 充分大时可找到 r 个线性无关的可估函数, 其中之一可取为 $\tilde{\beta}_1$, 其余的记为 $\tilde{\beta}_2, \cdots, \tilde{\beta}_r$. 这时, 要估计的 $\tilde{\beta}_1$ 成为新的回归系数向量 $\tilde{\beta} = (\tilde{\beta}_1, \cdots, \tilde{\beta}_r)'$ 的一个分量. 考虑 $x_i'\beta$, 由于它可估, 故必可惟一地表为诸 $\tilde{\beta}_t$ 的线性函数, 即

$$x_i'\beta = \tilde{x}_i'\tilde{\beta}, \quad i = 1, 2, \cdots. \tag{2.4}$$

这样一来可以把式 (2.1) 改写为 $Y_i = \tilde{x}'{}_i\tilde{\beta} + e_i\, (i = 1, \cdots, n, \cdots)$. 对这个新模型而言, 有 $|\tilde{S}_n| > 0$ 当 $n \geqslant r$. 这说明假定 S_n 非异并无损于问题的普遍性, 且可以只考虑 β 本身而不必涉及其任意的线性函数.

在 §1.1(三) 中已给出: 在式 (2.1) 的前 n 个 $(n \geqslant p)$ 试验结果

$$(x_i, Y_i) \quad (i = 1, \cdots, n) \tag{2.5}$$

的基础上, 可算出 β 的 LS 估计为

$$\hat{\beta}_n = (\hat{\beta}_{1n}, \cdots, \hat{\beta}_{pn})' = S_n^{-1}X_n'Y_{(n)}. \tag{2.6}$$

在 §1.3(一) 中我们给出过 $\hat{\beta}_n$ 或其一指定分量在种种意义下的相合性定义. 本章的目的就是研究在种种意义下, 相合性的条件. 不言而喻, 这种条件既与试验点列 $\{x_i\}$ 有关, 也与随机误差序列 $\{e_i\}$ 有关. 总之, 目前在这个问题上已得到了相当深入的结果, 但还有一些未解决的问题.

§2.1 LS 估计弱相合的条件

本节的主要结果是定理 2.1, 其中指出了当 $\{e_i\}$ 满足 GM 条件时, LS 估计 $\hat{\beta}_n$ 有弱相合性的一个简洁的充要条件, 我们也将讨论 GM 条件不满足的情形, 在这里结果还只是初步的.

1963 年 Eicker[1] 证明了: 若 $\{e_i\}$ 满足 GM 条件, 则当

$$\lim_{n\to\infty} S_n^{-1} = 0 \tag{2.7}$$

时, $\hat{\beta}_n$ 为 β 的弱相合估计. 这是一个显见的结果, 不过, Eicker 由此提出了一个有趣且远为困难的问题, 即在 GM 条件下, 式 (2.7) 是不是 $\hat{\beta}_n$ 弱相合的必要条件. Eicker 指出了一个显然的情形, 即在进一步假定每个 e_i 都有正态分布时, 条件 (2.7) 确属必要. 但对于一般情形, 他似乎更倾向于认为, 条件 (2.7) 是否必要可能与 $\{e_i\}$ 的分布有关. 这问题经过一些人的努力, 直到 1976 年, Drygas[2] 才得出了肯定条件 (2.7) 的必要性的结论. 1977 年, 陈希孺 [3] 在不知道 Drygas 工作的情形下, 独立地得出了另外一个证明. 以下 (二) 中介绍的就是这个证明.

对于处理 $\hat{\beta}_n$ 的相合性问题, Anderson 和 Taylor[4] 给出的一个很有用的引理. 为了此处及后文的需要, 先将这个引理引述如下.

(一) Anderson-Taylor 引理 令 $T_i = (x_{i2}, \cdots, x_{ip})'$ $(i == 1, \cdots, n)$, 而将 X_n' 写为

$$X_n' = \begin{pmatrix} x_{11} & x_{21} \cdots x_{n1} \\ T_1 & T_2 \cdots T_n \end{pmatrix}. \tag{2.8}$$

又记 $Q_{jn} = (x_{1j}, \cdots, x_{nj})'$ $(j = 1, \cdots, p)$, 则 $S_n = X_n' X_n$ 可表为

$$S_n = \begin{pmatrix} \sum_1^n x_{i1}^2 & K_n' \\ K_n & H_n \end{pmatrix}, \tag{2.9}$$

其中

$$K_n = \sum_1^n x_{i1} T_i = (Q_{2n}, \cdots, Q_{pn})' Q_{1n},$$

$$H_n = \sum_1^n T_i T_i' = (Q_{in}' Q_{jn})_{2 \leqslant i,j \leqslant p}.$$

引理 2.1 (Anderson-Taylor)　设 $n > p$, 并记

$$h_{ni} = \begin{cases} x_{i1}, & \text{当 } p = 1, \\ x_{i1} - K_n' H_n^{-1} T_i, & \text{当 } p > 1, \end{cases} \quad i = 1, \cdots, n,$$

则

$$\hat{\beta}_{1n} = \beta_1 + \sum_{i=1}^n h_{ni} e_i \Big/ \sum_{i=1}^n h_{ni}^2 \tag{2.10}$$

且

$$\sum_{i=1}^n h_{ni}^2 = \sum_{i=1}^{n-1} h_{n-1,i}^2 + h_{nn}^2 \left(1 + T_n' H_{n-1}^{-1} T_n\right). \tag{2.11}$$

又若记 $u_n = \sum\limits_{i=1}^n h_{ni} e_i, w_n = u_n - u_{n-1}$, 则

$$w_n = h_{nn} \left(e_n - T_n' H_{n-1}^{-1} \left(\sum_1^{n-1} T_j e_j \right) \right), \tag{2.12}$$

且当 $\{e_i\}$ 满足 GM 条件时, 有

$$\begin{aligned} &E(u_l w_n) = 0, \quad \text{当 } n > l \geqslant p, \\ &E(w_l w_n) = 0, \quad \text{当 } n > l > p. \end{aligned} \tag{2.13}$$

证　依 “四块求逆” 公式 (例如, 见文献 [5], p.33), 有

$$\begin{aligned} S_n^{-1} &= \begin{pmatrix} a & K_n' \\ K_n & H_n \end{pmatrix}^{-1} \\ &= \begin{pmatrix} \left(a - K_n' H_n^{-1} K_n\right)^{-1} & -a^{-1} K_n' (H_n - a K_n K_n')^{-1} \\ * & * \end{pmatrix}, \end{aligned} \tag{2.14}$$

此处用 a 记 $\sum\limits_1^n x_{i1}$. 由式 (2.3) 并利用 $Y_{(n)} = X_n \beta + e_{(n)}$ 得

$$\hat{\beta}_n = \beta + S_n^{-1} X_n' e_{(n)}. \tag{2.15}$$

由式 (2.14) 和 (2.15), 得

$$\hat{\beta}_{1n} - \beta_1 = \sum_{i=1}^n \left(\frac{x_{i1}}{a - K_n' H_n^{-1} K_n} - \frac{K_n' (H_n - a^{-1} K_n K_n')^{-1} T_i}{a} \right) e_i. \tag{2.16}$$

又因

$$
\begin{aligned}
&\frac{K_n'(H_n-a^{-1}K_nK_n')^{-1}}{a}\\
&=\frac{(1-a^{-1}K_n'H_n^{-1}K_n)K_n'(H_n-a^{-1}K_nK_n')^{-1}}{(a-K_n'H_n^{-1}K_n)}\\
&=\frac{K_n'(1-a^{-1}H_n^{-1}K_nK_n')\left[H_n(1-a^{-1}H_n^{-1}K_nK_n')\right]^{-1}}{(a-K_n'H_n^{-1}K_n)}\\
&=\frac{K_n'H_n^{-1}}{(a-K_n'H_n^{-1}K_n)},
\end{aligned}
$$

由式 (2.16) 得

$$
\begin{aligned}
\hat{\beta}_{1n}-\beta_1&=\sum_{i=1}^{n}(x_{i1}-K'{}_nH_n^{-1}T_i)e_i/(a-K'{}_nH_n^{-1}K_n)\\
&=\frac{u_n}{(a-K'{}_nH_n^{-1}K_n)}.
\end{aligned}\tag{2.17}
$$

再注意

$$
\begin{aligned}
&\sum_{i=1}^{n}(x_{i1}-K'{}_nH_n^{-1}T_i)^2\\
&=\sum_{i=1}^{n}x_{i1}^2-2\sum_{i=1}^{n}K'{}_nH_n^{-1}x_{i1}T_i+K'{}_nH_n^{-1}\sum_{i=1}^{n}T_iT'{}_iH_n^{-1}K_n\\
&=a-K'{}_nH_n^{-1}K_n.
\end{aligned}\tag{2.18}
$$

以此代入式 (2.17), 即得式 (2.10). 我们还注意：由式 (2.14) 及 (2.18), 可得

$$
\begin{aligned}
S_n^{-1}(1,1)&=\left(\sum_{i=1}^{n}(x_{i1}-K'{}_nH_n^{-1}T_i)^2\right)^{-1}\\
&=\left(\sum_{i=1}^{n}h_{ni}^2\right)^{-1},
\end{aligned}\tag{2.19}
$$

此处 $S_n^{-1}(i,j)$ 为 S_n^{-1} 的 (i,j) 元.

现往证式 (2.12) 和 (2.13). 由 w_n 的定义有

$$
\begin{aligned}
w_n&=u_n-u_{n-1}\\
&=(x_{n1}-K'{}_nH_n^{-1}T_n)e_n-\sum_{i=1}^{n-1}(K'{}_nH_n^{-1}-K'{}_{n-1}H_{n-1}^{-1})T_ie_i.
\end{aligned}\tag{2.20}
$$

注意到 $K_n=K_{n-1}+T_nx_{n1}, H_n=H_{n-1}+T_nT'{}_n$, 得

$$
K'{}_{n-1}H_{n-1}^{-1}-K'{}_nH_n^{-1}=K'{}_{n-1}H_{n-1}^{-1}-K'{}_nH_n^{-1}H_{n-1}H_{n-1}^{-1}
$$

$$
\begin{aligned}
&= (K'_{n-1} - K'_n H_n^{-1}(H_n - T_n T'_n))H_{n-1}^{-1} \\
&= (K'_n - x_{n1}T'_n - K'_n + K'_n H_n^{-1} T_n T'_n)H_{n-1}^{-1} \\
&= -(x_{n1} - K_n H_n^{-1} T_n)T'_n H_n^{-1} \\
&= -h_{nn} T'_n H_{n-1}^{-1}.
\end{aligned}
$$

以此代入式 (2.20), 即得式 (2.12). 又

$$
\begin{aligned}
w_n &= h_{nn} e_n + (K'_{n-1} H_{n-1}^{-1} - K'_n H_n^{-1}) \sum_1^{n-1} T_i e_i, \\
u_l &= \sum_{i=1}^{l} (x_{i1} - K'_l H_l^{-1} T_i) e_i.
\end{aligned}
$$

当 $n > l \geqslant p$ 时有

$$
\begin{aligned}
\mathrm{cov}(w_n, u_l) &= \sigma^2 \sum_{i=1}^{l} (x_{i1} - K'_l H_l^{-1} T_i) T'_i (H_{n-1} K_{n-1} - H_n^{-1} K_n) \\
&= \sigma^2 \left(\sum_{i=1}^{l} x_{i1} T'_i - K'_l H_l^{-1} \sum_1^{l} T_i T'_i \right) (H_{n-1}^{-1} K_{n-1} - H_n^{-1} K_n) \\
&= \sigma^2 (K'_l - K'_l)(H_{n-1}^{-1} K_{n-1} - H_n^{-1} K_n) = 0.
\end{aligned}
$$

故当 $n > l > p$ 时有

$$
\mathrm{cov}(w_n, w_l) = \mathrm{cov}(w_n, u_l) - \mathrm{cov}(w_n, u_{l-1}) = 0.
$$

于是得到式 (2.13).

最后, 我们注意到式 (2.11) 只与 $\{x_i\}$ 有关而不涉及 $\{e_i\}$ 之分布. 这表明为证式 (2.11), 不失普遍性可对 $\{e_i\}$ 的分布加上任意的假定. 故设 $\{e_i\}$ 满足 GM 条件且 $\mathrm{var}(e_i) = 1$. 这时由式 (2.13) 有

$$
\mathrm{var}(u_n) = \mathrm{var}(u_{n-1}) + \mathrm{var}(w_n), \tag{2.21}
$$

但在 $\{e_i\}$ 的所述假定下有

$$
\begin{aligned}
\mathrm{var}(u_n) &= \sum_{i=1}^{n} h_{ni}^2, \quad \mathrm{var}(u_{n-1}) = \sum_{i=1}^{n-1} h_{n-1,i}^2, \\
\mathrm{var}(w_n) &= h_{nn}^2 \left(1 + \sum_{i=1}^{n-1} T'_n H_{n-1}^{-1} T_i T'_i H_{n-1} T_n \right) \\
&= h_{nn}^2 \left(1 + T'_n H_{n-1}^{-1} T_n \right).
\end{aligned}
$$

以此三式代入式 (2.21) 即得式 (2.11). 引理证毕.

记 $S_n = 1/S_n^{-1}(1,1)$, 则由上述引理证明过程及其结论, 可得以下有用的关系式

$$\hat{\beta}_{1n} - \beta_1 = u_n/S_n. \tag{2.22}$$

又

$$S_n = S_p + \sum_{p+1}^{n} h_{ii}^2 (1 + T'_i H_{i-1}^{-1} T_i), \tag{2.23}$$

$$u_n = u_p + \sum_{p+1}^{n} h_{ii} \left(e_i - T'_i H_{i-1}^{-1} \sum_{1}^{i-1} T_j e_j \right). \tag{2.24}$$

(二) 弱相合的充要条件 (GM 情形)

定理 2.1 设 $\{e_i\}$ 满足 GM 条件, 则 $\hat{\beta}_n$ 为 β 的弱相合估计的充要条件为式 (2.7). 更一般地, 对固定的 $t, \hat{\beta}_{tn}$ 为 β_t 的弱相合估计的充要条件是

$$\lim_{n\to\infty} S_n^{-1}(t,t) = 0. \tag{2.25}$$

证 充分性很明显: 在 GM 条件下, $\hat{\beta}_{tn}$ 为 β_t 的无偏估计, 且

$$\mathrm{var}(\hat{\beta}_{tn}) = \sigma^2 S_n^{-1}(t,t), \tag{2.26}$$

此处 $\sigma^2 = \mathrm{var}(e_1)$. 由式 (2.26) 知, 在条件 (2.25) 之下有 $\lim\limits_{n\to\infty} \mathrm{var}(\hat{\beta}_{tn}) = 0$. 因而 $\hat{\beta}_{tn}$ 为 β_t 的均方相合估计, 故更为弱相合估计.

必要性的证明用反证法. 为方便计设 $t=1$, 并记 $c_n = S_n^{-1}(1,1)$. 设式 (2.25) 不成立. 由式 (2.23), 并注意到 $T'_i H_{i-1}^{-1} T_i \geqslant 0$ 对任意 $i \geqslant p+1$, 知 c_n^{-1} 即 S_n 非降, 故 c_n 非增. 因此存在 $c > 0$, 使得 $c_n \downarrow c$. 但由式 (2.14) 和 (2.18), 并注意到 h_{ni} 的定义, 得

$$c_n = \left(\sum_{i=1}^{n} h_{ni}^2 \right)^{-1}.$$

因而知当 $n \to \infty$ 时有

$$\sum_{i=1}^{n} h_{ni}^2 \uparrow \frac{1}{c} < \infty. \tag{2.27}$$

由式 (2.22) 及 u_n 的定义, 得

$$\hat{\beta}_{1n} - \beta_1 = c_n \sum_{i=1}^{n} h_{ni} e_i. \tag{2.28}$$

由式 (2.27) 知, $\{h_{ni}, n \geqslant p, i \geqslant 1\}$ 有界. 用对角线方法可取出自然数子序列 $\{n_j\}$, 并存在常数序列 $\{d_i\}$, 使得对任意固定的 i 有

$$\lim_{j\to\infty} h_{n_j i} = d_i, \quad i = 1, 2, \cdots. \tag{2.29}$$

以下设 $n > k \geqslant p$. 由前面所给的 T_i, H_n, K_n 等的定义, 根据最小二乘法, 知对任意 $p-1$ 维的向量 q, 总有

$$\sum_{1}^{k} (x_{i1} - T'_i q)^2 \geqslant \sum_{i=1}^{k} (x_{i1} - T'_i H_k^{-1} K_k)^2.$$

在此式中取 $q = H_n^{-1} K_n$, 得

$$\sum_{i=1}^{k} h_{ni}^2 \geqslant \sum_{i=1}^{k} h_{ki}^2. \tag{2.30}$$

在式 (2.30) 中换 n 为 n_j, 再令 $j \to \infty$ 然后 $k \to \infty$, 由式 (2.29) 和 (2.30) 得

$$d_1^2 + \cdots + d_k^2 \geqslant c_k^{-1} \uparrow c^{-1}.$$

又因 $n_j \to \infty$, 当 j 充分大时有

$$\sum_{i=1}^{k} h_{n_j i}^2 \leqslant \sum_{i=1}^{n_j} h_{n_j i}^2 \leqslant c_{n_j}^{-1} \leqslant c^{-1}$$

对任意固定的 k. 令 $j \to \infty$, 由上式得 $d_1^2 + \cdots + d_k^2 \leqslant c^{-1}$ 对任意 k. 这与 $c_k^{-1} \uparrow c^{-1}$ 结合, 给出

$$0 < \sum_{1}^{\infty} d_i^2 = c^{-1} < \infty. \tag{2.31}$$

现往证对任给 $\varepsilon > 0$, 存在自然数 b 和 j_0, 使得当 $j \geqslant j_0$ 时,

$$\sum_{i=b+1}^{n_j} h_{n_j i}^2 < \varepsilon. \tag{2.32}$$

为此注意

$$\begin{aligned}\sum_{i=b+1}^{n_j} h_{n_j i}^2 &= \sum_{i=1}^{n_j} h_{n_j i}^2 - \sum_{i=1}^{b} h_{n_j i}^2 \\ &= c_{n_j}^{-1} - \sum_{i=1}^{b} h_{n_j i}^2 \leqslant c^{-1} - \sum_{i=1}^{b} h_{n_j i}^2.\end{aligned}$$

取 b 充分大, 使得 $\sum\limits_{1}^{b} d_i^2 \geqslant c^{-1} - \varepsilon/2$. 对这个 b, 找 j_0 充分大, 使得当 $j \geqslant j_0$ 时有

$$\sum_{i=1}^{b} h_{n_j i}^2 > \sum_{1}^{b} d_i^2 - \frac{\varepsilon}{2}.$$

显然, b 和 j_0 都只依赖于 ε. 当 $j \geqslant j_0$ 时有

$$\begin{aligned}\sum_{i=b+1}^{n_j} h_{n_j i}^2 &\leqslant c^{-1} - \left(\sum_1^b d_i^2 - \frac{\varepsilon}{2}\right) \\ &= \left(c^{-1} - \sum_1^b d_i^2\right) + \frac{\varepsilon}{2} < \varepsilon.\end{aligned}$$

这证明了式 (2.32). 现令

$$z_j = \hat{\beta}_{1n_j} - \beta_1 = c_{n_j} \sum_{i=1}^{n_j} h_{n_j i} e_i, \quad j = 1, 2, \cdots. \tag{2.33}$$

而往证

$$\lim_{j \to \infty} E\left(z_j - c\sum_1^{\infty} d_i e_i\right)^2 = 0, \tag{2.34}$$

这里 $\sum\limits_1^{\infty} d_i e_i$ 理解为均方收敛的极限, 这个极限的存在性由式 (2.31) 及 $\{e_i\}$ 满足 GM 条件推出. 为证式 (2.33), 注意

$$\begin{aligned}E\left(z_j - c\sum_1^{\infty} d_i e_i\right)^2 &= E\left(z_j - c\sum_{i=1}^{n_j} d_i e_i\right)^2 + \sigma^2 \sum_{n_j+1}^{\infty} d_i^2 \\ &= E\left(c_{n_j}\sum_{i=1}^{b} h_{n_j i} e_i + c_{n_j}\sum_{i=b+1}^{n_j} h_{n_j i} e_i - c\sum_1^b d_i e_i - c\sum_{i=b+1}^{n_j} d_i e_i\right)^2 \\ &\quad + \sigma^2 \sum_{i=n_j+1}^{\infty} d_i^2 \leqslant 3E\left(c_{n_j}\sum_{i=1}^{b} h_{n_j i} e_i - c\sum_1^b d_i e_i\right)^2 \\ &\quad + 3c_{n_j}^2 \sigma^2 \sum_{i=b+1}^{n_j} h_{n_j i}^2 + 3c^2\sigma^2 \sum_{i=b+1}^{n_j} d_i^2 + \sigma^2 \sum_{n_j+1}^{\infty} d_i^2.\end{aligned}$$

取 b_0 和 j_0, 使得当 $j \geqslant j_0$ 时,

$$3c_{n_j}^2 \sum_{i=b_0+1}^{n_j} h_{n_j i}^2 < \varepsilon/4.$$

再选择 $b_1 > b_0$, 使得

$$3c^2\sigma^2 \sum_{b_1}^{\infty} d_i^2 < \varepsilon/4.$$

又取 $j > j_0$, 使得

$$\sigma^2 \sum_{n_{j_1}+1}^{\infty} d_i^2 < \varepsilon/4.$$

最后, 取 $j_2 > j_1$, 使得当 $j \geqslant j_2$ 时, 有

$$\begin{aligned}
&3E\left(c_{n_j}\sum_{i=1}^{b_1} h_{n_j i}e_i - c\sum_{1}^{b_1} d_i e_i\right)^2 \\
&\leqslant 6c^2\sigma^2 \sum_{i=1}^{b_1}(h_{n_j i} - d_i)^2 + 6(c_{n_j} - c)^2\sigma^2 \sum_{i=1}^{b_1} h_{n_j i}^2 < \varepsilon/4.
\end{aligned}$$

这样, 我们证明了, 当 $j \geqslant j_2$ 时有

$$E\left(z_j - c\sum_{1}^{\infty} d_i e_i\right)^2 < \varepsilon.$$

这证明了式 (2.34). 因为 $c > 0$ 且

$$\operatorname{var}\left(\sum_{1}^{\infty} d_i e_i\right) = \sigma^2 \sum_{1}^{\infty} d_i^2 > 0,$$

知 $c\sum\limits_{1}^{\infty} d_i e_i$ 不能以概率 1 等于 0, 因而由式 (2.33) 和 (2.34) 推出, $\hat{\beta}_{1n}$ 不能依概率收敛于 β_1. 这证明了必要性, 因而证明了定理.

由本定理的证明过程, 得出一个多少有点出人意料的结果: 在满足 GM 条件的情形下, 最小二乘估计的弱相合性与其均方相合性等价. 显然, 由此可推出对任意的 $r \in (0, 2]$, 最小二乘估计的 r 平均相合性彼此等价且都与弱相合性等价. 又正如在本章开头部分所指出的, 通过适当的参数变换, 还可以把定理 2.1 的结论推广为如下的形式: 若 GM 条件成立, 则任一可估线性函数 $c'\beta$ 的弱收敛性与其均方收敛性等价.

(三) 一般协差阵的情形 设

$$Ee_{(n)} = 0, \quad \operatorname{cov}(e_{(n)}) = \Sigma_n. \tag{2.35}$$

当 $\Sigma_n = \sigma^2 I_n$ 时, 就得到 (二) 中讨论过的 GM 情形. 在式 (2.35) 这样一般性的假定下, LS 估计 $\hat{\beta}_n$ 弱相合的充要条件如何, 现在还没有解决. 但不难形式地写出一个充分条件, 因为, 即使在条件 (2.35) 之下, $\hat{\beta}_n$ 仍为β的无偏估计. 故为了 $\hat{\beta}_n \xrightarrow{P} \beta$, 只需

$$\operatorname{cov}(\hat{\beta}_n) = S_n^{-1} X'_n \Sigma_n X_n S_n^{-1} \to 0, \quad 当\ n \to \infty. \tag{2.36}$$

如果 Σ_n 完全已知, 或更一般地, $\Sigma_n = \sigma^2 \tilde{\Sigma}_n$, 其中 $\sigma^2 > 0$ 未知而 $\tilde{\Sigma}_n$ 完全已知, 则式 (2.36) 提供了一个确定的充分条件. 这个条件是否必要, 等价于下面的问题: 在式 (2.35) 的一般情形下, $\hat{\beta}_n$ 的弱相合性是否仍等价于其均方相合性? 目前还不知道这个问题的解答.

如果 Σ_n 未知, 则条件 (2.36) 不仅无法直接验证, 即使作为一个对 Σ_n 的一般性要求, 也嫌过于复杂一些. 下面是一个形式比较简单的充分条件 (见文献 [3]):

定理 2.2 以 $\lambda(\Sigma_n)$ 记 Σ_n 的最大特征根, 则当

$$\lim_{n\to\infty} \lambda(\Sigma_n) S_n^{-1} = 0 \tag{2.37}$$

时, $\hat{\beta}_n$ 为 β 的弱相合估计.

证 以 $c_n = \left(c_{ij}^{(n)}\right)_{p\times n}$ 记 $S_n^{-1}X'_n$, 则有 $c_n c'_n = S_n^{-1}$, 故

$$\sum_{j=1}^{n} \left(c_{ij}^{(n)}\right)^2 = S_n^{-1}(i,i), \quad i = 1, \cdots, p.$$

因此 $S_n^{-1}X'_n \Sigma_n X_n S_n^{-1}$ 的 (i,i) 元, 也就是 $c_n \Sigma_n c'_n$ 的 (i,i) 元, 等于

$$\begin{aligned} g_{ii}^{(n)} &= \sum_{u,v=1}^{n} \left(\sum_n (u,v)\right) c_{iu}^{(n)} c_{iv}^{(n)} \\ &= S_n^{-1}(i,i) \sum_{u,v=1}^{n} \left(\sum_n (u,v)\right) r_{iu}^{(n)} r_{iv}^{(n)}, \end{aligned}$$

其中有

$$\sum_{v=1}^{n} \left(r_{iv}^{(n)}\right)^2 = 1,$$

故由二次型极值的定理, 得知当 $n \to \infty$ 时

$$g_{ii}^{(n)} \leqslant S_n^{-1}(i,i) \max_{\|y\|=1} y' \Sigma_n y = S_n^{-1}(i,i) \lambda(\Sigma_n) \to 0.$$

因此条件 (2.36) 成立, 这证明了定理 2.2 .

特别, 如果 $\{x_i\}$ 满足条件

$$S_n^{-1} = O\left(\frac{1}{n}\right), \tag{2.38}$$

则对 Σ_n 只要求

$$\lambda(\Sigma_n) = o(n), \tag{2.39}$$

而式 (2.39) 是一个很弱的条件. 这个特例之所以值得注意, 是因为一些常见的设计, 甚至可以说, 任意在实用上有意义的设计都满足式 (2.38). 例如不难验证 (参看文献 [3]), 多项式和三角回归模型, 在试验点列满足很弱的条件时, 条件 (2.38) 成立. 又如对 Kiefer 提出的所谓 D 最优设计, 条件 (2.38) 也满足 (见文献 [3]). 在文献 [3] 中还给出了以下较为一般的充分条件.

引理 2.2 设 $\{x_i\}$ 是 $\mathbb{R}^p$ 中的有界点列. 若存在 $\varepsilon > 0$ 和自然数 m, 使得对任意的 k 有

$$\left|\sum_{i=k}^{m+k-1} x_i x'_i\right| \geqslant \varepsilon. \tag{2.40}$$

则条件 (2.38) 成立.

证 令

$$U_j = \sum_{i=(j-1)m+1}^{jm} x_i x_i', \quad j = 1, 2, \cdots,$$

则 $S_{km} = U_1 + \cdots + U_k$. 因为 $\{x_i\}$ 有界, 可找到常数 b 与 j 无关, 致 $\lambda(U_j) \leqslant b$, 此处仍以 $\lambda(U_j)$ 表示 U_j 的最大特征根. 事实上, 记 $M = \sup\limits_i \|x_i\|$, 则

$$\begin{aligned}\lambda(U_j) = \max_{\|y\|=1} y' U_j y &\leqslant \sum_{(j-1)m+1}^{jm} \max_{\|y\|=1} y'(x_i x'_i) y \\ &\leqslant \sum_{(j-1)m+1}^{jm} \|x_i\| \leqslant mM \triangleq b.\end{aligned} \tag{2.41}$$

以 $\mu(A)$ 记非负定方阵 A 的最小特征根. 用式 (2.41) 可证：存在与 j 无关的常数 $a > 0$, 使得 $\mu(U_j) \geqslant a$. 事实上, 由式 (2.40) 及 (2.41),

$\varepsilon \leqslant |U_j| = U_j$ 的 p 个特征根之积不大于 $\mu(U_j) b^{p-1}$, 因而 $\mu(U_j) \geqslant \varepsilon / b^{p-1} \triangleq a > 0$. 现有

$$\mu(S_{km}) = \min_{\|y\|=1} y' S_{km} y \geqslant \sum_1^k \min_{\|y\|=1} y' U_j y \geqslant k_a. \tag{2.42}$$

取 $c = n_0/a > 0$, 由式 (2.42) 知

$$\left|S_{km}^{-1}(i,j)\right| \leqslant c/(km), \quad i,j = 1, \cdots, p.$$

对任意自然数 $n > m$, 取 k, 致 $km < n \leqslant (k+1)m$. 则

$$\begin{aligned}S_n^{-1}(i,i) \leqslant S_{km}^{-1}(i,i) &\leqslant \frac{c}{km} \\ &\leqslant \frac{c}{n}\frac{k+1}{k} \leqslant \frac{2c}{n}, \quad i = 1, \cdots, p.\end{aligned}$$

由此推出式 (2.38) 成立. 引理证毕.

现转向于考虑条件 (2.39). 假定误差序列 $\{e_i\}$ 在均方意义下有界:

$$Ee_i^2 < M < \infty, \quad i = 1, 2, \cdots . \tag{2.43}$$

这时, 若 e_i 两两不相关, 即 $Ee_ie_j = 0$ 当 $i \neq j$, 则式 (2.39) 成立. 进而可以设想, 如果式 (2.43) 成立且 e_i 之间的相关性受到一定限制, 则式 (2.39) 仍可能成立. 事实上, 有

引理 2.3 设条件 (2.43) 成立, 且

$$Ee_ie_j \to 0, \quad \text{当 } |i-j| \to \infty. \tag{2.44}$$

则式 (2.39) 成立.

如果 i 是一个时间指标, 则式 (2.44) 表示时间相距很远的两次试验, 其结果的相关性甚微, 这是一个合理的假定.

引理 2.3 的证明 记 $a_{ij} = |Ee_ie_j|$. 令 $z = (z_1, \cdots, z_n)'$, $\|z\| =1$. 有

$$z'\Sigma_n z \leqslant \sum_{|i-j|>k} a_{ij}\,|z_iz_j| + \sum_{|i-j|\leqslant k} a_{ij}\,|z_iz_j|.$$

任给 $\varepsilon > 0$, 取 k 充分大, 使得当 $|i-j| > k$ 时有 $a_{ij} < \varepsilon/2$, 则

$$\sum_{|i-j|>k} a_{ij}\,|z_iz_j| \leqslant \frac{\varepsilon}{2}\left(\sum_1^n |z_i|\right)^2 \leqslant \frac{\varepsilon}{2}\left(\sqrt{n}\right)^2 = \frac{\varepsilon}{2}n.$$

另一方面, 由式 (2.43) 知, $a_{ij} \leqslant M$ 对任意 i, j, 故当 n 充分大时,

$$\sum_{|i-j|\leqslant k} a_{ij}\,|z_iz_j| \leqslant M \sum_{|i-j|\leqslant k} (z_i^2 + z_j^2)/2 \leqslant 2kM < \frac{\varepsilon}{2}n.$$

从而对充分大的 n 有

$$\lambda\left(\Sigma_n\right) = \max_{\|z\|=1} z'\Sigma_n z < \varepsilon n.$$

由 ε 的任意性知式 (2.39) 成立, 引理证毕.

当然, 定理 2.2 以及由之引出的条件 (2.38) 和 (2.39), 还是一个很初步的结果, 更谈不上必要性. 但是, 下面的例子 (见文献 [3]) 说明, 想要对条件 (2.38) 和 (2.39) 作实质性的改进是不可能的.

例 2.1 设 H_n 为 2^n 阶正交方阵, 且

$$|H_n(i,j)| = 2^{-n/2}, \quad H_n(i,1) > 0, \quad i, j = 1, \cdots, 2^n.$$

定义 $i_0 = 1, t_0 = 2^{t_{i-1}}, i = 1, 2, \cdots$, 而

$$P_m = \begin{pmatrix} H_{t_0} & & 0 & \\ & H_{t_1} & & \\ & & \ddots & \\ & 0 & & H_{t_u} \end{pmatrix},$$

$$m = t_1 + \cdots + t_{u+1}, \tag{2.45}$$

$$W'_n = (n-1, (n-1)^{-1}, \cdots, (n-1)^{-1}),$$

$$\varLambda_m = \mathrm{diag}(W'_t, \cdots, W'_{t_{u+1}}).$$

注意 $\varLambda_m$ 为一对角阵, 其主对角线元依次为 $t_1 - 1, (t_1 - 1)^{-1}, \cdots, (t_1 - 1)^{-1}, t_2 - 1, (t_2 - 1)^{-1}, \cdots, (t_2 - 1)^{-1}, \cdots$. 定义

$$\varSigma_m = P'_m \varLambda_m P_m. \tag{2.46}$$

对不能表成式 (2.45) 形状的整数 m', 则任取可表为式 (2.45) 的 $m > m'$, 然后令 $\varSigma_{m'}$ 的各元为

$$\varSigma_{m'}(i,j) = \varSigma_m(i,j), \quad i,j = 1, \cdots, m'. \tag{2.47}$$

通过式 (2.46) 和 (2.47), 对任意自然数 m, 定义了协方差阵 $\varSigma_m$. 易见条件 (2.43) 成立. 令 $p = 2$, 而

$$x_i = (1,1)', i = 1,3,5,\cdots; \quad x_i = (1,-1)', i = 2,4,6,\cdots,$$

条件 (2.38) 成立. 又假定 e_i 服从正态分布.

简单计算得出

$$X'_m P'_m = \underbrace{\begin{pmatrix} * & * & \cdots & * \end{pmatrix}}_{m - t_{u+1}\text{ 列}} \begin{pmatrix} * & * & \cdots & * & \vdots & t_{u+1}^{1/2} & 0 & \cdots & 0 & \cdots & 0 \\ * & * & \cdots & * & \vdots & 0 & 0 & \cdots & i_{u+1}^{1/2} & \cdots & 0 \end{pmatrix}.$$

标 “$*$” 处的元的绝对值不超过 $t_u^{1/2}$, 故易见

$$X'_m \sum{}_m X_m = \begin{pmatrix} t_{u+1}^2(1+0(1)) & 0(t_{u+1}^2) \\ 0(t_{u+1}^2) & t_{u+1}^2(1+0(1)) \end{pmatrix}.$$

最后, 由

$$S_m^{-1} = m^{-1} I_m = t_{u+1}^{-1}(1+0(1)) I_m,$$

得

$$S_m^{-1}X'_m\Sigma_m X_m S_m^{-1}=\begin{pmatrix}1+0(1) & 0(1)\\ 0(1) & 1+0(1)\end{pmatrix},$$

即式 (2.36) 不成立. 因而 $\hat{\beta}_n$ 不是 β 的弱相合估计.

§2.2 一般线性弱相合估计的存在问题

(一) 问题提法与主要结果 仍沿用前面的记号. 在式 (2.1) 的前 n 个试验结果 (2.5) 的基础上, 为估计 β 的某一分量, 或一般地估计 β 之一线性函数 $c'\beta$, 称形如

$$T_n=c_{n0}+\sum_{t=1}^{n}c_{ni}Y_i \tag{2.48}$$

的估计为一线性估计, 这里 $c_{ni}\,(i=0,1,\cdots,n)$ 都是已知常数, LS 估计是式 (2.48) 的一种特例, 且总是齐次的 (即 $c_{n0}=0$).

定理 2.1 彻底解决了 GM 假定之下 LS 估计 $\hat{\beta}_n$ 的弱相合性问题. 当条件 (2.7) 不成立时, $\hat{\beta}_n$ 既非均方相合也非弱相合. 陈希孺首先考虑了这样的问题：在条件 (2.7) 不成立的情形下, 是否可以或在什么条件下能找到 β 的均方相合或弱相合估计? 提出这个问题是自然的：LS 估计 $\hat{\beta}_n$ 只有在无偏性的限制下才具有某种优良性质, 如果舍弃无偏性, 能否获得相合性方面的补偿? 事实上, 在企图改善 LS 估计的研究工作中提出了许多其他估计, 其基本点都在于放弃无偏性而希望估计的某些其他方面有所改善.

先看两个例子.

例 2.2 设随机误差序列 $\{e_i\}$ 相互独立, 且 e_i 的分布为

$$P\,(e_i=0)=1-\frac{1}{i},\quad P(e_i=\sqrt{i})=P(e_i=-\sqrt{i})=\frac{1}{2i}. \tag{2.49}$$

又设 $p=1,x_i=\dfrac{1}{i}\,(i=1,2,\cdots)$. 则 $\{e_i\}$ 满足 GM 条件, 但 $S_n=\sum\limits_{1}^{n}i^{-2}\to\pi^2/6$ 当 $n\to\infty$, 因而条件 (2.7) 不成立, β 的 LS 估计 $\hat{\beta}_n$ 不为弱相合.

但若取线性估计 $T_n=nY_n\,(n=1,2,\cdots)$, 因为 $Y_n=\dfrac{\beta}{n}+e_n$, 知 $T_n=\beta+ne_n$. 故

$$P\,(T_n=\beta)=P(e_n=0)=1-\frac{1}{n}\to 1.$$

因而 $T_n\xrightarrow{P}\beta$, 即 T_n 为 β 的弱相合估计.

这个浅显的例子也说明了：若不对 $\{e_i\}$ 施加一定的条件, 则当 LS 估计不为弱相合时, 还可能存在其他相合的线性估计. 本例说明：仅限制 $\{e_i\}$ 的独立性还不够.

但我们在以下将证明：在 $\{e_i\}$ 独立的前提下，只需加上一显然的限制，就足以排除上述可能性.

下面一个更为深刻的例子说明：若只假定 $\{e_i\}$ 满足 GM 条件，则即使进一步限制诸 e_i 同分布，也不足以排除上述可能性.

例 2.3　先指出下面的事实：存在一个常数项为 0、但系数不全为 0 的三角级数

$$\sum_1^\infty (a_n \cos nx + b_n \sin nx) \tag{2.50}$$

在 $(-\pi,\pi)$ 上几乎处处收敛于 0. 事实上，根据三角级数论中著名的Меньшов定理，存在系数不全为 0 的三角级数

$$c_0 + \sum_1^\infty (c_n \cos nx + d_n \sin nx) \tag{2.51}$$

在 $(-\pi,\pi)$ 上几乎处处收敛于 0 . 在式 (2.51) 中用 $2x$ 代 x，得到另一在 $(-\pi,\pi)$ 上几乎处处收敛于 0 的三角级数

$$c_0 + \sum_1^\infty (c_n \cos 2nx + d_n \sin 2nx). \tag{2.52}$$

将式 (2.51) 与 (2.52) 相减，得到三角级数 (2.50)，其中

$$\begin{aligned} a_{2n-1} &= c_{2n-1}, \quad b_{2n-1} = d_{2n-1}, \\ a_{2n} &= c_{2n} - c_n, \quad b_{2n} = d_{2n} - d_n, \end{aligned} \qquad n = 1, 2, \cdots . \tag{2.53}$$

由式 (2.53) 不难证明：式 (2.50) 的系数不能全为 0. 事实上，若 $a_1 = a_2 = \cdots = 0$，则 $c_1 = c_3 = c_5 = \cdots = 0$. 再由式 (2.53) 第二行，知 $c_2 = c_4 = \cdots = 0$，因而 $c_1 = c_2 = \cdots = 0$. 同样，由 $b_1 = b_2 = \cdots = 0$，知 $d_1 = d_2 = \cdots = 0$. 再由式 (2.51) 几乎处处收敛知 $c_0 = 0$，这与三角级数 (2.51) 的各系数不全为 0 矛盾，从而证明了具有所述性质的三角级数 (2.50) 的存在性. 不失普遍性，设 $a_i = b_i = 0, i = 1, \cdots, k-1$，但 $a_k \neq 0$. 又由三角级数论中的 Cantor-Lebesgue 定理，有 $\lim\limits_{n\to\infty} a_n = \lim\limits_{n\to\infty} b_n = 0$.

取随机变量 ξ，服从 $(-\pi,\pi)$ 内的均匀分布. 定义

$$e_{2n-1} = \cos(n+k-1)\xi, \quad e_{2n} = \sin(n+k-1)\xi,$$

$$n = 1, 2, \cdots .$$

则易见 $Ee_i = 0, \mathrm{var}(e_i) = 1/2\,(i = 1, 2, \cdots), Ee_ie_j = 0$ 当 $i \neq j$. 故 $\{e_i\}$ 适合 GM 条件. 又易见 $\{e_i\}$ 为同分布序列. 这可以通过直接计算 e_i 的分布得到，也可以证明如下：直接计算易知 e_i 的 k 阶矩 $E_{e_i}^k$(k 为非负整数) 与 i 无关，又因 e_i 有界，即知 e_i 的分布与 i 无关.

现令 $p=1$, 并取

$$x_1 = 1/a_k, x_2 = x_3 = \cdots = 0. \tag{2.54}$$

这时有 $Y_1 = \beta/a_k + e_1, Y_i = e_1, i \geqslant 2$. 由式 (2.54) 知条件 (2.7) 不成立, 故 β 的 LS 估计 $\hat{\beta}_n$ 不为弱相合. 现引进线性估计 T_n 如下:

$$T_n = c_1 Y_1 + \cdots + c_n Y_n,$$

其中

$$c_{2n-1} = a_{k+n-1}, \quad c_{2n} = b_{k+n-1}, n = 1, 2, \cdots,$$

则易见

$$T_n - \beta = c_1 e_1 + \cdots + c_n e_n$$

$$\begin{cases} \displaystyle\sum_{i=1}^{n/2+k-1} (a_i \cos i\xi + b_i \sin i\xi), & \text{当 } n \text{ 为偶数时}, \\ \displaystyle\sum_{i=1}^{(n+1)/2+k} (a_i \cos i\xi + b_i \sin i\xi) + a_{[n/2]+k} \cos([n/2]+k)\xi, & \text{当 } n \text{ 为奇数时}. \end{cases}$$

故由级数 (2.50) 几乎处处收敛于 0 以及 $a_n \to 0$, 得到 $P(T_n \to \beta) = 1$, 即 T_n 为 β 的强相合估计.

注 2.1　虽然在例 2.2 和 2.3 中提出的线性估计都是弱相合的, 但它们都非均方相合. 事实上, 对例 2.2 有 $E(T_n - \beta)^2 = n^2$, 而对例 2.3 则有

$$E(T_n - \beta)^2 = \frac{1}{2}(c_1^2 + \cdots + c_n^2) \to \frac{1}{2}\sum_1^{\infty}(a_i^2 + b_i^2) > 0.$$

这说明: 虽则在 GM 条件下 LS 估计的弱相合性与均方相合性等价, 但这个事实对一般的线性估计并不成立. 其实, 以下我们将证明 (见定理 2.3): 在 GM 条件下, 若 LS 估计不为弱相合, 则不可能存在均方相合的线性估计.

上述类型例子的存在促使我们考虑这样的问题: 需要对 $\{e_i\}$ 加上什么条件, 才能保证当 LS 估计不为弱相合时, 别无其他弱相合的线性估计存在. 由例 2.2 看出, 这个问题在 GM 假定的范围内难于作出富有成果的发展, 因此我们的研究是在假定 $\{e_i\}$ 为独立序列的前提下进行. 这个问题, 陈希孺首先在文献 [3] 中借助于线性估计的容许性理论, 证明了如下的初步结果: 若 $\{e_i\}$ 独立同分布且 $e_1 \sim N(0, \sigma^2)$, 则当式 (2.7) 不成立时, β 的弱相合线性估计不可能存在. 后来, 他在文献 [6] 中得到了比较彻底的结果, 表述为下面的两个定理:

定理 2.3　设 $\{e_i\}$ 满足 GM 条件, 则当式 (2.7) 不成立时,β 的线性均方相合估计不可能存在. 更一般地, 若 β 的某一指定分量的 LS 估计不为均方相合, 则该分量的线性均方相合估计不可能存在.

定理 2.4　设 $\{e_i\}$ 相互独立, $Ee_i=0, \mathrm{var}(e_i)=\sigma^2, i=1,2,\cdots, 0<\sigma^2<\infty$. 又设 $\{e_i\}$ 满足下述条件:

(A) 在 $\{e_i\}$ 中不存在渐近退化的子序列. 确言之, 不存在常数 a 及自然数子序列 $\{n_k\}$, 使得当 $k\to\infty$ 时,

$$e_{n_k}\xrightarrow{P} a. \tag{2.55}$$

则当 β 的某一指定分量的 LS 估计不为弱相合时, 该分量的线性弱相合估计不可能存在.

反之, 若条件 (A) 不满足, 则可找到试验点列 $\{x_i\}$, 可估函数 $c'\beta$, 使得 $c'\beta$ 的 LS 估计不为弱相合, 但存在其他的线性弱相合估计.

例 2.2 中的 $\{e_i\}$ 显然不满足条件 (A).

(二) 引理

我们先证明一个引理, 它构成定理 2.4 的证明的主要部分.

引理 2.4　设 $\{e_i\}$ 为相互独立的随机变量序列, 满足下面的条件 (A$'$):

(A$'$) 不存在常数列 $\{a_k\}$ 及自然数子序列 $\{n_k\}$, 使得当 $k\to\infty$ 时有 $e_{n_k}-a_k\xrightarrow{P} 0$.

又设 $c_{n1},\cdots,c_{nn}$ 和 $b_n\,(n=1,2,\cdots)$, 都是常数, 使得

$$z_n\triangleq\sum_{i=1}^n c_{ni}e_i-b_n\xrightarrow{P}0. \tag{2.56}$$

则当 $n\to\infty$ 时有

$$d_n^2\triangleq\sum_{i=1}^n c_{ni}^2\to 0. \tag{2.57}$$

证　作随机变量 $e_1^*, e_2^*,\cdots$, 使得

1° $e_1,e_1^*,e_2,e_2^*,\cdots$ 相互独立.

2° 对每个 i, e_i 与 e_i^* 同分布.

这种序列 $\{e_i^*\}$ 的存在, 可以在必要时通过扩大原有的概率空间来实现. 记 $\tilde{e}_i=e_i-e_i^*\,(i=1,2,\cdots)$. 如所周知, $\tilde{e}_i$ 就是 e_i 的对称化 (见文献 [7], 第五章). 由式 (2.56) 知, 当 $n\to\infty$ 时有

$$z_n^*\triangleq\sum_{i=1}^n c_{ni}e_i^*-b_n\xrightarrow{P}0.$$

于是当 $n\to\infty$ 时有

$$\tilde{z}_n^*\triangleq z_n-z_n^*=\sum_{i=1}^n c_{ni}\tilde{e}_i\xrightarrow{P}0. \tag{2.58}$$

现往证存在 $m>0$, 使得

$$P(|\tilde{e}_i|\geqslant m)\geqslant m,\quad i=1,2,\cdots. \tag{2.59}$$

事实上, 若这样的 m 不存在, 则可找到自然数子序列 $\{n_k\}$, 使得当 $k\to\infty$ 时有 $\tilde{e}_{n_k}\xrightarrow{P}0$. 以 μ_i 记 e_i 的中位数, 则因对任给 $\varepsilon>0$, 当 $k\to\infty$ 时有 $P(|\tilde{e}_{n_k}|\geqslant\varepsilon)\to 0$, 而

$$\begin{aligned}P(|\tilde{e}_{n_k}|\geqslant\varepsilon)&=P(e_{n_k}-e^*_{n_k}\geqslant\varepsilon)+P(e_{n_k}-e^*_{n_k}\leqslant-\varepsilon)\\&\geqslant P(e_{n_k}-\mu_{n_k}\geqslant\varepsilon,e^*_{n_k}-\mu_{n_k}\leqslant 0)\\&\quad+P(e_{n_k}-\mu_{n_k}\leqslant-\varepsilon,e^*_{n_k}-\mu_{n_k}\geqslant 0)\\&\geqslant\frac{1}{2}\left\{P(e_n-\mu_{n_k}\geqslant\varepsilon)+P(e_{n_k}-\mu_{n_k}\leqslant-\varepsilon)\right\}\\&=\frac{1}{2}P(|e_{n_k}-\mu_{n_k}|\geqslant\varepsilon).\end{aligned}$$

因而对任给 $\varepsilon>0$, $\lim\limits_{k\to\infty}P(|e_{n_k}-\mu_{n_k}|\geqslant\varepsilon)=0$ 这与 $\{e_i\}$ 满足条件 (A′) 矛盾.

我们先在下述补充假定 (B) 之下来证明本引理的结论:

(B) 存在 $M<\infty$, 使得

$$P(|\tilde{e}_i|>M)=0,\quad i-1,2,\cdots.\tag{2.60}$$

由条件 (B) 得 $E\tilde{e}_i=0\,(i=1,2\cdots)$. 又由式 (2.59) 和 (2.60), 有

$$E\tilde{e}_i^2\geqslant m^3,\quad E\left|\tilde{e}_i\right|^3\leqslant M^3,\quad i=1,2,\cdots.\tag{2.61}$$

以 f_i 记 $\tilde{e}_i$ 的特征函数, 则由式 (2.61) 得

$$|f_i(t)|\leqslant 1-t^2m^3/2+|t|^3M^3,\quad i=1,2,\cdots.$$

故存在与 i 无关的常数 $\eta>0$ 和 $\delta>0$, 使得当 $|t|\leqslant\eta$ 时,

$$|f_i(t)|\leqslant 1-\delta t^2,\quad i=1,2,\cdots.\tag{2.62}$$

显然可要求 $\delta\eta^2<1$.

现设式 (2.57) 不成立. 这时将存在常数 $A>0$, 及自然数子序列 $\{n_k\}$, 使得 $d^2_{n_k}\geqslant A\ (k=1,2,\cdots)$. 令 $c'_{ki}=c_{n_ki}/d_{n_k}\ (i=1,\cdots,n_k)$, 则有

$$\sum_{i=1}^{n_k}{c'}^2_{ki}=1.\tag{2.63}$$

由式 (2.58) 及 $d^2_{n_k}\geqslant A>0$, 知当 $k\to\infty$ 时有

$$W_k=\sum_{i=1}^{n_k}c'_{ki}\tilde{e}_i\xrightarrow{P}0.\tag{2.64}$$

W_k 的特征函数为

$$\varphi_k(t) = \prod_{i=1}^{n_k} f_i({c'}_{ki}t). \tag{2.65}$$

由于 $|{c'}_{ki}| \leqslant 1$, 由式 (2.62), 当 $|t| \leqslant \eta$ 时, 有

$$|f_i({c'}_{ki}t)| \leqslant 1 - \delta {c'}_{ki} t^2, \quad i = 1, \cdots, n_k. \tag{2.66}$$

由式 (2.65) 和 (2.66), $\delta\eta^2 < 1$, 以及 $\log(1-x) < -x$ 当 $0 < x < 1$ 时, 有

$$\begin{aligned}\log|\varphi_k(t)| &= \sum_{i=1}^{n_k} \log|f_i({c'}_{ki}t)| \\ &\leqslant -\delta t^2 \sum_{i=1}^{n_k} {c'}_{ki}^2 = -\delta t^2 \nrightarrow 0.\end{aligned}$$

这与式 (2.64) 矛盾. 因而在补充条件 (B) 之下证明了式 (2.57).

现取消补充假定 (B). 仍用反证法：若式 (2.57) 不对：则仍如前, 有 A, $\{n_k\}$, $d_{n_k}^2 \geqslant A$, ${c'}_{ki}$, 以及式 (2.63) 和 (2.64). 现往证：三角序列

$$\{{c'}_{k1}\tilde{e}_1, \cdots, {c'}_{kn_k}\tilde{e}_{n_k}\}, \quad k = 1, 2, \cdots$$

适合文献 [7] 中所谓的 *uan* 条件 (见文献 [7], p.302). 事实上, 若以 f_{ki} 记 ${c'}_{ki}\tilde{e}_i$ 的特征函数, 则因 $\tilde{e}_i$ 对称, 有 $f_{ki}(t) \geqslant 0$. 又由式 (2.64) 知

$$\lim_{k\to\infty} \prod_{i=1}^{n_k} f_{ki}(t) = 1, \quad \forall t \in (-\infty, \infty).$$

于是当 $k \to \infty$ 时有

$$\max_{1\leqslant i\leqslant n_k} |1 - f_{ki}(t)| \leqslant 1 - \prod_{i=1}^{n_k} f_{ki}(t) \to 0.$$

这证明了上述断言 (见文献 [7], p.302). 这与式 (2.64) 结合, 用文献 [7], p.317 上的结果, 并注意到 $\tilde{e}_i$ 的对称性, 知对任给 $\varepsilon > 0$ 有

$$\lim_{k\to\infty} \sum_{i=1}^{n_k} \int_{|x|\geqslant\varepsilon} dF_{ki}(x) = 0, \tag{2.67}$$

$$\lim_{k\to\infty} \sum_{i=1}^{n_k} \int_{|x|<\varepsilon} x^2 dF_{ki}(x) = 0, \tag{2.68}$$

此处 F_{ki} 为 $c'_{ki}\tilde{e}_i$ 的分布函数. 任取 $M > m$, 其中 m 的意义见式 (2.59), 并定义

$$\hat{e}_i = \begin{cases} M, & 当\ \tilde{e}_i \geqslant M, \\ \tilde{e}_i, & 当\ |\tilde{e}_i| < M, \quad i = 1, 2, \cdots. \\ -M, & 当\ \tilde{e}_i \leqslant -M, \end{cases}$$

则 $\{\hat{e}_i\}$ 是一个相互独立的对称随机变量序列, 满足条件

$$P(|\hat{e}_i| \geqslant m) \geqslant m, \quad P(|\hat{e}_i| > M) = 0, \quad i = 1, 2, \cdots. \tag{2.69}$$

又若以 $\hat{F}_{ki}$ 记 $c'_{ki}\hat{e}_i$ 的分布函数, 则对任给 $\varepsilon > 0$ 有

$$\int_{|x| \geqslant \varepsilon} d\hat{F}_{ki}(x) \leqslant \int_{|x| \geqslant \varepsilon} dF_{ki}(x),$$

$$\int_{|x| \leqslant \varepsilon} x^2 d\hat{F}_{ki}(x) \leqslant \int_{|x| < \varepsilon} x^2 dF_{ki}(x) + c'^2_{ki} M^2 \int_{|x| > \varepsilon} dF_{ki}(x).$$

由此及式 (2.63), (2.67) 和 (2.68) 知, 若在式 (2.67) 和 (2.68) 中把 F_{ki} 换成 $\hat{F}_{ki}$, 该两式仍保持成立. 再利用文献 [7], p.317 的 3°, 即得当 $k \to \infty$ 时

$$\sum_{i=1}^{n_k} c'_{ki}\hat{e}_i \xrightarrow{P} 0. \tag{2.70}$$

因为 $\{\hat{e}_i\}$ 满足式 (2.69). 由前半段已证部分, 从式 (2.70) 推出

$$\lim_{k \to \infty} \sum_{i=1}^{n_k} c'^2_{ki} = 0.$$

这与式 (2.63) 矛盾, 因而完成了本引理的证明.

(三) 定理 2.3 的证明 为确定计, 取 β 的分量 β_1 来讨论. 先往证在 $\{e_i\}$ 满足 GM 条件时, 形如式 (2.48) 的线性估计 T_n 为 β_1 的均方相合估计的充要条件, 是以下 4 个关系式同时成立:

$$\lim_{n \to \infty} c_{n0} = 0, \tag{2.71}$$

$$\lim_{n \to \infty} \sum_{i=1}^{n} c_{ni} x_{i1} = 1, \tag{2.72}$$

$$\lim_{n \to \infty} \sum_{i=1}^{n} c_{ni} x_{ij} = 0, \quad j = 2, \cdots, p, \tag{2.73}$$

$$\lim_{n \to \infty} \sum_{i=1}^{n} c_{ni}^2 = 0. \tag{2.74}$$

事实上, 若 T_n 均方相合, 则 $\lim\limits_{n\to\infty} E(T_n-\beta_1)^2=0$. 但

$$T_n-\beta_1=c_{n0}+\left(\sum_{i=1}^n c_{ni}x_{i1}-1\right)\beta_1+\sum_{j=2}^p\sum_{i=1}^n c_{ni}x_{ij}\beta_j+\sum_{i=1}^n c_{ni}e_i,$$

再由 $\{e_i\}$ 满足 GM 条件知

$$\begin{aligned}&E(T_n-\beta_1)^2\\&=\left\{c_{n0}+\left(\sum_{i=1}^n c_{ni}x_{i1}-1\right)\beta_1+\sum_{j=2}^p\sum_{i=1}^n c_{ni}x_{ij}\beta_j\right\}^2+\sigma^2\sum_{i=1}^n c_{ni}^2.\end{aligned}\tag{2.75}$$

由 $\lim\limits_{n\to\infty} E(T_n-\beta_1)^2=0$ 和式 (2.75), 立得式 (2.74), 且

$$\lim_{n\to\infty}\left\{c_{n0}+\left(\sum_{i=1}^n c_{ni}x_{i1}-1\right)\beta_1+\sum_{j=2}^p\sum_{i=1}^n c_{ni}x_{ij}\beta_j\right\}=0\tag{2.76}$$

对任意 $\beta_1,\cdots,\beta_p$ 都成立, 由此得到式 (2.71)~(2.73). 反过来, 由式 (2.71)~(2.73) 推出式 (2.76), 再与式 (2.74) 结合, 即由式 (2.75) 得知, T_n 为 β_1 的均方相合估计. 这证明了上述断言.

现引进向量

$$Q_{jn}=(x_{1j},\cdots,x_{nj})',\quad j=1,\cdots,p.\tag{2.77}$$

根据在本章开始处所作的关于 S_n 非异 $(n\geqslant p)$ 的假定, 当 $n\geqslant p$ 时, 式 (2.77) 中的 p 个向量线性无关. 以 μ_n 记 $Q_{2n},\cdots,Q_{pn}$ 张成的线性子空间, η_n 记 Q_{1n} 在 μ_n 上的投影. η_n 可惟一地表为

$$\eta_n=d_{2n}Q_{2n}+\cdots+d_{pn}Q_{pn},\quad n\geqslant p.\tag{2.78}$$

现假设 β_1 的 LS 估计 $\hat\beta_{1n}$ 不为均方相合, 则存在常数 $v>0$, 使得当 $n\to\infty$ 时,

$$\operatorname{var}(\hat\beta_{1n})\downarrow v.\tag{2.79}$$

记 $\operatorname{var}(e_1)=\sigma^2$, $\zeta_n=Q_{1n}-\eta_n$, 有

$$\operatorname{var}(\hat\beta_{1n})=\sigma^2/\|\zeta_n\|^2.\tag{2.80}$$

为了不打断证明的主线, 将式 (2.80) 的验证放到后面. 现由式 (2.79) 和 (2.80) 知存在常数 $R<\infty$, 使得

$$\|\zeta_n\|\leqslant R,\quad n=p,\quad p+1,\cdots.\tag{2.81}$$

现往证：存在常数 $K<\infty$, 使得

$$|d_{in}|\leqslant K,\quad \text{当 } i=2,\quad \cdots,p,n=p,p+1,\cdots. \tag{2.82}$$

事实上, 若满足式 (2.82) 的 K 不存在, 则为确定计且不失普遍性, 可找到自然数子序列 $\{n_r\}$, 使得

$$\lim_{r\to\infty}|d_{2n_r}|=\infty. \tag{2.83}$$

在式 (2.78) 中, 改 n 为 n_r, 并记 $f_{ir}=d_{in_r}/d_{2n_r}$, 有

$$\eta_{n_r}=d_{2n_r}\left(Q_{2n_r}+\sum_{i=3}^{p}f_{ir}Q_{in_r}\right). \tag{2.84}$$

当 $n\geqslant p$ 时, $Q_{2n},\cdots,Q_{pn}$ 线性无关, 故存在自然数 d, 使得

$$u_r\triangleq Q_{2n_r}+\sum_{i=3}^{p}f_{ir}Q_{in_r}\neq 0,\quad \text{当 } r\geqslant d. \tag{2.85}$$

以 α 记 Q_{2n_d} 在 $Q_{3n_d},\cdots,Q_{pn_d}$ 所张成的线性子空间上的投影, 而令 $\delta=Q_{2n_d}-\alpha$. 则 $\delta\neq 0$. 对 $r\geqslant d$, 以 b_r 记 u_r 的前 n_d 个分量构成的列向量, 则由 u_r 与 δ 的定义有

$$\|b_r\|\geqslant\|\delta\|,\quad \text{当 } r\geqslant d. \tag{2.86}$$

以 H_r 记 η_{n_r} 的前 n_d 个分量所构成的列向量. 由式 (2.81) 及 (2.83)~(2.86), 得

$$\begin{aligned}R&\geqslant\|\zeta_{n_r}\|=\|Q_{1n_r}-\eta_{n_r}\|\geqslant\|Q_{1n_d}-H_r\|\\&\geqslant\|H_r\|-\|Q_{1n_d}\|=\|d_{2n_r}b_r\|-\|Q_{1n_d}\|\\&\geqslant|d_{2n_r}|\,\|\delta\|-\|Q_{1n_d}\|\to\infty,\quad \text{当 } r\to\infty.\end{aligned}$$

这个矛盾证明了满足式 (2.82) 的常数 K 的存在性.

现设 β_1 具有某一个形如式 (2.48) 的线性均方相合估计 T_n, 则 (2.71)–(2.74) 成立. 又因$\{d_{jn},\ j=2,\cdots,p,n\geqslant p\}$有界, 故可用 $-d_{jn}$ 乘式 (2.73) 并与式 (2.72) 相加, 得

$$1=\lim_{n\to\infty}\sum_{i=1}^{n}c_{ni}\left(x_{i1}-\sum_{j=1}^{p}d_{jn}x_{ij}\right)=\lim_{n\to\infty}c'_n\zeta_n, \tag{2.87}$$

此处 $c'_n=(c_{n1},\cdots,c_{nn})$. 但是, 由式 (2.74) 和 (2.81), 有

$$(c'_n\zeta_n)^2\leqslant\|c_n\|^2\,\|\zeta_n\|^2\leqslant R^2\,\|c_n\|^2\to 0.$$

这与式 (2.87) 矛盾, 因而证明了定理, 但尚需验证式 (2.80). 有 $\text{var}(\hat{\beta}_{1n}) = \sigma^2 S_n^{-1}(1,1)$. 记 $B = (Q_{2n} \vdots \cdots \vdots Q_{pn})$, 将 S_n 写为

$$S_n = \begin{pmatrix} \|Q_{1n}\|^2 & Q'_{1n}B \\ B'Q_{1n} & B'B \end{pmatrix}.$$

由四块求逆公式有

$$\begin{aligned} S_n^{-1}(1,1) &= (\|Q_{1n}\|^2 - Q'_{1n}B(B'B)^{-1}B'Q_{1n})^{-1} \\ &= \left\|Q_{1n} - B(B'B)^{-1}B'Q_{1n}\right\|^{-2} \\ &= \|Q_{1n} - \eta_n\|^{-2} = \|\zeta_n\|^{-2}. \end{aligned} \tag{2.88}$$

因而证明了式 (2.80). 在式 (2.88) 的推导中, 我们用了下述熟知的事实 (见文献 [5], p.48): 以 $\mathscr{M}(B)$ 记由 B 的各列向量张成的线性子空间, 则 $B(B'B)^{-1}B$ 为向 $\mathscr{M}(B)$ 的投影变换矩阵 (若 $|B'B| = 0$, 则只需使用 $B'B$ 的任一广义逆 $(B'B)^-$ 去代替 $(B'B)^{-1}$).

(四) 定理 2.4 的证明 定理 2.4 的证明基于引理 2.4 及定理 2.3. 先往证: 若 $\{e_i\}$ 满足定理 2.4 的条件, 则它也满足引理 2.4 中的条件 (A'). 用反证法. 设 (A') 不满足, 则存在常数序列 $\{a_k\}$ 及自然数子序列 $\{n_k\}$, 致

$$e_{n_k} - a_k \xrightarrow{P} 0, \quad \text{当 } k \to \infty. \tag{2.89}$$

易见 $\{a_k\}$ 有界. 因若不然, 必要时抽出子序列, 可设 $\lim\limits_{k\to\infty} a_k = \infty$(或 $-\infty$, 证明相同). 由式 (2.89) 知

$$\lim_{k\to\infty} P(|e_{n_k}| \geqslant a_k - 1) = 1. \tag{2.90}$$

但是, 由 $E_{e_{n_k}} = 0$, $Ee_{n_k}^2 = \sigma^2 < \infty$, 又有

$$P(|e_{nk}| \geqslant a_k - 1) \leqslant \sigma^2/(a_k - 1)^2 \to 0, \quad \text{当} k \to \infty.$$

这与式 (2.90) 矛盾, 因而证明了 $\{a_k\}$ 的有界性. 必要时取出子序列, 不失普遍性可设 $\lim\limits_{k\to\infty} a_k = a$, a 有限. 这与式 (2.89) 结合将给出: 当 $k \to \infty$ 时有 $c_{n_k} \xrightarrow{P} a$, 与 $\{e_i\}$ 满足条件 (A) 矛盾. 这证明了 $\{e_i\}$ 必满足条件 (A').

现设 β_1 的 LS 估计 $\hat{\beta}_{1n}$ 不为弱相合, 但某个形如式 (2.48) 的 T_n 却是 β_1 的弱相合估计, 则对任意的 $\beta_1, \cdots, \beta_p$, 有

$$T_n - \beta_1 = \left(\sum_{i=1}^n c_{ni}x_{i1} - 1\right)\beta_1 + \sum_{j=2}^p \sum_{i=1}^n c_{ni}x_{ij}\beta_j + \left(c_{n0} + \sum_{i=1}^n c_{ni}e_i\right) \xrightarrow{P} 0.$$

由此知式 (2.72) 和 (2.73) 成立, 且当 $n \to \infty$ 时

$$c_{n0} + \sum_{i=1}^{n} c_{ni} e_i \xrightarrow{P} 0. \tag{2.91}$$

根据本定理的假定, 及上文证明的 $\{e_i\}$ 满足条件 (A'), 知引理 2.4 的一切条件满足, 因而由该引理知式 (2.74) 成立, 故

$$\lim_{n\to\infty} E\left(\sum_{i=1}^{n} c_{ni} e_i\right)^2 = \lim_{n\to\infty} \sum_{i=1}^{n} c_{ni}^2 \sigma^2 = 0.$$

这推出 $\sum\limits_{i=1}^{n} c_{ni} e_i \xrightarrow{P} 0$, 当 $n \to \infty$. 此与式 (2.91) 结合知式 (2.71) 也成立. 我们证明了式 (2.71)~(2.74) 全部成立, 故由定理 2.3 证明的开始部分, 知 T_n 为 β_1 的均方相合估计. 但根据定理 2.3, 这只有在 $\hat{\beta}_{1n}$ 为 β_1 的均方相合估计 (因而更为弱相合估计) 时才有可能. 这个矛盾证明了定理 2.4 的前半.

现设 $\{e_i\}$ 不满足条件 (A). 这时存在自然数子序列 $\{n_k\}$ 及常数 a, 使当 $k \to \infty$ 时 $e_{n_k} \xrightarrow{P} a$. 记 $\tilde{e}_k = e_{n_k} - a$. 找自然数子序列 $\{k_j\}$, 使得

$$P(|\tilde{e}_{k_j}| \geqslant 1/j^2) \leqslant 1/j, \quad j = 1, 2, \cdots. \tag{2.92}$$

取 $p = 1$ 及试验点列 $\{x_i\}$ 如下:

$$x_i = \begin{cases} j^{-1}, & \text{当 } i = n_{k_j}, j = 1, 2, \cdots, \\ 0, & \text{其他 } i, \end{cases}$$

对此条件 (2.7) 不满足, 故 β 的 LS 估计 $\hat{\beta}_n$ 不是 β 的弱相合估计. 现定义 β 的线性估计 (2.48) 如下: 固定 n. 找出最大的自然数 j, 满足条件 $n_{k_j} \leqslant n$, 然后令

$$c_{n0} = ja, c_{ni} = \begin{cases} j, & \text{当 } i = n_{k_j}, \\ 0, & \text{当 } 1 \leqslant i \leqslant n, \text{ 但 } i \neq n_{k_j}. \end{cases}$$

这时易见 $T_n = \beta + j\tilde{e}_{k_j}$, 因而由式 (2.92) 得

$$P(|T_n - \beta| \geqslant 1/j) \leqslant 1/j. \tag{2.93}$$

因为当 $n \to \infty$ 时显然有 $j \to \infty$, 故由式 (2.93) 知 T_n 为 β 的弱相合估计. 这证明了本定理的后半, 因而完成了定理的证明.

(五) 补充说明 这里我们就与本节所论问题有关的几点事项作些说明.

首先, 定理 2.1 明确了: 在 $\{e_i\}$ 满足 GM 条件时, LS 估计的弱相合性与均方相合性等价. 对一般线性估计而言, 我们在注 2.1 中已指出, 这个等价性不再成立. 但是, 如果 $\{e_i\}$ 满足定理 2.4 的条件, 则对一般线性估计这个等价性仍成立, 这从一个角度对定理 2.4 的意义作了补充.

其次, 设 $\{e_i\}$ 满足定理 2.4 的条件, 且 β_1 的 LS 估计 $\hat{\beta}_{1n}$ 为弱相合. 这时, 若某一线性估计 (2.48) 也是 β_1 的弱相合估计, 则如上述, 这估计 T_n 也是 β_1 的均方相合估计, 有

$$\operatorname{var}(T_n) = \sigma^2 \sum_{i=1}^{n} c_{ni}^2. \tag{2.94}$$

根据式 (2.80) 和 (2.87) 及 (2.94), 并注意到 $\hat{\beta}_{1n}$ 的无偏性, 即得

$$\lim_{n\to\infty} \inf[\operatorname{var}(T_n)/E(\hat{\beta}_{1n} - \beta_1)^2] \geqslant 1,$$

因此有

$$\lim_{n\to\infty} \inf E(T_n - \beta_1)^2/E(\hat{\beta}_{1n} - \beta_1)^2 \geqslant 1. \tag{2.95}$$

式 (2.95) 可解释为: 在平方损失下, 在 β_1 的一切弱相合估计的类中, β_1 的 LS 估计 $\hat{\beta}_{1n}$ 具有 “一致最小的渐近风险”. 由此易知, 不可能存在这样的线性估计 T_n(不论其是否弱相合), 使得

$$\lim_{n\to\infty} \inf E(T_n - \beta_1)^2/E(\hat{\beta}_{1n} - \beta_1)^2 \leqslant 1$$

对一切 $\beta = (\beta_1, \cdots, \beta_p)'$ 都成立, 且不等号至少对一个 β 值成立. 这个事实可以简单地表述为: 在平方损失下 (以及假定 $\{e_i\}$ 满足定理 2.4 的条件), LS 估计具有 “渐近可容许性”. 关于在平方损失下, LS 估计在全部线性估计类中的可容许性问题, 有许多学者研究过 (参看本书第四章), 其中一个浅显的事实是, 当样本大小 n 固定时, LS 估计在全体线性估计类中是可容许的. 上文指出的 LS 估计的渐近可容许性, 从大样本理论的角度补充了这个结论. 至于在定理 2.4 的假定不成立时, 上述渐近可容许的性质是否仍能保持, 现在还不清楚.

§2.3 LS 估计的 r 阶平均相合性

当随机误差 $e_1, e_2, \cdots$ 的二阶矩不存在时, 前两节的理论不能用, 但这时仍可计算 β 的 LS 估计并讨论其相合性问题. 事实上, LS 估计可看作是通常的样本均值的推广, 而关于后者的相合性即大数定律, 其最深刻的结果都只假定一阶矩存在.

本节假定 e_i 的 r 阶矩有限, $r \in (0,2)$, 而讨论 $\hat{\beta}_n$ 的 r 阶平均相合性问题. 关于强相合性的问题 §2.4 再讲. 其所以没有专门讨论弱相合性, 是因为至今尚未得到导致弱相合性而不导致 r 阶平均相合性的结果 (然而, 这并不意味着这两种相合性等价, 见以下例 2.6). $\hat{\beta}_n$ 的 r 阶平均相合性问题, 由本书作者在文献 [8, 9] 中讨论过. 白志东在文献 [10] 中改善了他们的结果并简化了证明.

(一) r 阶平均相合性的充分条件 为清楚计将所有结果分述为几个定理. 又为避免重复, 以下总假定在一般线性模型 (2.1) 中, 随机误差 $e_1, e_2 \cdots$ 相互独立. 又 $r \in (0,2)$ 为一给定的数.

定理 2.5 以 F_i 记 e_i 的分布, 并令

$$\alpha_n(c) = \max_{1 \leqslant i \leqslant n} \int_{|x| \geqslant c} |x|^r \, dF_i(x).$$

设 $\{|e_i|^r\}$ 一致可积, 即

$$\lim_{c \to \infty} \left\{ \sup_n \alpha_n(c) \right\} = 0 \tag{2.96}$$

且当 $r \geqslant 1$ 时, 进一步假定 $Ee_1 = Ee_2 = \cdots = 0$, 当 $0 < r < 1$ 时, 假定每个 e_i 的分布关于 0 对称, 则当试验点列 $\{x_i\}$ 满足条件

$$S_n^{-1} = O(n^{(r-2)/r}) \tag{2.97}$$

时, 对任意指定的 $a > 1$ 有

$$E \left\| \hat{\beta}_n - \beta \right\|^r = O\{n^{-(a-1)(2-r)/2a} + (a_n(n^{1/ar}))^{r/2}\}. \tag{2.98}$$

定理 2.6 设存在常数 M, 使得

$$E |e_i|^r \leqslant M, \quad i = 1, 2, \cdots, \tag{2.99}$$

且当 $r > 1$ 时, 还假定 $Ee_1 = Ee_2 = \cdots = 0$, 则当条件

$$S_n^{-1} = o(n^{(r-2)/r}) \tag{2.100}$$

时, 有

$$\lim_{n \to \infty} E \left\| \hat{\beta}_n - \beta \right\|^r = 0. \tag{2.101}$$

显然, 由条件 (2.96) 推出条件 (2.99). 即定理 2.6 中关于 $\{e_i\}$ 的条件有所减轻, 但以加强 $\{x_i\}$ 的条件为代价. 以后将举例说明：定理 2.5 中的条件 (2.96) 不能用条件 (2.99) 来代替.

为证明定理, 需要以下的引理：

引理 2.5　设 $e_1,\cdots,e_n$ 独立, $Ee_1=\cdots=Ee_n=0$, 则当 $1\leqslant r<2$ 时有

$$E\left|\sum_{i=1}^n e_i\right|^r \leqslant 2\sum_{i=1}^n E\left|e_i\right|^r. \tag{2.102}$$

又若 $0<r\leqslant 1$ (这时不要求 $Ee_1=\cdots=Ee_n=0$), 则

$$E\left|\sum_{i=1}^n e_i\right|^r \leqslant \sum_{i=1}^n E\left|e_i\right|^r. \tag{2.103}$$

证　引理的后半是一周知的事实 (见文献 [7], p. 155). 事实上, 它由 $|a+b|^r\leqslant |a|^r+|b|^r$ 立即推出. 引理前半是 Chatterji 在 1969 年得到的 (见文献 [11]). 它依赖于下述不等式: 对 $1\leqslant r\leqslant 2$ 和任意实数 t, 有

$$|1+t|^r \leqslant 1+rt+2|t|^r. \tag{2.104}$$

证明如下: 先设 $t\geqslant 1$, 则 $(1+t)^r\leqslant 2^{r-1}+2^{r-1}t^r$. 由于 $1\leqslant r\leqslant 2$ 和 $t\geqslant 1$, 有 $1+rt\geqslant 1+1=2\geqslant 2^{r-1}$. 又 $2^{r-1}t^r\leqslant 2t^r$, 故式 (2.104) 成立. 若 $0<t<1$, 则因 $((1+t)^r)''=r(r-1)(1+t)^{r-2}\leqslant 2$. 依带余项的 Taylor 公式有 $(1+t)^r\leqslant 1+rt+t^2\leqslant 1+rt+2t^r$. 这证明了式 (2.104) 当 $t\geqslant 0$ 的情形时成立. $t<0$ 的情形类似证明.

在式 (2.104) 中以 $t=e_1/e_2$ 代入, 得

$$|e_1+e_2|^r \leqslant 2|e_1|^r + re_1|e_2|^{r-1}\operatorname{sign}(e_2)+|e_2|^r.$$

注意当 e_1 和 e_2 中有一个或同时为 0 时, 上式也成立. 由此式, 利用 e_1 和 e_2 之独立性及 $Ee_1=0$, 立得

$$E|e_1+e_2|^r \leqslant 2E|e_1|^r + E|e_2|^r.$$

于是用归纳法得到式 (2.102), 引理证毕.

现转到定理 2.5 的证明. 设 $1\leqslant r<2$. 令

$$e_{ni}=\begin{cases} e_i, & \text{当 } |e_i|<n^{-r}, \\ 0, & \text{当 } |e_i|\geqslant n^{-r}, \end{cases}$$

$$\bar{e}_{ni}=e_i-e_{ni},\quad \tilde{e}_{ni}=e_{ni}-Ee_{ni},$$

$$\hat{e}_{ni}=e_i-\tilde{e}_{ni}=\bar{e}_{ni}-E\bar{e}_{ni},$$

$$i=1,\cdots,n.$$

则有

$$E\tilde{e}_{ni}=E\hat{e}_{ni}=0,\quad i=1,\cdots,n. \tag{2.105}$$

任取 $\hat{\beta}_n$ 的一分量, 例如 $\hat{\beta}_{1n}$ 来讨论. 有

$$\hat{\beta}_{1n}-\beta_1=\sum_{i=1}^{n}a_{ni}e_i,$$

其中 (利用式 (2.97))

$$\sum_{i=1}^{n}a_{ni}^2=S_n^{-1}(1,1)=O(n^{(r-2)/r}).$$

因为 $1<r<2$, 有

$$\begin{aligned}\sum_{i=1}^{n}|a_{ni}|^r&=n\left\{\left(\frac{1}{n}\sum_{i=1}^{n}|a_{ni}|^r\right)^{2/r}\right\}^{r/2}\\&\leqslant n\left\{\frac{1}{n}\sum_{i=1}^{n}a_{ni}^2\right\}^{r/2}=O(1).\end{aligned}\tag{2.106}$$

现有

$$\left|\sum_{i=1}^{n}a_{ni}e_i\right|^r\leqslant 2\left|\sum_{i=1}^{n}a_{ni}\tilde{e}_{ni}\right|^r+2\left|\sum_{i=1}^{n}a_{ni}\hat{e}_{ni}\right|^r.\tag{2.107}$$

由于 $\hat{e}_{n1},\cdots,\hat{e}_{nn}$ 独立, 并有式 (2.105), 故可用引理 2.5. 于是有

$$E\left|\sum_{i=1}^{n}a_{ni}\hat{e}_{ni}\right|^r\leqslant 2\sum_{i=1}^{n}|a_{ni}|^rE\left|\hat{e}_{ni}\right|^r.\tag{2.108}$$

注意到

$$|\hat{e}_{ni}|^r=|\bar{e}_{ni}-E\bar{e}_{ni}|^r\leqslant 2\left|\bar{e}_{ni}\right|^r+2\left|E\bar{e}_{ni}\right|^r.$$

由式 (2.108), 并注意 $|E\bar{e}_{ni}|^r\leqslant E\left|\bar{e}_{ni}\right|^r\leqslant\alpha_n(n^{1/r})$, 得

$$\begin{aligned}E\left|\sum_{i=1}^{n}a_{ni}\hat{e}_{ni}\right|^r&\leqslant 8\sum_{i=1}^{n}|a_{ni}|^rE\left|\bar{e}_{ni}\right|^r\\&\leqslant 8\cdot O(1)\cdot\alpha_n(n^{1/r})=O(\alpha_n(n^{1/r})).\end{aligned}\tag{2.109}$$

又

$$\begin{aligned}E\left|\sum_{i=1}^{n}a_{ni}\tilde{e}_{ni}\right|^r&\leqslant\left\{E\left(\sum_{i=1}^{n}a_{ni}\tilde{e}_{ni}\right)^2\right\}^{r/2}\\&=\left(\sum_{i=1}^{n}a_{ni}^2E\tilde{e}_{ni}^2\right)^{r/2}\leqslant\left(\sum_{i=1}^{n}a_{ni}^2Ee_{ni}^2\right)^{r/2}.\end{aligned}\tag{2.110}$$

但由式 (2.96) 知 $\{E\left|e_i\right|^r,i=1,2,\cdots\}$ 有界, 故

$$Ee_{ni}^2=\int_{|x|\leqslant n^{1/r}}x^2dF_i(x)$$

$$
\begin{aligned}
&= \int_{|x|\leqslant n^{1/ar}} x^2 dF_i(x) + \int_{n^{1/ar}<|x|\leqslant n^{1/r}} x^2 dF_i(x) \\
&\leqslant n^{(2-r)/ar} E|e_i|^r + n^{(2-r)/r}\alpha_n(n^{1/ar}).
\end{aligned}
$$

以此代入式 (2.110), 得

$$
E\left|\sum_{i=1}^n a_{ni}\tilde{e}_{ni}\right|^r = O\{n^{-(a-1)(2-r)/2a} + (\alpha_n(n^{1/ar}))^{r/2}\}. \tag{2.111}
$$

注意到当 $n \to \infty$ 时, $\alpha_n(n^{1/r}) \leqslant \alpha_n(n^{1/ar}) \to 0$, 且 $0 \leqslant r/2 < 1$, 由式 (2.108) 和 (2.109) 及 (2.111), 即得

$$
E\left|\hat{\beta}_{1n} - \beta_1\right|^r = E\left|\sum_{i=1}^n a_{ni}e_i\right|^r = O\{n^{-(a-1)(2-r)/2a} + (\alpha_n(n^{1/ar}))^{r/2}\}.
$$

这证明了式 (2.98).

如果 $0 < r \leqslant 1$, 则只需令 $e'_{ni} = e_i - e_{ni}$, 利用引理 2.5 的后半, 按上述证法仍得式 (2.111). 这证明了定理 2.5.

定理 2.6 的证明直接用引理 2.5 后半, 以及由条件 (2.100) 推出的 $\sum\limits_{i=1}^n |a_{ni}|^r = o(1)$ 得出:

$$
\begin{aligned}
E\left|\hat{\beta}_{1n} - \beta_1\right|^r &= E\left|\sum_{i=1}^n a_{ni}e_i\right|^r \\
&\leqslant \sum_{i=1}^n E|e_i|^r |a_{ni}|^r \leqslant M\sum_{i=1}^n |a_{ni}|^r = o(1).
\end{aligned}
$$

注 2.2 在文献 [8] 中证明: 若 $1\leqslant r < 2$, $e_1, e_2, \cdots$ 独立, $Ee_1 = Ee_2 = \cdots = 0$, 且存在随机变量 e, 使得 $P(|e| \geqslant a) \geqslant P(|e_i| \geqslant a)$ 对任意 $a > 0$, 而 $E|e|^r < \infty$, 则当条件 (2.97) 成立时, 有式 (2.101). 这个结果显然是定理 2.5 的推论. 在文献 [9] 中, 对于 $0 < r < 1$, 在与定理 2.5 同样的条件下证明了式 (2.98). 但对于 $1\leqslant r < 2$, 则还要求

$$
\begin{aligned}
&\sup_{1\leqslant i\leqslant n}\left\{\int_{|x|\geqslant n^{1/r}} |x|^r dF_i(x)/P(|e_i| \geqslant n^{1/r})\right\} \\
&= o\left\{\left(\sup_{1\leqslant i\leqslant n} P(|e_i| \geqslant n^{1/r})\right)^{-1}\right\}
\end{aligned} \tag{2.112}
$$

才能证得式 (2.101). 定理 2.5 是对文献 [9] 中的结果的实质性的改进. 因为存在这样的 $\{e_i\}$, 满足定理 2.5 的条件, 但不满足式 (2.112)(例见文献 [10]).

(二) 若干补充说明 这一段的目的是通过几个例子, 从若干角度对上一段的定理作些补充.

1. 条件的必要性问题 更确定一些, 问题可以提出如下: 设 $\{e_i\}$ 满足定理 2.5 或 2.6 的条件. 问: 为了 $\hat{\beta}_n$ 为 β 的 r 阶平均相合估计, 关于 $\{x_i\}$ 的条件是否必要的? 这个问题可以给予彻底的否定回答, 即: 在任意情形下都不是必要的.

例如, 以定理 2.5 的 $1 < r < 2$ 的情形来说, 设 $e_1, e_2, \cdots$ 相互独立 (分布依次为 $F_1, F_2, \cdots$), 均值都为 0, 且当 $c \to \infty$ 时

$$\alpha(c) = \sup_i \int_{|x| \geqslant c} |x|^r \, dF_i(x) \to 0.$$

记

$$\alpha_n = \alpha(n^{1/2r}),$$

则 $\lim\limits_{n\to\infty} \alpha_n = 0$. 取一串常数 $\{c_n\}$, $0 < c_n \uparrow \infty$, 但

$$\lim_{n\to\infty} c_n \alpha_n = 0, \tag{2.113}$$

$$\lim_{n\to\infty} c_n n^{(r-2)/2r} = 0. \tag{2.114}$$

取试验点列 $\{x_i\}$, 满足条件

$$S_n = \sum_{i=1}^n x_i^2 = n^{(2-r)/r}/c_n,$$

则条件 (2.97) 不满足. 但采用定理 2.5 证明中的论证, 同样得到

$$E\,|\beta_n - \beta|^r = O\{c_n^{r/2} n^{-(2-r)/4} + (c_n\alpha_n)^{r/2}\}.$$

于是根据式 (2.113) 和 (2.114), 知 $\lim\limits_{n\to\infty} E\,|\beta_n - \beta|^r = 0$.

因此我们可以提出问题, 比方说: 为了对一切满足条件 "$e_1, e_2, \cdots$ 独立同分布, $Ee_1 = 0$, $E\,|e_1|^r < \infty$"$(1 < r < 2)$ 的 $\{e_i\}$, 都有式 (2.101), $\{x_i\}$ 应满足的充要条件是什么? 由定理 2.5, 知式 (2.97) 是充分条件, 但这个条件是否必要 (注意, 此处所提的必要性与上面所论问题的差别. 上面讨论的问题是: 条件 (2.97) 是否对任意特定的 $\{e_i\}$ 都必要. 这问题已作了否定的回答), 就不易回答了. 另一方面, 也可以证明: 条件 (2.97) 并不能作任意实质的改进. 事实上, 如下例显示的, 条件

$$S_n^{-1} = O(n^{(r-2)/r} (\log n)^{2/r+\varepsilon}), \ \forall \varepsilon > 0 \tag{2.115}$$

也并非充分的.

例 2.4　设 $e_1, e_2, \cdots$ 独立同分布, e_1 的分布为

$$P(e_1 = i) = c\,|i|^{-(1+r)}\,(\log|i|)^{-1}(|\log\log|\,i|)^{-2},$$

$$i = \pm 3, \pm 4, \cdots,$$

其中 c 为常数, 选择之使得 $\sum\limits_{3}^{\infty} P(e_1 = i) = 1/2$. 取试验点列 $\{x_i\}$, 其中 $x_1 = x_2 = 0$, 而

$$x_i = i^{-(r-1)/r}(\log i)^{-1/r}(\log\log i)^{-m}. \tag{2.116}$$

这时

$$S_n = \sum_{1}^{n} x_i^2 = \left(\frac{r}{2-r} + o(1)\right) n^{(2-r)/r}(\log n)^{-2/r}(\log\log n)^{-2m}.$$

为要 $\hat{\beta}_n$ 是 β 的 r 阶平均相合估计, 必须有 $\hat{\beta}_n \xrightarrow{P} \beta$ 即 $\sum\limits_{i=1}^{n} x_i e_i / S_n \xrightarrow{P} 0$. 而要后者成立, 必须有 (见文献 [7], p.317)

$$\lim_{n\to\infty} \sum_{i=3}^{n} P(|e_i| \geqslant S_n/x_i) = 0. \tag{2.117}$$

但由 e_1 的分布, 易知存在常数 $c_1 > 0$, 使得当 a 充分大时有

$$P(|e_1| > a) \geqslant c_1 a^{-r}(\log a)^{-1}(\log\log a)^{-2}. \tag{2.118}$$

由式 (2.118), 及 x_i 和 S_n 的表达式, 经过简单计算, 易见存在常数 $c_2 > 0$, $c_3 > 0$, 使得当 n 充分大时有

$$\begin{aligned}
&\sum_{i=3}^{n} P(|e_i| \geqslant S_n/x_i) \\
&\geqslant c_2 n^{-(2-r)} \cdot \log n \cdot (\log\log n)^{2mr-2} \sum_{i=3}^{n} i^{-(r-1)}(\log i)^{-1}(\log\log i)^{-mr} \\
&\geqslant c_3 (\log\log n)^{mr-2}.
\end{aligned}$$

在式 (2.116) 中取 $m > 2/r$ 知式 (2.117) 不成立, 因而 $\hat{\beta}_n$ 不是 β 的 r 阶平均相合估计.

本例中 $\{e_i\}$ 满足所述条件而 $\{x_i\}$ 满足式 (2.115).

2. r 阶平均相合性与弱相合性是否等价　定理 2.1 表明, 在 2 阶矩存在且 GM 条件满足的情形下, 均方相合性与弱相合性等价. 自然地提出问题：当 $1 < r < 2$ 时, LS 估计的 r 阶相合性与其弱相合性是否等价. 下面举例证明：即使在 $e_1, e_2, \cdots$ 独立同分布的情形, 回答也是否定的, 这是均方相合性与 r 阶 ($r < 2$) 平均相合性的本质差别.

例 2.5 设 $1<r<2,\alpha>1,\delta>0$ 均为常数. 设 $e_1,e_2,\cdots$ 独立同分布, e_1 的分布为

$$P(e_1=k)=p_k=ck^{-(1+r)}(\log k)^{-\alpha},\quad k=2,3,\cdots,$$

其中 c 选择之, 使得 $\sum\limits_{2}^{\infty}p_k=1/2$, 又

$$P(e_1=-a)=1/2,\quad \text{其中 } a=2\sum_{2}^{\infty}kp_k.$$

易见 $Ee_1=0$, $E|e_1|^r<\infty$. 定义试验点列 $\{x_i\}$ 如下:

$x_1=1,\ x_i=i^{-(r-1)/r}(\log i)^{-\delta}$, $i\geqslant 2$. 有

$$S_n=\sum_{i=1}^{n}x_i^2=\left(\frac{r}{2-r}+o(1)\right)n^{\frac{2-r}{r}}(\log n)^{-2\delta}.$$

现确定 $\alpha>1,\delta>0$, 使得

$$0<r\delta<\alpha<1+r\delta.$$

往证 $\hat{\beta}_n-\beta\xrightarrow{p}0$. 因 $\hat{\beta}_n-\beta=\sum\limits_{i=1}^{n}x_ie_i/S_n$, 知 (见文献 [7], p.317) 只需验证以下诸式:

$$\sum_{i=1}^{n}P(|e_i|\geqslant S_n/x_i)\to 0, \tag{2.119}$$

$$\sum_{i=1}^{n}x_i\int_{|x|\geqslant S_n/x_i}xdF(x)/S_n\to 0, \tag{2.120}$$

$$\sum_{i=1}^{n}x_i^2\int_{|x|\leqslant S_n/x_i}x^2dF(x)/S_n^2\to 0, \tag{2.121}$$

此处 F 为 e_1 之分布. 为方便计, 以下以 A 记一常数, 每次出现时取值可不同. 经初等计算 (利用 $\max\limits_{1\leqslant i\leqslant n}x_i/S_n\to 0$ 的事实), 易得

$$\begin{aligned}
\sum_{i=1}^{n}P(|e_i|\geqslant S_n/x_i)&\leqslant A\sum_{i=1}^{n}(x_i/S_n)^r(\log(S_n/x_i))^{-\alpha}\\
&\leqslant AS_n^{-r}(\log S_n)^{-\alpha}\sum_{k=2}^{n}k^{-(r-1)}(\log k)^{-\delta}\\
&\leqslant A(\log n)^{-\alpha+r\delta}=o(1),
\end{aligned}$$

即式 (2.119). 类似地证明式 (2.120) 和 (2.121). 这肯定了 $\hat{\beta}_n$ 的弱相合性.

现证 $\hat{\beta}_n$ 不为 r 阶平均相合. 为简便计, 记 x_ie_i/S_n 为 e'_{ni}, 则有

$$E\left|\hat{\beta}_n-\beta\right|^r=E\left|\sum_{i=1}^{n}e'_{ni}\right|^r$$

$$\geqslant 2^{1-r}E\left|\sum_{i=1}^{n}e'_{ni}I_{(|e'_{ni}|\geqslant 1)}\right|^r - E\left|\sum_{i=1}^{n}e'_{ni}I_{(|e'_{ni}|<1)}\right|^r. \tag{2.122}$$

以 J_n 记式 (2.122) 右边第二项, 则易见 $J_n\to 0$. 事实上, 为证此, 只需证

$$J'_n \triangleq E\left(\sum_{i=1}^{n}e'_{ni}I_{(|e'_{ni}|<1)}\right)^2\to 0. \tag{2.123}$$

为证式 (2.123), 注意由 $Ee'_{ni}=0$ 及式 (2.120) 知

$$\lim_{n\to\infty}E\left(\sum_{i=1}^{n}e'_{ni}I_{(|e'_{ni}|<1)}\right)=0. \tag{2.124}$$

由此式可知, 欲证式 (2.123), 只需证

$$J''_n=\operatorname{var}\left(\sum_{i=1}^{n}e'_{ni}I_{(|e'_{ni}|<1)}\right)\to 0.$$

但由式 (2.121), 得

$$J''_n=\sum_{i=1}^{n}\operatorname{var}(e'_{ni}I_{(|e'_{ni}|<1)})\leqslant\sum_{i=1}^{n}E(e'_{ni}I_{(|e'_{ni}|<1)})^2\to 0.$$

这证明了式 (2.124), 因而有式 (2.123). 所以, 为证 $\hat\beta_n$ 不是 β 的 r 阶平均相合估计, 只需证式 (2.122) 右边第一项不趋于 0. 注意到 $e_i\geqslant -a$, 而 $\max\limits_{1\leqslant i\leqslant n}x_i/S_n\to 0$ 且 x_i 都非负，故当 n 充分大时, $e'_{ni}I_{(|e'_{ni}|\geqslant 1)}$ $(i=1,\cdots,n)$ 均为非负. 因为当 $r\geqslant 1$ 而 $t_1,\cdots,t_n$ 皆非负时, 有 $(t_1+\cdots+t_n)^r\geqslant t_1^r+\cdots+t_n^r$, 得

$$\begin{aligned}E\left|\sum_{i=1}^{n}e'_{ni}I_{(|e'_{ni}|\geqslant 1)}\right|^r &\geqslant\sum_{i=1}^{n}S_n^{-r}x_i^rE(e_i^rI_{(x_ie_i/S_n\geqslant 1)})\\ &\geqslant A\sum_{i=1}^{n}(x_i/S_n)^r(\log(S_n/x_i))^{-\alpha+1}\\ &\geqslant A\sum_{i=1}^{n}i^{-(r-1)}(\log i)^{-\delta r}n^{-(2-r)}(\log n)^{2r\delta-\alpha+1}\\ &\geqslant A(\log n)^{1+r\delta-\alpha}\to\infty,\end{aligned}$$

其中 $A>0$ 为某个常数. 这证明了 $\hat\beta_n$ 确非 β 的 r 阶平均相合估计.

3. 另一个有兴趣的问题是：当 $\hat{\beta}_n$ 不为 r 阶平均相合时, 是否存在其他的 r 阶平均相合线性估计？利用 §2.2 的理论不难证明：若 $1 \leqslant r < 2$, $e_1, e_2, \cdots$ 相互独立, 均值皆为 0 而方差有界, 且 $\{e_i\}$满足定理 2.4 的条件 (A), 则当 $\hat{\beta}_n$ 不为 β 的 r 阶平均相合估计时, 别无其他线性的 r 阶平均相合估计存在. 事实上, 若 T_n 是这样的估计, 则 T_n 为 β 的弱相合估计. 这时, 由定理 2.4 证明中所作的推理知, T_n 也是 β 的均方相合估计. 但这样一来, $\hat{\beta}_n$ 也将是 β 的均方相合估计, 因而更是 β 的 r 阶平均相合估计了. 这证明了所要的结果. 当然, 这个结果不是所提问题的理想解决, 因为假定了 e_i 的二阶矩有限. 在只假定 e_i 的 r 阶矩有限的情形下, 所提问题的答案如何, 是一个有兴趣的问题.

4. 近代研究揭示了最小二乘估计的若干不理想的性质, 因而发展了所谓 “稳健估计”(robust estimation) 的方法. 在线性模型 (2.1) 的情形, 为估计 β, 当只假定误差的 r 阶矩 $(1 < r < 2)$ 存在时, 更自然的是考虑 “最小 r 乘” 估计, 即这样的 $\tilde{\beta}_n$：

$$\sum_{i=1}^{n}\left|Y_i - x'_i\tilde{\beta}\right|^r = \min_{\beta}\left\{\sum_{i=1}^{n}|Y_i - x'_i\beta|^r\right\}.$$

这样的 $\tilde{\beta}_n$ 已不再是 $Y_1, \cdots, Y_n$ 的线性函数. 关于它的大样本性质, 现在还没有什么一般性的结果. 不过有理由预期, 在 e_i 的二阶矩无限的情形下, $\tilde{\beta}_n$ 和 LS 估计 $\hat{\beta}_n$ 相比, 可能有远为优越的大样本性质. 考察一个例子.

例 2.6 在式 (2.1) 中取 $p = 1$, $x_1 = x_2 = \cdots = 1$, $e_1, e_2, \cdots$ 独立同分布, 而 e_1 有 Cauchy 分布密度为 $\pi^{-1}(1 + x^2)^{-1}$. 这相当于估计 Cauchy 分布密度 $\pi^{-1}[1 + (x - \beta)^2]^{-1}$ 的对称中心 β. 最小二乘估计 $(Y_1 + \cdots + Y_n)/n$ 的分布仍为上述 Cauchy 分布, 因此在任意意义上都没有相合性. 更进一步：β 的任意形如式 (2.48) 的线性估计 T_n 都不可能是 β 的弱相合估计. 事实上

$$T_n = c_{n0} + \beta\sum_{i=1}^{n}c_{ni} + \sum_{i=1}^{n}c_{ni}e_i.$$

考虑到 $\sum\limits_{i=1}^{n}c_{ni}e_i$ 的分布关于原点对称, 为要 $T_n \xrightarrow{P} \beta$, 必须对一切 β,

$$\lim_{n\to\infty}\left(c_{n0} + \beta\sum_{i=1}^{n}c_{ni}\right) = \beta.$$

而这只在 $c_{n0} \to 0$ 和 $\sum\limits_{i=1}^{n}c_{ni} \to 1$ 时才可能, 故不妨就设 $c_{n0} = 0$, $\sum\limits_{i=1}^{n}c_{ni} = 1$, 因而 $c_n = \sum\limits_{i=1}^{n}|c_{ni}| \geqslant 1$. 因为 $T_n = \beta + \sum\limits_{i=1}^{n}c_{ni}e_i$, 为要 $T_n \xrightarrow{P} \beta$, 必须 $\sum\limits_{i=1}^{n}c_{ni}e_i \xrightarrow{P} 0$. 但易

见 $\sum_{i=1}^{n} c_{ni}e_i$ 的特征函数为 $\exp(-c_n|t|)$, 这正是 $c_n e_1$ 的特征函数, 故对任意 $\varepsilon > 0$,

$$P\left(\left|\sum_{i=1}^{n} c_{ni}e_i\right| \geqslant \varepsilon\right) = P(|e_1| \geqslant \varepsilon/c_n) \geqslant P(|e_1| \geqslant \varepsilon) \nrightarrow 0.$$

这证明了 β 没有线性弱相合估计.

但若考虑 "最小一乘解", 则得

$$\tilde{\beta}_n = Y_1, \cdots, Y_n \text{ 的样本中位数.}$$

写出 $\tilde{\beta}_n$ 的分布, 不难证明: 对任意 $r > 0$, $\tilde{\beta}_n$ 都是 β 的 r 阶平均相合估计. 使用 Glivenko-Cantelli 定理也容易证明, $\tilde{\beta}_n$ 是 β 的强相合估计. $\tilde{\beta}_n$ 还具有渐近正态性等优良的大样本性质.

这个例子使我们相信, 线性模型的 "最小 r 乘" 估计理论也许能得出丰硕的成果, 但这是一个很困难的问题.

§2.4　LS 估计的强相合性

(一) 历史概要　如我们所曾注意过的, 线性模型回归系数的 LS 估计的相合性问题, 事实上是古典大数定律问题从一个角度的推广. 每一个对概率论略知一二的人都了解, 和弱大数律相比较, 强大数律是更为困难和有兴趣的问题. 如果说弱大数律在 20 世纪 30 年代已有了完满的解决, 那么, 一般独立变量序列的强大数律的研究则一直延续到 20 世纪 70 年代, 才基本上可以说有了一个解决 —— 其形式也比古典的弱大数律复杂得多. 因此就不难想象, 一般线性模型中, 回归系数的 LS 估计的强相合问题是一个颇具难度的问题. 对这个问题的研究, 可以说是从 20 世纪 70 年代中期开始的. 可堪告慰的是, 从那时以来的短短的几年中, 这个问题取得了长足的甚至可以说是决定性的进展.

为了节省篇幅, 本节将不采用历史发展的自然次序来叙述到目前为止的重要结果, 而是先给出最新的一般结果, 再由它出发去导出某些在较早时期得出的重要成果. 对于这种叙述方法, 我们觉得, 在这里花一点篇幅对本问题发展的历史状况作些介绍, 可能是有益的.

1. 1963 年 Eicker 在文献 [1] 中得到了一个我们在前面提到过的简单结果: 在一般线性模型 (2.1) 中, 在随机误差序列 $\{e_i\}$满足 GM 条件之下, 由式 (2.7) 可推出 LS 估计 $\hat{\beta}_n$ 为弱相合的. 这项工作的意义在于, 在文献中第一次把 LS 估计的相合性问题明确地提出来. 这个结果自然地启发了两个研究方向: 一是条件 (2.7) 作为 $\hat{\beta}_n$ 的弱相合性是否必要; 二是当对 $\{e_i\}$ 的性质作出某种假定 (如 GM 条件,

$e_1, e_2, \cdots$ 独立同分布之类) 时, $\hat{\beta}_n$ 的强相合性是否取决于类似式 (2.7) 的条件. 也许是由于难度较大, 这些问题在此后十余年无所进展. 到 1976 年, 出现了两个显著结果. 其一是 Drygas 首次证明了式 (2.7) 的必要性, 即定理 2.1; 另一个是 Anderson 和 Taylor[3] 证明了: 若假定 $\{e_i\}$为独立同分布序列, 且 $e_1 \sim N(0, \sigma^2)$, 则当式 (2.7) 成立时, $\hat{\beta}_n$ 为 β 的强相合估计.

这个结果虽然对 $\{e_i\}$的分布限制过严而缺乏一般性, 但仍有重要的意义. 它启示我们, 在 $\hat{\beta}_n$ 的强相合问题中, S_n^{-1} 收敛于 0 的速度可能要起重要作用, 因为正态性的放弃可能会由 S_n^{-1} 趋于 0 的一定速度而得到补偿. 后来的发展证明这个想法是正确的. 其次, 这项工作中提出的方法主要概括在本章的引理 2.1 中, 以后证明这是一项有用的工具.

2. 也是在 1976 年, Anderson 和 Taylor 放宽 $\{e_i\}$为正态序列的假定, 而假定 $e_1, e_2, \cdots$ 独立同分布, e_1 服从所谓 "广义 Gauss 分布", 就是说, 存在常数 $A > 0$, 使得对任意实数 λ 有 $Ee^{\lambda e_1} \leqslant e^{A\lambda^2}$. 再加上 $Ee_1 = 0$, 他们证明了 (见文献 [12]): 若

$$S_n^{-1} = o(1/\log n), \tag{2.125}$$

则 $\hat{\beta}_n$ 为 β 的强相合估计. 这是第一个例子, 说明对 $\{e_i\}$的要求的降低, 可由对 S_n^{-1} 趋于 0 的速度的要求而得到补偿.

3. 与此同时 Drygas 在文献 [2] 中将对 $\{e_i\}$的要求大为放松: 他只要求 $\{e_i\}$构成鞅差序列, 且其二阶矩一致有界. 但对试验点列 $\{x_i = (x_{i1}, \cdots, x_{ip})'\}$ 要求则较复杂些, 即

$$\sum_{n=1}^{\infty} x_{nj}^2 = \infty, \quad j = 1, \cdots, p, \tag{2.126}$$

以及

$$\left\| S_n^{-1} \mathrm{diag} \left\{ \sum_{i=1}^{n} x_{i1}^2, \cdots, \sum_{i=1}^{n} x_{ip}^2 \right\} \right\| = O(1), \tag{2.127}$$

这里 $\|A\|$ 表示矩阵 A 诸元的绝对值的最大者, 而 $\mathrm{diag}\{a_1, \cdots, a_m\}$ 表示主对角线元依次为 $a_1, \cdots, a_m$ 的对角阵. 在这些条件下 Drygas 证明了 $\hat{\beta}_n$ 为 β 的强相合估计, 此处关于 $\{x_i\}$的条件不仅涉及 S_n, 显然, 当 $p = 1$ 时条件 (2.126) 和 (2.127) 就是式 (2.7)(这个情形在文献 [4] 中已提到了), 但当 $p \geqslant 2$ 时则比式 (2.7) 要强.

4. 1977 年, 黎子良和 Robbins[6] 讨论了一元回归的情形, 即 $Y_i = \beta_1 + \beta_2 x_i + e_i$ $(i = 1, \cdots, n, \cdots.)$ 他们假定 $e_1, e_2, \cdots$ 独立同分布, 且 $Ee_1 = 0$, 而 $E\{e_1^2(\log^+ |e_1|)^r\} < \infty$ 对某个 $r > 1$, 且 $\{x_i\}$ 满足条件

$$\lim_{n\to\infty} \sum_{i=1}^{n} \left(x_i - \frac{x_1 + \cdots + x_n}{n} \right)^2 = \infty$$

(这与条件 (2.7) 相当), 证明了 β_2 的 LS 估计 $\hat{\beta}_{2n}$ 为强相合的.

5. 1979 年, 黎子良等 (见文献 [14]) 得到了一个很深刻的结果. 他们假定 $\{e_i\}$满足如下的条件:

若 $\sum\limits_1^{\infty} c_i^2 < \infty$, 则 $\sum\limits_1^{\infty} c_i e_i$ 以概率 1 收敛. (2.128)

文献 [15] 中把满足这个条件的 $\{e_i\}$称作是一个 "收敛系统"(convergence system). 黎子良等证明: 若$\{e_i\}$为一收敛系统且条件 (2.7) 满足, 则 $\hat{\beta}_n$ 为 β 的强相合估计. 条件 (2.128) 是一个比较弱的要求. 如所周知 (见第一章定理 1.25), 当 $e_1, e_2, \cdots$ 独立同分布, $Ee_1 = 0$ 而 $Ee_1^2 < \infty$ 时, 或更一般地, 当 $e_1, e_2, \cdots$ 独立, $Ee_i = 0\,(i = 1, 2, \cdots)$ 而 $\sup\limits_i Ee_i^2 < \infty$ 时, $\{e_i\}$满足条件 (2.128). 又如当 $\{e_i\}$为鞅差序列而 $\sup\limits_i Ee_i^2 < \infty$ 时, $\{e_i\}$满足条件 (2.128). 这样一来, 黎子良等的结果包含了我们在前面几条中提到的所有结果, 特别是明确了这样一个事实: 在 $e_1, e_2, \cdots$ 独立同分布, 且 $Ee_1 = 0$, $Ee_1^2 < \infty$ 时, 条件 (2.7) 不仅是 $\hat{\beta}_n$ 弱相合、也是其强相合的充要条件. 这个结论在一个相当的时期内曾是努力的目标.

6. 黎子良等人的上述结果虽有很大的普遍性, 但还没有包括两种重要情形: 一是 $\{e_i\}$满足 GM 条件, 一是 $\{e_i\}$的二阶矩无限的情形, 例如, 设 $e_1, e_2, \cdots$ 独立, 且 $Ee_i = 0$, $E|e_i|^r \leqslant M < \infty$, 对某个 $r \in [1, 2)$ 成立. 前一个情形的重要性在于 GM 条件在线性模型估计理论中的作用. 后一情形的重要性则是由于: 从理论上说, 在讨论回归系数 β 的估计时, 并不是非要假定误差方差有限不可. 正是在古典大数定律中, 人们致力于在只假定随机误差的一阶矩有限之下去讨论问题. 因此, 如果线性模型回归系数 LS 估计的相合性问题要达到可与古典大数定律相比的成就, 就不能只局限于考虑随机误差的二阶矩存在的情形.

本书作者之一考察了以上这两种情形 (见文献 [3, 8]), 在 $\{e_i\}$ 服从 GM 条件时得到了如下的结果: 若 $S_n^{-1} = O(1/f(n))$, 此处 $f(x)$ 定义于 $x > A(A > 0$ 任意指定), 非降, 且

$$\int_A^{\infty} \frac{1}{x\sqrt{f(x)}} dx < \infty,$$

则 $\hat{\beta}_n$ 为 β 的强相合估计. 例如, $f(x) = (\log x)^{2+\varepsilon}$ 满足上述条件. 对后一种情形证明了, 在 $e_1, e_2, \cdots$ 独立同分布, $Ee_1 = 0$, $E|e_1|^{1+\delta} < \infty$ 对某个 $\delta \in [0, 1)$ 时, 若 S_n^{-1} 以 $O(n^{-(1-\delta)/(1+\delta)}(\log n)^a)$(对某个 $a > 0$) 的速度趋于 0, 再加上某些与 $\{x_i\}$有关的条件时, $\hat{\beta}_n$ 为 β 的强相合估计. 这些结果弥补了黎子良等人的工作的一个重要缺口.

7. 在 1980 年, 陈桂景在研究 $\hat{\beta}_n$ 的强相合问题时发现, 可以把上面介绍的头绪纷繁的结果统一在一个包罗很广的定理之内. 这项工作后来经当时在我国讲学的美籍统计学者黎子良的参与, 最后以文献 [16] 的形式提出来. 这就是将在下一段详细

介绍的、本节的基本定理 (定理 2.7). 应当指出, 这个基本定理的意义不仅在于总结已有的成果, 由之还得出一些新事实.

在结束这一段历史概述时我们要指出, 虽然在 LS 估计的强相合性的研究方面已取得了很大进展, 但迄今为止结果并未达到完整. 一个重要的不足之处在于, 迄今为止的结果多是关于充分条件方面的, 对必要条件知道得很少. 具体说来, 只在式 (2.7) 是充分条件的情形下, 可肯定它也是必要条件 (其他个别结果见后文). 这是由于以下的简单事实: 由于定理 2.1, 条件 (2.7) 对 $\hat{\beta}_n$ 的弱相合为必要, 故对强相合也必要. 从本书作者研究 $\hat{\beta}_n$ 的强相合问题得出的印象是: 要在这方面取得决定性的进展, 还需作艰巨的努力.

(二) LS 估计强相合性的基本定理 回忆前面提到过的定义: 称一串随机变量 $\{\xi_i\}$为一收敛系统, 若对任一串满足条件 $\sum\limits_1^\infty c_i^2 < \infty$ 的常数 $\{c_i\}$, 级数 $\sum\limits_1^\infty c_i\xi_i$, 以概率 1 收敛.

本段的目的是证明下面的基本定理 [16].

定理 2.7 假定在线性模型 (2.1) 中:

(i) $\{g_ie_i\}$为一收敛系统, 此处 $g_1, g_2, \cdots$ 都是常数, 满足条件

$$|g_1| \geqslant |g_2| \geqslant \cdots > 0; \tag{2.129}$$

(ii) 对某个 t $(t = 1, \cdots, p)$ 有

$$\lim_{n\to\infty} v_{tt}^{(n)} = \lim_{n\to\infty} S_n^{-1}(t,t) = 0; \tag{2.130}$$

(iii) 设 f 为定义在 $(0,\infty)$ 上的正值函数, 致

$$f(x)/x^2 \uparrow \infty, \quad 当\ x \downarrow 0, \tag{2.131}$$

对某个 $A > 0$, 有

$$\int_0^A \frac{1}{f(x)} dx < \infty, \tag{2.132}$$

则当 $n \to \infty$ 时有

$$\hat{\beta}_{tn} - \beta_t = o(f^{1/2}(v_{tt}^{(n)})/|g_n|), \text{ a.s..} \tag{2.133}$$

这个定理证明的思路源出于文献 [14] , 并在文献 [16] 中得到进一步的发挥. 我们将把证明的主要部分分解为一串引理. 这些引理涉及收敛系统的性质, 并对 β 的 LS 估计 $\hat{\beta}_n$ 的结构作了细致的分解.

引理 2.6 (i) 若 $\{e_i\}$为一收敛系统, $\{a_i\}$为一有界数列, 则 $\{a_ie_i\}$也是收敛系统.

(ii) 若 $\{a_i\}$和 $\{\tilde{a}_i\}$为两数列, 满足条件

$$|\tilde{a}_i| \leqslant c|a_i|, \quad i = 1, 2, \cdots, \text{ 对某个 } c > 0,$$

则当 $\{a_i e_i\}$为一收敛系统时, $\{\tilde{a}_i e_i\}$也是一收敛系统.

证明显然, 从略.

引理 2.7　设 $\{a_m, a_{m+1}, \cdots\}$ 和 $\{c_m, c_{m+1}, \cdots\}$ 为两数列, $a_m \neq 0$, 且

$$\sum_m^\infty c_n^2 A_{n+1}/A_n < \infty, \tag{2.134}$$

此处 $A_n = A + \sum\limits_m^n a_i^2$ $(A \geqslant 0)$, 则有

$$\sum_m^\infty |c_n a_{n+1}/A_n| < \infty, \tag{2.135}$$

$$\sum_{n=m}^\infty \left(\sum_{i=n}^\infty c_i a_{i+1}/A_i\right)^2 a_n^2 < \infty, \tag{2.136}$$

$$\sum_m^\infty c_n^2 A_{n+1}/A_n = \sum_{n=m}^\infty \left\{\left(\sum_{i=n}^\infty c_i a_{i+1}/A_i\right) a_n - c_{n-1}\right\}^2 + A\left(\sum_m^\infty c_i a_{i+1}/A_i\right)^2, \tag{2.137}$$

此处约定以 $c_{m-1} = 0$.

证　先证式 (2.137). 如常, 以 l_2 记满足条件 $\sum\limits_1^\infty c_i^2 < \infty$ 的实数列 $\{c_i\}$所构成的空间, 此空间中向量的模 (即范数, 以 $\|c\|$ 记之)、内积和正交性 (记为 $u \perp v$) 的定义都如常. 现对 $i = m, m+1, \cdots$, 定义 $U^{(i)} = \{u_n^{(i)}, n \geqslant m-1\}$ 如下:

$$\begin{aligned}
u_n^{(i)} &= \sqrt{A} a_{i+1}/A_i, && \text{当 } n = m-1, \\
u_n^{(i)} &= a_n a_{i+1}/A_i, && \text{当 } m \leqslant n \leqslant i, \\
u_n^{(i)} &= -1, && \text{当 } n = i+1, \\
u_n^{(i)} &= 0, && \text{当 } n \geqslant i+2.
\end{aligned}$$

不难验证:

$$\left\|c_i U^{(i)}\right\|^2 = c_i^2 A_{i+1}/A_i, \quad U^{(i)} \perp U^{(j)} \text{ 当 } i \neq j.$$

因而由式 (2.134) 得

$$\sum_m^\infty c_i U^{(i)} \in l_2,$$

$$\left\|\sum_m^\infty c_i U^{(i)}\right\|^2 = \sum_m^\infty c_i^2 A_{i+1}/A_i. \tag{2.138}$$

因为

$$\sum_{i=m}^{\infty} c_i u_{m-1}^{(i)} = \sqrt{A} \sum_{m}^{\infty} c_i a_{i+1}/A_i, \tag{2.139}$$

且对固定的 $n \geqslant m$ 有

$$\sum_{i=m}^{\infty} c_i u_n^{(i)} = a_n \sum_{n}^{\infty} c_i a_{i+1}/A_i - c_{n-1}, \tag{2.140}$$

由式 (2.138)~(2.140), 即得式 (2.137). 在式 (2.137) 中将 c_i 改为 ${c'}_i$, 其中 ${c'}_i = |c_i|$ 当 $a_{i+1} \geqslant 0$, ${c'}_i = -|c_i|$ 当 $a_{i+1} < 0$, 即得

$$\left(\sum_{m}^{\infty} |c_i a_{i+1}/A_i|\right)^2 < \infty,$$

因而证明了式 (2.135).

最后, 由式 (2.134), 并利用不等式 $x^2 \leqslant 2(x-y)^2 + 2y^2$, 得

$$\begin{aligned}\sum_{n=m}^{\infty} \left(\sum_{i=n}^{\infty} c_i a_{i+1}/A_i\right)^2 a_n^2 &\leqslant 2\sum_{m}^{\infty} c_{n-1}^2 + 2\sum_{n=m}^{\infty} \left\{\left(\sum_{i=n}^{\infty} c_i a_{i+1}/A_i\right) a_n - c_{n-1}\right\}^2 \\ &\leqslant 4\sum_{m}^{\infty} c_n^2 A_{n+1}/A_n < \infty.\end{aligned}$$

这证明了式 (2.136). 引理证毕.

用此引理可证明收敛系统下述的有用性质:

引理 2.8 假定:

(i) 设 $\{a_n\}$和 $\{\tilde{a}_n\}$ 为两个数列, $a_m \neq 0$, 且存在 $c > 0$, 使得

$$|\tilde{a}_n| \leqslant c\,|a_n|, \quad n = 1, 2, \cdots, \tag{2.141}$$

(ii) $\{g_n\}$为一数列, 满足条件 $|g_1| \geqslant |g_2| \geqslant \cdots > 0$ 且 $\{g_i e_i\}$为一收敛系统.

记 $A_i = a_1^2 + \cdots + a_i^2$ $(i \geqslant m)$. 则序列

$$\left\{ g_i a_{i+1} (A_{i+1} A_i)^{-1/2} \left(\sum_{j=1}^{i} \tilde{a}_j e_j\right), i \geqslant m \right\} \tag{2.142}$$

是一收敛系统.

证 依定义, 只需证明: 对任一满足条件 $\sum\limits_{m}^{\infty} \tilde{c}_i^2 < \infty$ 的数列$\{\tilde{c}_i\}$, 有

$$\sum_{i=m}^{\infty} \tilde{c}_i g_i a_{i+1} (A_{i+1} A_i)^{-1/2} \left(\sum_{j=1}^{i} \tilde{a}_j e_j\right) \text{ a.s. 收敛.} \tag{2.143}$$

若记 $c_i=\tilde{c}_i g_i(A_{i+1}/A_i)^{-1/2}$ $(i\geqslant m)$ 则有

$$\sum_{m}^{\infty} c_i^2 g_i^{-2}(A_{i+1}/A_i)<\infty. \tag{2.144}$$

而式 (2.143) 等价于

$$\sum_{i=m}^{\infty} c_i a_{i+1} A_i^{-1}\left(\sum_{j=1}^{i}\tilde{a}_j e_j\right) \text{ a.s. 收敛.} \tag{2.145}$$

由式 (2.144), 用 c_i/g_i 代替引理 2.7 中的 c_i, 则由式 (2.136) 得

$$\sum_{n=m}^{\infty}\left(\sum_{i=n}^{\infty} g_i^{-1}A_i^{-1}c_i a_{i+1}\right)^2 a_n^2<\infty, \tag{2.146}$$

而由式 (2.135) 得

$$\sum_{n=m}^{\infty}\left|g_n^{-1}A_n^{-1}c_n a_{n+1}\right|<\infty. \tag{2.147}$$

记

$$p_n=\sum_{n+1}^{\infty} c_i a_{i+1}/A_i,\quad p_n^*=\sum_{n+1}^{\infty}|c_i a_{i+1}/A_i|$$

并注意 $0<\left|g_1^{-1}\right|\leqslant\left|g_2^{-1}\right|\leqslant\cdots$, 由式 (2.147) 知 $|p_n|<\infty$, $p_n^*<\infty$, 又当 $n\to\infty$ 时 $p_n^*\downarrow 0$. 于是有

$$\begin{aligned}\sum_{i=m}^{n} c_i a_{i+1}A_i^{-1}\sum_{j=1}^{i}\tilde{a}_j e_j&=\sum_{i=m}^{n} c_i a_{i+1}A_i^{-1}\left(\sum_{1}^{m-1}\tilde{a}_j e_j+\sum_{m}^{i}\tilde{a}_j e_j\right)\\&=\sum_{j=1}^{m-1}\tilde{a}_j e_j(p_{m-1}-p_n)+\sum_{j=m}^{n}\tilde{a}_j e_j\sum_{i=j}^{n} c_i a_{i+1}/A_i\\&=\sum_{j=1}^{m-1}\tilde{a}_j e_j(p_{m-1}-p_n)+\sum_{j=m}^{n} p_{j-1}\tilde{a}_j e_j\\&\quad-\sum_{j=m}^{n}\tilde{a}_j e_j p_n\triangleq I_1+I_2-I_3.\end{aligned} \tag{2.148}$$

因为当 $n\to\infty$ 时 $p_{m-1}-p_n\to p_{m-1}$, 故当 $n\to\infty$ 时, I_1 为 a.s. 收敛. 注意到式 (2.146), 当把其中的 $g_i^{-1}c_i a_{i+1}$ 换成其绝对值时仍保持成立, 并由 $\{|g_i^{-1}|\}$ 的非降性, 得到

$$\sum_{j=m}^{\infty}(p_{j-1}\tilde{a}_j/g_j)^2 \leqslant \sum_{j=m}^{\infty}\left(\sum_{i=j}^{\infty}\left|g_i^{-1}A_i^{-1}c_ia_{i+1}\right|\right)^2 c^2a_j^2 < \infty.$$

于是由关于$\{g_ie_i\}$为收敛系统的假定, 推出当 $n\to\infty$ 时, I_2 为 a.s. 收敛. 这个事实当把 I_2 中的 p_{j-1} 换成 p_{j-1}^* 时仍对. 因为当 $n\to\infty$ 时 $p_n^*\downarrow 0$, 由 Kronecker 引理(见文献 [7], p.238), 知当 $n\to\infty$ 时, 有

$$|I_3| \leqslant |p_n|\left|\sum_{j=m}^{n}\tilde{a}_je_j\right| \leqslant p_{n-1}^*\left|\sum_{j=m}^{n}\tilde{a}_je_j\right| \to 0,\ \text{a.s.}.$$

由以上对 $I_1\sim I_3$ 证明的事实, 根据式 (2.148), 就证明了式 (2.145). 如前所述, 这就证明了本引理.

引理 2.9 设 $k\geqslant 2$. 记

$$T_i=(t_{i1},\cdots,t_{ik})'.\quad \hat{T}_i=(t_{i2},\cdots,t_{ik})'.$$

又令 $H_n=\sum\limits_{1}^{n}T_iT_i'$, 并将其分块为

$$H_n=\begin{pmatrix}\sum\limits_{1}^{n}t_{i1}^2 & p_n' \\ p_n & Q_n\end{pmatrix},$$

其中

$$Q_n=\sum_{1}^{n}\hat{T}_i\hat{T}_i',\quad P_n=\sum_{1}^{n}t_{i1}\hat{T}_i. \tag{2.149}$$

假设当 $n\geqslant m$ 时, H_n 为正定方阵, 此处 $m>k$. 设 $e_1,e_2,\cdots$ 为一数列. 记

$$z_n=\sum_{i=1}^{n}\left(t_{i1}-P_n'Q_n^{-1}\hat{T}_i\right)e_i,$$

$$s_n=\sum_{i=1}^{n}\left(t_{i1}-P_n'Q_n^{-1}\hat{T}_i\right)^2,$$

$$f_n=t_{n1}-P_n'Q_n^{-1}\hat{T}_n,$$

$$h_n=t_{n1}-P_{n-1}'Q_{n-1}^{-1}\hat{T}_n.$$

则当 $n\geqslant m$ 时, 以下诸关系式成立:

(i) $s_n=s_{n-1}+\left(t_{n1}-P_n'Q_n^{-1}\hat{T}_n\right)^2\left(1+\hat{T}_nQ_{n-1}^{-1}\hat{T}_n\right)$,

(ii)

$$Z_n = Z_m + \sum_{i=m+1}^{n} f_i \left(e_i - \hat{T}_i' Q_{i-1}^{-1} \sum_{j=1}^{i-1} \hat{T}_{jej} \right),$$

(iii)

$$T_n' H_{n-1}^{-1} \left(\sum_1^{n-1} T_i e_i \right) = \hat{T}_n' Q_{n-1}^{-1} \left(\sum_1^{n-1} \hat{T}_i e_i \right) + h_n Z_{n-1}/s_{n-1},$$

(iv) $h_n = f_n(1 + \hat{T}_n' Q_{n-1}^{-1} \hat{T}_n)$,

(v) $1 + T'_n H_{n-1}^{-1} T_n = (1 + \hat{T}_n' Q_{n-1}^{-1} \hat{T}_n) s_n / s_{n-1}$.

证 (i) 和 (ii) 事实上就是引理 2.1 的式 (2.11) 和 (2.24). 为证 (iii), 把 $A = H_{n-1}^{-1}$ 分块:

$$A = H_{n-1}^{-1} = \begin{pmatrix} a_{11} & A_{12} \\ A_{21} & A_{22} \end{pmatrix},$$

其中 a_{11} 为一行一列. 由矩阵性质得到下面的恒等式:

$$Q_{n-1}^{-1} = A_{22} - a_{11}^{-1} A_{21} A_{12}, \tag{2.150}$$

$$Q_{11}^{-1} A_{12} = Q_{11}^{-1} A'_{21} = -P'_{n-1} Q_{n-1}^{-1}, \tag{2.151}$$

$$Q_{11}^{-1} = \sum_1^{n-1} t_{i1}^2 - P'_{n-1} Q_{n-1}^{-1} P_{n-1} = s_{n-1}, \tag{2.152}$$

其中式 (2.152) 的后一等式可由式 (2.149) 验证. 因为 $T'_i = (t_{i1}, \hat{T}_i')$, 当 $n > m$ 时得

$$\begin{aligned} T'_n H_{n-1}^{-1} \sum_1^{n-1} T_i e_i &= t_{n1} \left(a_{11} \sum_1^{n-1} t_{i1} e_1 + A_{12} \sum_1^{n-1} \hat{T}_i e_i \right) \\ &\quad + \hat{T}_n' \left(A_{21} \sum_1^{n-1} t_{i1} e_1 + A_{22} \sum_1^{n-1} \hat{T}_i e_i \right) \\ &= (t_{n1} + a_{11}^{-1} \hat{T}_n' A_{21}) \left(a_{11} \sum_1^{n-1} t_{i1} e_1 + A_{12} \sum_1^{n-1} \hat{T}_i e_i \right) \\ &\quad + \hat{T}_n' (A_{22} - a_{11}^{-1} A_{21} A_{12}) \sum_1^{n-1} \hat{T}_i e_i \\ &= (t_{n1} - P'_{n-1} Q_{n-1}^{-1} \hat{T}_n) a_{11} \sum_{i=1}^{n-1} (t_{i1} - P'_{n-1} Q_{n-1}^{-1} \hat{T}_i) e_i \end{aligned}$$

$$+\hat{T}_n' Q_{n-1}^{-1} \sum_{1}^{n-1} \hat{T}_i e_i$$

$$= (t_{n1} - P'_{n-1} Q_{n-1}^{-1} \hat{T}_n) Z_{n-1}/s_{n-1} + \hat{T}_n' Q_{n-1}^{-1} \sum_{1}^{n-1} \hat{T}_i e_i,$$

此即 (iii). 这里最后一步是根据式 (2.152), 其前面一步则是根据式 (2.150) 和式 (2.151).

为证 (iv) 和 (v), 注意由 f_n 和 h_n 的定义, 当 $n > m$ 时得

$$\begin{aligned} h_n - f_n &= (P'_n Q_n^{-1} - P'_{n-1} Q_{n-1}^{-1}) \hat{T}_n \\ &= \{(P'_n - P'_{n-1}) - P'_n Q_n^{-1} (Q_n - Q_{n-1})\} Q_{n-1}^{-1} \hat{T}_n \\ &= (t_{n1} \hat{T}_n' - P'_n Q_n^{-1} \hat{T}_n \hat{T}_n') Q_{n-1}^{-1} \hat{T}_n \quad (\text{据式 } (2.149)) \\ &= f_n \hat{T}_n' Q_{n-1}^{-1} \hat{T}_n. \end{aligned}$$

这证明了 (iv). 又对 $1 \leqslant i, j \leqslant n-1$, 令

$$e_{ij} = 1, \text{当 } i = j; \quad e_{ij} = 0, \text{ 当 } i \neq j. \tag{2.153}$$

由 (iii) 知, 对 $j = 1, \cdots, n-1$, 有

$$\begin{aligned} &T'_n H_{n-1}^{-1} \sum_{1}^{n-1} T_i e_{ij} \\ &= \hat{T}_n' Q_{n-1}^{-1} \sum_{i=1}^{n-1} \hat{T}_i e_{ij} + (h_n/s_{n-1}) \sum_{i=1}^{n-1} (t_{i1} - P'_{n-1} Q_{n-1}^{-1} \hat{T}_i) e_{ij}. \end{aligned} \tag{2.154}$$

注意由式 (2.149) 得出的

$$\sum_{i=1}^{n-1} (t_{i1} - P'_{n-1} Q_{n-1}^{-1} \hat{T}_i) \hat{T}_i = 0,$$

再根据式 (2.153) 和 (2.154), 得

$$\begin{aligned} T'_n H_{n-1}^{-1} T_n &= T'_n H_{n-1}^{-1} \sum_{1}^{n-1} T_i T'_i H_{n-1}^{-1} T_n \\ &= \sum_{j=1}^{n} \left(T'_n H_{n-1}^{1} \sum_{i=1}^{n-1} T_i e_{ij} \right)^2 \\ &= \sum_{j=1}^{n} \left(\hat{T}_n' Q_{n-1}^{-1} \sum_{i=1}^{n-1} \hat{T}_i e_{ij} \right)^2 \end{aligned}$$

$$
\begin{aligned}
&+ (h_n/s_{n-1})^2 \sum_{i=1}^{n-1} (t_{i1} - P'_{n-1} Q_{n-1}^{-1} \hat{T}_i)^2 \\
&= \hat{T}_n' Q_{n-1}^{-1} \hat{T}_n + h_n^2 / s_{n-1} \\
&= \hat{T}_n' Q_{n-1}^{-1} \hat{T}_n + (1 + \hat{T}_n' Q_{n-1}^{-1} \hat{T}_n)^2 f_n^2 / s_{n-1}.
\end{aligned}
$$

这里最后一步根据 (iv), 其前面一步根据 s_{n-1} 的定义. 由上式得

$$
\begin{aligned}
1 + T'_n H_{n-1}^{-1} T_n &= (1 + \hat{T}_n' Q_{n-1}^{-1} \hat{T}_n)\{1 + (1 + \hat{T}_n Q_{n-1}^{-1} \hat{T}_n) f_n^2 / s_{n-1}\} \\
&= (1 + \hat{T}_n' Q_{n-1}^{-1} \hat{T}_n) s_n / s_{n-1}.
\end{aligned}
$$

最后一步根据 (i), 这证明了 (v), 因而完成了引理的证明.

引理 2.10 设 $T_1, T_2, \cdots$ 为 k 维向量序列, $H_n = \sum_1^n T_i T'_i$. 设 H_m 为正定方阵 (对某个 m). 又$\{g_i\}$为一数列, 满足条件 $|g_1| \geqslant |g_2| \geqslant \cdots > 0$, 且$\{g_i e_i\}$为一收敛系统, 则

$$
\left\{ g T'_{i+1} H_i^{-1} \sum_1^i T_j e_j (1 + T'_{i+1} H_i^{-1} T_{i+1})^{-1/2}, i \geqslant m \right\} \tag{2.155}
$$

为一收敛系统.

证 当 $k=1$ 时, T_n 和 H_n 都是实数. 不难看出, 这时引理 2.10 变为引理 2.8 的特殊情形. 这证明了当 $k=1$ 时本引理结论成立. 对一般情形用数学归纳法：假定引理结论当 k 改为 $k-1$ 时成立.

根据定义, 为证式 (2.155) 为收敛系统, 只需证明对任意 $\{\tilde{c}_i\} \in l_2$, 有

$$
\sum_{i=m}^{\infty} \tilde{c}_i g_i T_{i+1} H_i^{-1} \sum_1^i T_j e_j (1 + T'_{i+1} H_i^{-1} T_{i+1})^{-1/2} \text{ a.s.} \tag{2.156}
$$

收敛. 记 $c_i = \tilde{c}_i g_i (1 + T'_{i+1} H_i^{-1} T_{i+1})^{-1/2}$, 则问题归结为由

$$
\sum_{i=m}^{\infty} c_i^2 g_i^{-2} (1 + T'_{i+1} H_i^{-1} T_{i+1}) < \infty \tag{2.157}
$$

来证明

$$
\sum_{i=m}^{\infty} c_i T'_{i+1} H_i^{-1} \sum_1^i T_j e_j \text{ a.s.} \tag{2.158}
$$

收敛. 沿用引理 2.9 的记号. 由该引理之 (iii), 有

$$
\sum_{i=m}^{n} c_i T'_{i+1} H_i^{-1} \sum_1^i T_j e_j
$$

$$= \sum_{i=m}^{n} c_i \hat{T}'_{i+1} Q_i^{-1} \sum_{1}^{i} \hat{T}_j e_j + \sum_{i=m}^{n} c_i h_{i+1} z_i / s_i. \tag{2.159}$$

由引理 2.9 的 (i) 和 (v) 及式 (2.157), 得

$$\sum_{i=m}^{\infty} c_i^2 g_i^{-2} (1 + \hat{T}'_{i+1} Q_i^{-1} \hat{T}_{i+1}) \leqslant \sum_{i=m}^{\infty} c_i^2 g_i^{-2} (1 + T'{}_{i+1} H_i^{-1} T_{i+1}) < \infty.$$

注意 $\hat{T}_{i+1}$ 是 $k-1$ 维向量而 Q_i 是 $k-1$ 阶方阵, 由上式及归纳假设得

$$\sum_{i=m}^{\infty} c_i \hat{T}'_{i+1} Q_i^{-1} \sum_{1}^{i} \hat{T}_j e_j \text{ a.s.}$$

收敛. 由此及式 (2.159) 知, 欲证式 (2.158), 只需证

$$\sum_{i=m}^{\infty} c_i h_{i+1} z_i / s_i \text{ a.s.} \tag{2.160}$$

收敛. 由引理 2.9 之 (ii), 当 $n > m$ 时有

$$\begin{aligned} z_n &= z_m + \sum_{i=m+1}^{n} f_i \left(e_i - \hat{T}'_i Q_{i-1}^{-1} \sum_{1}^{i-1} \hat{T}_j e_j \right) \\ &= z_m + \sum_{i=m+1}^{n} f_i (e_i - \xi_i). \end{aligned}$$

这里为方便计, 已记

$$\xi_i = \hat{T}'_i Q^{-1} \sum_{1}^{i-1} T_j e_j, \quad i > m. \tag{2.161}$$

因此

$$\begin{aligned} \sum_{i=m}^{n} c_i h_{i+1} z_i / s_i &= \sum_{i=m}^{n} (c_i h_{i+1} / s_i) \left\{ z_m + \sum_{m+1}^{i} f_j (e_j - \xi_j) \right\} \\ &= \sum_{i=m}^{n} (c_i h_{i+1} / s_i) z_m + \sum_{i=m}^{n} c_i h_{i+1} s_i^{-1} \sum_{m+1}^{i} f_j e_j \\ &\quad - \sum_{i=m}^{n} (c_i h_{i+1} / s_i) \sum_{m+1}^{i} f_j \xi_j \\ &\triangleq I_1 + I_2 - I_3. \end{aligned} \tag{2.162}$$

由引理 2.9 的 (iv), 当 $i \geqslant m$ 时有

$$c_i h_{i+1} = c_i f_{i+1} (1 + \hat{T}'_{i+1} Q_i^{-1} \hat{T}_{i+1}) \triangleq c_i^* f_{i+1}^*, \tag{2.163}$$

其中

$$c_i^* = c_i(1 + \hat{T}_{i+1}' Q_i^{-1} \hat{T}_{i+1})^{1/2},$$
$$f_{i+1}^* = f_{i+1}(1 + \hat{T}_{i+1}' Q_i^{-1} \hat{T}_{i+1})^{1/2}. \tag{2.164}$$

由引理 2.9 的 (i), 当 $n > m$ 时有

$$s_n = s_m + \sum_{m+1}^{n} f_i^2 (1 + \hat{T}_i' Q_{i-1}^{-1} \hat{T}_i)$$
$$= s_m + \sum_{m+1}^{n} f_i^{*2}. \tag{2.165}$$

由引理 2.9 的 (v), 及式 (2.157), 有

$$\sum_{i=m}^{\infty} (c_i^*/g_i)^2 s_{i+1}/s_i = \sum_{m}^{\infty} (c_i/g_i)^2 (1 + \hat{T}_{i+1}' Q_i^{-1} \hat{T}_{i+1}) s_{i+1}/s_i$$
$$= \sum_{m}^{\infty} (c_i/g_i)^2 (1 + T'_{i+1} H_i^{-1} T_{i+1}) < \infty. \tag{2.166}$$

这相当于引理 2.8 中的式 (2.144). 再注意 $|f_i| \leqslant |f_i^*|$, 由引理 2.8 知, 当 $n \to \infty$ 时

$$I_2 = \sum_{i=m}^{n} c_i^* f_{i+1}^* s_i^{-1} \sum_{m+1}^{i} f_j e_j \text{ a.s.} \tag{2.167}$$

收敛. 再注意式 (2.166), 并用式 (2.135), 得

$$\sum_{m}^{\infty} \left| c_i^* g_i^{-1} f_{i+1}^* \right| / s_i = \sum_{m}^{\infty} \left| c_i g_i^{-1} h_{i+1} \right| / s_i < \infty. \tag{2.168}$$

当 $n \geqslant m$ 时, 记

$$p_n = \sum_{n+1}^{\infty} c_i^* f_{i+1}^* / s_i = \sum_{n+1}^{\infty} c_i h_{i+1} / s_i,$$
$$p_n^* = \sum_{n+1}^{\infty} \left| c_i^* f_{i+1}^* \right| / s_i = \sum_{n+1}^{\infty} \left| c_i h_{i+1} \right| / s_i.$$

注意 $0 < \left| g_1^{-1} \right| \leqslant \left| g_2^{-1} \right| \leqslant \cdots$, 由式 (2.168) 知, p_n 和 p_n^* 的定义中的级数都收敛, 因此

$$I_3 = \sum_{i=m}^{n} (c_i h_{i+1}/s_i) \sum_{m+1}^{i} f_j \xi_j$$
$$= \sum_{j=m+1}^{n} f_j \xi_j \sum_{i=j}^{n} c_i h_{i+1}/s_i$$

$$= \sum_{j=m+1}^{n} f_j \xi_j p_{j-1} - \left(\sum_{j=m+1}^{n} f_j \xi_j \right) p_n.$$

由式 (2.164)~(2.166), 仍用 $|g_i^{-1}|$ 的非降性, 得

$$\sum_{m}^{\infty} (p_i f_{i+1}/g_{i+1})^2 (1 + \hat{T}'_{i+1} Q_i^{-1} T_{i+1}) = \sum_{i=m}^{\infty} g_{i+1}^{-2} \left(\sum_{i+1}^{\infty} c_j^* f_{j+1}^* / s_j \right)^2 f_{i+1}^{*2}$$

$$\leqslant \sum_{i=m}^{\infty} \left(\sum_{i+1}^{\infty} \left| c_j^* g_j^{-2} f_{j+1}^* \right| / s_j \right)^2 f_{i+1}^{*2} < \infty.$$

最后一步利用了式 (2.136). 由上式和式 (2.157), 并利用归纳假设, 得

$$\sum_{m+1}^{\infty} f_i p_{i-1} \xi_i = \sum_{i=m+1}^{\infty} f_i p_{i-1} \hat{T}'_i Q_{i-1}^{-1} \left(\sum_{1}^{i-1} \hat{T}_j e_j \right) \text{ a.s.} \tag{2.169}$$

收敛. 因为在式 (2.169) 中, 把 p_{i-1} 换成 p_{i-1}^* 也对, 而且当 $n \to \infty$ 时 $p_n^* \downarrow 0$, 类似于引理 2.8 的证明, 并利用 Kronecker 引理, 便得当 $n \to \infty$ 时

$$\left| \sum_{m+1}^{n} f_j \xi_j \right| |p_n| \leqslant p_{n-1}^* \left| \sum_{m+1}^{n} f_j \xi_j \right| \to 0, \text{ a.s.}.$$

由此及式 (2.169), 知当 $n \to \infty$ 时, I_3 为 a.s. 收敛. 显然, 这一事实对 I_1 也成立. 由此及式 (2.167) 和 (2.162), 便得式 (2.158). 如上所述, 这证明了本引理.

由引理 2.8 和引理 2.10, 可得出关于收敛系统的一些有趣性质. 可参看文献 [16].

引理 2.11 设数列$\{g_i\}$满足条件 $|g_1| \geqslant |g_2| \geqslant \cdots > 0$, $\{e_i\}$为一随机变量序列, 使得$\{g_i e_i\}$为一收敛系统. 又数列$\{a_i\}$满足条件 $A_n = \sum\limits_1^n a_i^2 \to \infty$ (当 $n \to \infty$), 则对任一定义在 $(0, \infty)$ 上的函数 h, 满足条件

$$0 < h(x) \uparrow \infty \text{ 当 } x \uparrow \infty,$$

$$\int_c^{\infty} \frac{1}{h(x)} dx < \infty \text{ 对某个 } c > 0, \tag{2.170}$$

必有

$$\sum_{i=1}^{n} a_i e_i = 0(\sqrt{h(A_n)} / |g_n|), \text{a.s.}. \tag{2.171}$$

证 由本引理的假定, 根据级数收敛的积分比较判别法, 知存在自然数 m, 致

$$\sum_m^\infty a_i^2/h(A_i) < \infty.$$

事实上, 找 m 充分大, 使得 $A_{m-1} > c$, 则因

$$\begin{aligned}\sum_m^n a_i^2/h(A_i) &= \sum_m^n (A_i - A_{i-1})/h(A_i)\\ &\leqslant \sum_m^n \int_{A_{i-1}}^{A_i} dx/h(x) \leqslant \int_c^\infty \frac{1}{h(x)}dx < \infty,\end{aligned}$$

明所欲证. 因此, 由收敛系统的定义, 得知

$$\sum_m^\infty a_i g_i e_i \Big/ \sqrt{h(A_i)} \text{ a.s.} \tag{2.172}$$

收敛. 由 $|g_i|$ 的非增性及式 (2.170), 知当 $n \uparrow \infty$ 时, $\sqrt{h(A_n)}/|g_n| \uparrow \infty$. 因此由 Kronecker 引理及式 (2.172) 即得式 (2.171). 引理证毕.

定理 2.7 的证明　有了以上的准备, 现在很容易完成定理 2.7 的证明. 为确定计取 $t = 1$. 定义

$$h(x) = x^2 f(1/x), 0 < x < \infty.$$

如在式 (2.132) 中作变数代换 $y = x^{-1}$, 并仍改 y 为 x, 即知上式定义的函数 h 满足条件 (2.170). 由引理 2.11, 直接得知定理 2.7 的结论当 $p = 1$ 时成立. 现设 $p \geqslant 2$. 采用引理 2.1 的记号, 由式 (2.22)~(2.24), 得

$$\hat{\beta}_{1n} - \beta_1 = u_n/s_n, \tag{2.173}$$

其中

$$\begin{aligned}s_n &= (v_{11}^{(n)})^{-1}\\ &= s_m + \sum_{m+1}^n h_{ii}^2(1 + T'_i H_{i-1}^{-1} T_i),\end{aligned} \tag{2.174}$$

$$u_n = u_m + \sum_{i=m+1}^n \left(h_{ii}e_i - h_{ii}T'_i H'_{i-1} \sum_1^{i-1} T_j e_j \right). \tag{2.175}$$

要证的结果 (2.133) 可表为：当 $n \to \infty$

$$u_n = o(\sqrt{h(s_n)}/|g_n|), \text{ a.s..} \tag{2.176}$$

由式 (2.174) 知 $\sum\limits_{m+1}^n h_{ii}^2 \leqslant s_n$, 又 $\{g_i e_i\}$ 为收敛系统, 由引理 2.11 得知, 当 $n \to \infty$ 时

$$\sum_{m+1}^{n} h_{ii}e_i = o(\sqrt{h(s_n)}/\left|g_n\right|) \text{ a.s..} \tag{2.177}$$

由引理 2.6, 注意 $|g_n|$ 非增, 及 $H_n = \sum\limits_{1}^{n} T_i T'_i$, 依引理 2.10 推理$\{g_n\eta_n, n \geqslant m+1\}$为收敛系统, 此处

$$\eta_n = T'_n H_{n-1}^{-1} \sum_{1}^{n-1} T_j e_j (1 + T'_n H_{n-1}^{-1} T_n)^{-1/2}.$$

因此由式 (2.174) 及引理 2.10, 得

$$\begin{aligned}\sum_{m+1}^{n} h_{ii} T'_i H_{i-1}^{-1} \sum_{1}^{i-1} T_j e_j &= \sum_{m+1}^{n} h_{ii} \left(1 + T'_i H_{i-1}^{-1} T_i\right)^{1/2} \eta i \\ &= o\left(\sqrt{h\left(s_n\right)}/\left|g_n\right|\right).\end{aligned} \tag{2.178}$$

由式 (2.177) 和 (2.178) 即得式 (2.176), 从而完成了定理 2.7 的证明.

(三) 基本定理的应用 在前面我们曾提到, 上面证明的基本定理 2.7 几乎概括了迄今为止关于 LS 估计 $\hat{\beta}_n$ 的强相合性的所有研究成果. 本段的内容就是把这一论断具体化.

设有线性模型 (2.1). 我们仍沿用前面的记号, 往证以下的定理:

定理 2.8 设函数 g 定义于 $(0, \infty)$, 满足条件

(i) $0 < g(x)/x \uparrow \infty$, 当 $x \downarrow 0$,

(ii) 对某个 $A > 0$, 有

$$\int_0^A \frac{1}{g^2(x)} dx < \infty,$$

(iii) $\left\{g\left(v_{11}^{(n)}\right)e_n\right\}$ 为收敛系统.

又设

$$\lim_{n\to\infty} v_{11}^{(n)} = 0. \tag{2.179}$$

则有

$$\lim_{n\to\infty} \hat{\beta}_{1n} = \beta_1, \text{a.s..} \tag{2.180}$$

证 令 $f = g^2$, 则由条件 (i) 和 (ii), 知 f 满足式 (2.131) 和 (2.132). 又令 $g_n = g\left(v_{11}^{(n)}\right)$. 由于 $v_{11}^{(n)}$ 单调非增, 且由条件 (i) 知 g 非降, 知 $\{g_n\}$ 为单调非增序列. 因而由定理 2.7 的结论式 (2.133) 即得式 (2.180). 定理证毕.

现假设 $e_1, e_2, \cdots$ 为一收敛系统. 在定理 2.7 中取 $g_1 = g_2 = \cdots = 1$. 又任给定 $\delta > 1$, 并令

$$f(x) = \begin{cases} x\left|\log x\right|^{\delta}, & \text{当 } 0 < x \leqslant \varepsilon, \\ \varepsilon\left|\log \varepsilon\right|^{\delta}, & \text{当 } x > \varepsilon. \end{cases} \tag{2.181}$$

不难看出当 $\varepsilon > 0$ 充分小时, 条件 (2.131) 和 (2.132) 都成立. 注意到 $\{g_i e_i\}$ 为一收敛系统, 由定理 2.7 立即得到文献 [14] 中给出的重要结果:

定理 2.9 当 $\lim\limits_{n\to\infty} v_{11}^{(n)} = 0$ 时, 对任意给定的 $\delta > 1$, 当 $n \to \infty$ 时有

$$\hat{\beta}_{1n} - \beta_1 = 0\left(\left(v_{11}^{(n)}\left|\log v_{11}^{(n)}\right|^{\delta}\right)^{1/2}\right), \text{ a.s..} \tag{2.182}$$

因为二阶矩有界的鞅差序列是一收敛系统, 而均值为 0 的相互独立随机变量序列是鞅差序列的特例, 故由定理 2.9 特别得出: 若 $e_1, e_2, \cdots$ 相互独立, $Ee_1 = Ee_2 = \cdots = 0$ 且 $\sup\limits_i Ee_i^2 < \infty$, 则当 $S_n^{-1} \to 0$ 时, $\hat{\beta}_n$ 为 β 的强相合估计. 这个结果包含了文献 [1, 2, 4, 12, 13, 17] 中的全部结果作为其特例. 不仅如此, 式 (2.182) 在 S_n^{-1} 以一定的速度趋于 0 时, 给出了 $\hat{\beta}_n - \beta$ 的数量级的估计. 文献 [14] 还给出了定理 2.9 的其他一些应用, 例如, 当 $e_1, e_2, \cdots$ 为均值为 0 的平稳 Gauss 序列, 满足条件

$$\sum_{i=1}^{\infty} |Ee_1 e_i| < \infty$$

的情形.

在 $\{e_i\}$ 满足 GM 条件的情形下 (事实上, 只需假定方差有界即可, 不必相等. 又注意此时 $\{e_i\}$ 不必为收敛系统), 陈希孺最先在文献 [3] 中讨论了 $\hat{\beta}_n$ 的强相合性问题, 所得结果已在本节 (一) 中引述过了. 陈的结果可由基本定理 2.7 推出, 附带给出收敛速度:

定理 2.10 设 $\{e_i\}$ 满足条件: $Ee_1 = Ee_2 = \cdots = 0$, $Ee_ie_j = 0$ 当 $i \neq j$, $\sup\limits_i Ee_i^2 < \infty$. 又设 $\lim\limits_{n\to\infty} v_{11}^{(n)} = 0$, 则对任给 $\delta > 1$, 有

$$\hat{\beta}_{1n} - \beta_1 = 1\left\{\left(v_{11}^{(n)}\left|\log v_{11}^{(n)}\right|^{\delta}\right)^{1/2} \log n\right\}, \text{a.s..} \tag{2.183}$$

特别, 若对某个 $\delta > 1$ 有

$$v_{11}^{(n)} = O\left\{(\log n)^{-2}(\log\log n)^{-\delta}\right\}, \tag{2.184}$$

则 $\hat{\beta}_{1n}$ 为 β_1 的强相合估计.

证 由正交随机级数的收敛定理 (定理 1.23), 易见当 $\{e_i\}$ 满足本定理条件时, $\{e_i|\log i, i \geqslant 2\}$ 为一收敛系统. 按式 (2.181) 定义函数 f, 并令 $g_i = (\log i)^{-1}$ 当 $i \geqslant 2, g_1 = 10$. 由定理 2.7 的式 (2.133), 立得本定理的前半部, 即式 (2.183). 定理的后半部直接从前半推出.

下面的例子说明, 条件 (2.184) 已不能作实质性的改善.

例 2.7 在式 (2.1) 中取 $p = 1, x_1 = x_2 = 1, x_n = (\log n \log\log n/n)^{1/2}$ 当 $n \geqslant 3$. 于是

$$\hat{\beta}_n - \beta = \sum_{i=1}^{n} x_i e_i / S_n, \tag{2.185}$$

此处 $\{e_i\}$ 待选定, 而

$$S_n = \sum_{1}^{n} x_i^2 = (1 + o(1)) (\log n)^2 (\log\log n)/2, \tag{2.186}$$

故 $v_{11}^{(n)} = S_n^{-1} = O\left((\log n)^{-2} (\log\log n)^{-1}\right)$. 但因

$$\sum_{2}^{\infty} (\log i)^2 x_i^2 / S_i^2 = \infty,$$

由第一章定理 1.24 知, 存在满足 GM 条件的随机变量序列 $\{e_i\}$, 使得

$$\sum x_i e_i / S_n \tag{2.187}$$

处处发散. 再由下面将证明的引理 2.12, 由式 (2.187) 可推出 $\sum\limits_{1}^{n} x_i e_i / S_n$ 当 $n \to \infty$ 时处处发散. 若取此 $\{e_i\}$ 作为模型 (2.1) 中的随机误差序列, 则由式 (2.185) 知, $\hat{\beta}_n$ 不是 β_1 的强相合估计.

因此, 在 GM 条件下, $\hat{\beta}_n$ 强相合的条件不能削弱为

$$S_n^{-1} = O\left((\log n)^{-2} (\log\log n)^{-1}\right).$$

当然, 这并不意味着条件 (2.184) 是必要的. 比方说式 (2.184) 可削弱为：对某个 $\delta > 1$ 有

$$v_{11}^{(n)} = O\left((\log n)^{-2} (\log\log n)^{-1} (\log\log\log n)^{-\delta}\right),$$

仍能维持 $\hat{\beta}_{1n}$ 的强相合性.

引理 2.12 设随机变量序列 $\{u_i\}$ 满足条件:

$$Eu_i^2 < \infty, i = 1, 2, \cdots; \quad Eu_i u_j = 0, \text{ 当 } i \neq j. \tag{2.188}$$

记

$$U_n = \sum_{1}^{n} u_i, \quad s_n = \sum_{1}^{n} Eu_i^2.$$

设 $s_m > 0$, 且

$$s_n \to \infty, \quad Eu_{n+1}^2 = O(s_n), \text{ 当} n \to \infty. \tag{2.189}$$

则有

(i) $\sum\limits_{m}^{\infty} (s_n^{-1} - s_{n+1}^{-1}) U_n$ a.s. 收敛,

(ii) 存在一个概率为 1 的事件 Ω_0, 使得

$$\left\{\sum_m^\infty u_n/s_n \text{ 发散}\right\} \cap \Omega_0 = \left\{\lim_{n\to\infty} U_n/s_n \text{ 不存在有限}\right\} \cap \Omega_0,$$

$$\left\{\sum_m^\infty u_n/s_n \text{ 收敛}\right\} \cap \Omega_0 = \left\{\lim_{n\to\infty} U_n/s_n = 0\right\} \cap \Omega_0.$$

证 由式 (2.188) 知

$$E|U_n| \leqslant \sqrt{EU_n^2} = \sqrt{s_n}.$$

又由式 (2.189) 知, 存在 $c > 0$, 使得 $s_n \geqslant c^2 s_{n+1}$, 对一切 n, 故

$$\left(s_n^{-1} - s_{n+1}^{-1}\right) s_n^{1/2} = (s_{n+1} - s_n) / \left(\sqrt{s_n} s_{n+1}\right) \leqslant c^{-1} s_{n+1}^{-3/2} (s_{n+1} - s_n).$$

因而由 s_n 非降且 $\lim\limits_{n\to\infty} s_n = \infty$, 得

$$E\left(\sum_m^\infty \left(s_n^{-1} - s_{n+1}^{-1}\right)|U_n|\right) \leqslant c^{-1} \sum_m^\infty s_{n+1}^{-3/2} (s_{n+1} - s_n)$$
$$\leqslant c^{-1} \int_{s_m}^\infty x^{-3/2} dx < \infty.$$

这证明了 (i). 记

$$\Omega_0 = \left\{\sum_m^\infty \left(s_i^{-1} - s_{i+1}^{-1}\right) U_i \text{ 收敛}\right\}.$$

则 Ω_0 的概率为 1. 因为

$$\sum_m^n u_i/s_n = U_n/s_n - U_{m-1}/s_m + \sum_m^{n-1} \left(s_i^{-1} - s_{i+1}^{-1}\right) U_i,$$

知在Ω_0 上, 级数 $\sum\limits_1^\infty u_i/s_i$ 的收敛性与序列 $\{U_n/s_n\}$ 的收敛性等价, 而且由 Kronecker 引理知, 当它们收敛时, U_n/s_n 只能有极限 0. 这证明了 (ii), 因而完成了引理的证明.

(四) 随机误差的二阶矩为无限的情形 陈希孺首先研究了当存在 $r \in [1.2)$, 使得 $\sup\limits_i E|e_i|^r < \infty$ 的情形下, $\hat{\beta}_n$ 的强相合性问题, 所得结果见文献 [18], 定理 3.

由基本定理 2.7 出发, 不难在这个情形下给出一个定理 (下文定理 2.11). 这个定理在条件上较陈所提的条件有所简化和削弱. 但在下文的条件 (2.190) 中, 文献 [18] 中的定理 3 只要求 $\delta' > 1$.

定理 2.11 设 $\{e_i\}$ 为鞅差序列, 且 $\sup\limits_i E|e_i|^r < \infty$ 对某个 $r \in [1,2)$. 又假定

$$v_{11}^{(n)} = O\left(n^{-(2-r)/r}|\log n|^{-\delta'}\right), \text{ 对某个 } \delta' > 2/r. \tag{2.190}$$

则 $\hat{\beta}_{1n}$ 为 β_1 的强相合估计. 更确切地, 有

$$\hat{\beta}_{1n} - \beta_1 = o\left(\left(n^{(2-r)/r}v_{11}^{(n)}\left|\log v_{11}^{(n)}\right|^{-\delta'}\right)^{1/2}\right), \text{a.s.}. \tag{2.191}$$

证 根据下文证明的引理 2.13, 令

$$g_1 = 1, g_n = n^{-(2-r)/2r}(\log n)^{-d/2}, \text{ 当 } n \geqslant 2.$$

d 的意义见下. 又令 f 由式 (2.181) 给出, 其中 $1 < \delta < \delta' - (2-r)/r$, 而 $d = \delta' - \delta$. 注意 $d > (2-r)/r$. 用定理 2.7 的式 (2.133), 立得式 (2.191). 定理证毕.

引理 2.13 给定 $r \in [1,2)$. 设 $\{e_i\}$ 为一鞅差序列, 使得 $\sup\limits_i E|e_i|^r < \infty$. 又设 $\{g_i\}$ 满足 $\sum\limits_1^\infty |g_i|^{2r/(2-r)} < \infty$, 则 $\{g_ie_i\}$ 为一收敛系统.

证 任取 $\{a_i\} \in l_2$. 由引理假定, 并利用 Hölder 不等式, 得

$$\sum_1^\infty |a_ig_i|^r \leqslant \left(\sum_1^\infty a_i^2\right)^{r/2}\left(\sum_1^\infty |g_i|^{2r/(r-2)}\right)^{(2-r)/r} < \infty.$$

由此及 $\sup\limits_i E|e_i|^r < \infty$, 知

$$\sum_1^\infty E|a_ig_ie_i|^r < \infty.$$

再由第一章定理 1.25, 知 $\sum\limits_1^\infty a_ig_ie_i$ a.s. 收敛. 这证明了本引理.

当 $e_1, e_2, \cdots$ 满足定理 2.11 的条件且为同分布时, 定理中的条件 $\delta' > 2/r$, 可削弱为 $\delta' > 1$, 即达到与文献 [18] 一样的条件. 事实上, 用定理 2.7 可得到下述更一般的结果:

定理 2.12 设 $a > 0, b > 0$. F 为定义在 $[a,\infty)$ 的非降函数, 满足条件 $F(a) = b$, 以及

$$F(x) \uparrow \infty, x^2/F(x) \uparrow \infty, \text{ 当 } x \uparrow \infty. \tag{2.192}$$

以 G 记 F 的反函数. 设 $e_1, e_2, \cdots$ 为一独立同分布的随机变量序列, 满足条件

$$E(F(|e_1| \vee a)) < \infty, \tag{2.193}$$

此处 $c \vee d = \max\{c, d\}$. 则以下结论成立:

(i) 若 e_1 的分布 (关于原点) 对称, 则

$$\left\{\sqrt{n}e_n/G(n)\right\} \tag{2.194}$$

为一收敛系统.

(ii) 若 $Ee_1=0$, 且

$$\sum_{b'}^{n} j/G^2(j)=O\left(n^2/G^2(n)\right), \tag{2.195}$$

则式 (2.194) 成立. 此处 b' 为不小于 b 的最小整数.

(iii) 若

$$\sum_{n}^{\infty} j/G^2(j)=O\left(n^2/G^2(n)\right), \tag{2.196}$$

则式 (2.194) 成立.

(iv) 若式 (2.194) 成立, 且对某个 $\delta>1$ 有

$$v_{11}^{(n)}=O\left(\frac{n}{G^2(n)}\left|\log\frac{n}{G^2(n)}\right|^{-\delta}\right), \tag{2.197}$$

则 $\hat{\beta}_{1n}$ 为 β_1 的强相合估计. 事实上有

$$\hat{\beta}_{1n}-\beta_1=o\left\{\left(n^{-1}G^2(n)\,v_{11}^{(n)}\left|\log v_{11}^{(n)}\right|^{\delta'}\right)^{1/2}\right\}, \text{a.s..} \tag{2.198}$$

证　由条件 (2.192) 可知

$$G(y)\uparrow\infty, y/G^2(y)\downarrow 0, \text{ 当 } y\uparrow\infty. \tag{2.199}$$

由式 (2.193), 用 Borel-Cantelli 引理 (见文献 [7], p. 228), 不难推出:

$$P\left(|e_n|\leqslant G(n) \text{ 对充分大的 } n\right)=1. \tag{2.200}$$

事实上, 由式 (2.193), 得到 $\sum P(F(|e_1|\vee_a)>n)<\infty$. 考虑到对 F 的假定 (2.192), 易见当 n 充分大时, 有 $\{F(|e_1|\vee_a)>n\}=\{F(|e_1|)>n\}=\{|e_1|>G(n)\}$. 于是得

$$\sum P(|e_n|>G(n))=\sum P(|e_1|>G(n))<\infty$$

根据 Borel-Cantelli 引理, 知 $P(|e_n|>G(n)$ 对无限多个 n 成立$)=0$, 这就证明了式 (2.200) 因此, 为证 (2.194), 只需证明对任意 $\{a_n\}\in l_2$, 有

$$\sum_{n} a_n\left(\sqrt{n}/G\left(\sqrt{n}\right)\right)e_n I_{(|e_n|\leqslant G(n))} \text{ a.s.} \tag{2.201}$$

收敛. 当 $x<b$ 时, 定义 $G(x)=a$(以下准此). 注意

$$\sum_{n} a_n^2\left(n/G^2(n)\right)E\left(e_n^2 I_{(|e_n|\leqslant G(n))}\right)$$

$$
\begin{aligned}
&\leqslant \sum_{n} a_n^2 \left(n/G^2(n)\right) \sum_{j=1}^{n} G^2(j) P(j-1 < F(|e_1| \vee a) \leqslant j) \\
&= \sum_{j=1}^{\infty} G^2(j) P(j-1 < F(|e_1| \vee a) \leqslant j) \sum_{n=j}^{\infty} a_n^2 n/G^2(n) \\
&= \sum_{n=1}^{\infty} a_n^2 \sum_{j=1}^{\infty} jP(j-1 < F(|e_1| \vee a) \leqslant j) < \infty, \qquad (2.202)
\end{aligned}
$$

此处在推导中使用了 $n \geqslant j$, 因而依式 (2.199) 知 $n/G^2(n) \leqslant j/G^2(j)$. 又由假定 (2.193) 知

$$
\sum_{j=1}^{\infty} jP(j-1 < F(|e_1| \vee a) \leqslant j) \leqslant 1 + E(F(|e_1| \vee a)) < \infty.
$$

由式 (2.202), 根据三级数定理, 为证式 (2.201), 只需证明

$$
\sum_{n=1}^{\infty} a_n \left(\sqrt{n}/G(n)\right) E\left(e_1 I_{(|e_1| \leqslant G(n))}\right) \qquad (2.203)
$$

收敛. 若 e_1 的分布对称, 式 (2.203) 自然成立, 因而证明了 (i). 为证 (ii), 利用 $Ee_1 = 0$, 得

$$
\begin{aligned}
\sum_{n=1}^{\infty} \left|a_n \left(\sqrt{n}/G(n)\right) E\left(e_1 I_{(|e_1| \leqslant G(n))}\right)\right| &\leqslant \sum_{n=1}^{\infty} \left|a_n \left(\sqrt{n}/G(n)\right) |E| \, e_1 I_{(|e_1| > G(n))}\right| \\
&\leqslant \sum_{j=1}^{\infty} G(j+1) P(j < F(|e_1| \vee a) \leqslant j+1) \\
&\quad \times \sum_{n=1}^{j} |a_n| \sqrt{u}/G(n) < \infty.
\end{aligned}
$$

这证明了 (ii). 在推导中使用了式 (2.195): 存在常数 M,

$$
\sum_{n=m}^{j} |a_n| \sqrt{u}/G(n) \leqslant \left(\sum_{1}^{\infty} a_n^2\right)^{1/2} \left(\sum_{n=1}^{j+1} n/G^2(n)\right)^{1/2} \leqslant M(j)/G(j+1).
$$

为证 (iii), 取 $\{a_n\} \in l_2$, 与证 (ii) 类似, 有

$$
\begin{aligned}
&\sum_{n=1}^{\infty} |a_n| \left(\sqrt{n}/G(n)\right) E\left(|e_1| I_{(|e_1| \leqslant G(n))}\right) \\
&\qquad \leqslant \sum_{j=1}^{\infty} G(j) P(j-1 < F(|e_1| \vee a) \leqslant j)
\end{aligned}
$$

$$\times \sum_{n=j}^{\infty} |a_n| \sqrt{n} / G(n) < \infty,$$

其中使用了由 (2.196) 推出的

$$\sum_{n=j}^{\infty} |a_n| \sqrt{n} / G(n) \leqslant \left(\sum_{1}^{\infty} a_n^2 \right)^{1/2} \left(\sum_{n=j}^{\infty} n / G^2(n) \right)^{1/2} = O(j/G(j)).$$

(iv) 直接由定理 2.7 推出, 定理证毕.

现举例说明定理 2.12 的应用.

例 2.8　设 $r \in [1,2)$, 取 $F(x) = x^r$. 这时式 (2.192) 和 (2.193) 成立. 设 $Ee_1 = 0, E|e_1|^r < \infty$. 注意到 $G(x) = x^{1/r}$, 由式 (2.190) 可推出式 (2.197), 且式 (2.190) 中的 δ' 等于式 (2.197) 中的 δ. 因为在式 (2.197) 中, δ 只要求 > 1, 故式 (2.190) 中的 δ 也只需要大于 1. 注意此处使用的是定理 2.12 中的 (ii). 为此需要验证式 (2.195) 成立:

$$\begin{aligned} \sum_{j=1}^{n} j/G^2(j) &= \sum_{j=1}^{n} j^{-(2-r)/r} = O\left(n^{2-2/r}\right) \\ &= O\left(n^2/G^2(n)\right). \end{aligned}$$

例 2.9　设 e_1 服从 Cauchy 分布, 即有概率密度 $[\pi(1+x^2)]^{-1}$. 记 $F_p(x) = x/(\log(1+x))^p$ 易见对任意 $p > 1$, 条件 (2.192) 和 (2.193) 成立. 由于 e_1 的分布关于原点对称, 定理 2.12 的 (i) 可用. 由 $F_p(x)$ 的形状, 不难证明其反函数 $G(x)$ 满足条件

$$G(x) \sim x(\log(1+x))^p, \quad 当\ x \to \infty.$$

于是由定理 2.12 的 (iv) 得到如下的有趣结果: 若在模型 (2.1) 中, $\{e_i\}$独立同分布且 e_1 有 Cauchy 分布, 则当 $\{x_i\}$ 满足条件

$$v_{11}^{(n)} = O\left(n^{-1}(\log n)^{-\delta}\right) (\delta > 3)$$

时, $\hat{\beta}_{1n}$ 为 β_1 的强相合估计.

最后, 我们给出定理 2.7 在 $\{e_i\}$为宽平稳序列时的一项应用. 以下的讨论要求熟悉文献 [19], 初读时可略去.

在文献 [14] 中证明了如下的结果:

定理 2.13　设在模型 (2.1) 中, $\{e_i\}$为均值为 0 的宽平稳 Gauss 序列, 满足条件

$$\sum_{i=2}^{\infty} |Ee_1 e_i| < \infty, \tag{2.204}$$

则当 $\lim\limits_{n\to\infty} v_{11}^{(n)} = 0$ 时, $\hat{\beta}_{1n}$ 为 β_1 的强相合估计.

可以证明, 这样一个随机变量序列 $\{e_i\}$可表为一个独立同分布的标准正态序列 $\{u_i\}$所产生的线性过程, 即

$$e_n = \sum_{i=-\infty}^{\infty} c_{n-i} u_i, \tag{2.205}$$

其中 $\{c_i\} \in l_2$. 又序列 $\{e_i\}$有连续的谱密度.

在式 (2.205) 中, 若 $\{u_i\}$为一鞅差序列, $Eu_i^2 = \sigma^2 < \infty$ 对一切 i, 则 $\{e_n\}$ 仍为一宽平稳过程, 记其谱密度为 ψ.

由定理 2.7 得出如下的结果, 它改进了定理 2.13:

定理 2.14 设在模型 (2.1) 中, $\{e_n\}$ 有式 (2.205) 的形式, 其中 $\{u_i\}$ 为一鞅差序列, $Eu_i^2 = \sigma^2$ 对一切 i, 记 $\{e_n\}$ 的谱密度为 ψ. 则:

(i) 若对某个 $p > 2$ 有 $\sup\limits_i E|u_i|^p < \infty$, 并且 ψ 在 $(0, 2\pi)$ 内的本质上确界有限, 则当 $\lim\limits_{n\to\infty} v_{11}^{(n)} = 0$ 时, $\hat{\beta}_{1n}$ 为 β_1 的强相合估计.

(ii) 若存在 $r > 1$ 及 $\delta > 1 + \dfrac{1}{r}$, 使得

$$\int_0^{2\pi} \psi^r(\theta)\, d\theta < \infty,$$

$$v_{11}^{(n)} = O\left(n^{-1/r} (\log n)^{-\delta}\right),$$

则 $\hat{\beta}_{1n}$ 为 β_1 的强相合估计.

此定理由下面的引理及定理 2.7 立得. 在利用定理 2.7 时, 可取式 (2.181) 定义的 $f(x)$, 对 (i) 取 $g_n = 1\,(n = 1, 2, \cdots)$; 对 (ii) 取 $g_n = \left[n (\log n)^{\delta'}\right]^{-1/2r}$ $(n = 1, 2, \cdots)$ 对某 $\delta' > 1$.

引理 2.14 记号同上. 设 $\{g_n\}$ 是一常数列.

(i) 如果 $\sup\limits_n E|u_n|^p < \infty$, 对某 $p > 2$, 并且 $\psi(\theta)$ 在 $(0, 2\pi]$ 内的本质上确界有限, 那么 $\{e_n\}$ 是一收敛系统.

(ii) 如果对某一 $r \geqslant 1$,

$$\int_0^{2\pi} \psi^r(\theta)\, d\theta < \infty,$$

并且 $\sum\limits_1^{\infty} |g_n|^{2r} < \infty$, 那么 $\{g_n e_n\}$ 是一收敛系统.

证 (i) 的证明参看文献 [19]. 为证 (ii), 正如文献 [19] 所指出的, 条件

$$\int_0^{2\pi} \psi^r(\theta)\, d\theta < \infty$$

可推出 $\sum\limits_1^{\infty} c_i e_i$ a.s. 收敛, 其中 $\{e_n\}$ 是满足如下条件的任意数列:

$$\sum_{1}^{\infty} |c_n|^{2r/(r+1)} < \infty. \tag{2.206}$$

设 $a_n \in l_2$, 由 Hölder 不等式

$$\sum_{1}^{\infty} |a_n g_n|^{2r/(r+1)} \leqslant \left(\sum_{1}^{\infty} a_n^2\right)^{r/(r+1)} \left(\sum_{1}^{\infty} |g_n|^{2r}\right)^{1/(1+r)} < \infty.$$

因此对 $c_n = a_n g_n\,(n = 1, 2, \cdots)$, 式 (2.206) 成立, 因此 $\sum\limits_{1}^{\infty} a_n g_n e_n$ a.s. 收敛. 引理证毕.

参 考 文 献

1 Eieker F. Asymptotic Normality and consistency of the least squares estimators for families of linear regressions. Ann Math. Statist, 1963, 34: 447

2 Drygas H. Weak and strong consistency of the least squares estimators in regression model. Z Wahrsch Verw Gebiete, 1976, 34: 119~127

3 陈希孺. Consistency of Least Squares Estimates in Linear Models., *Sci. Sinica*, Special Issue, 1979, 2: 162~176

4 Anderson T W, Taylor J B. Strong consistency of least squares estimates in normal linear regression. Ann Statist, 1976, 4: 788

5 Rao, C. R., Linear Statistical Inference and It's Application J. Wiley and Sons, 1973

6 陈希孺, 线性估计弱相合性的一个问题, 数学年刊, 1981, 1: 131~137

7 Loève, M., Probability Theory, Van Nostrand, 1960

8 陈希孺, 再论线性模型中回归系数的最小二乘估计的相合性, 数学学报, 1981, 1: 36~44

9 陈桂景, 线性模型回归系数最小二乘估计的平均相合性, 数学年刊, 1983, 4A(5): 657~664

10 白志东, 线性模型中 LS 估计的 r 阶平均相合性, 科学探索, 1982, 2: 81

11 Chatterji, S. D., Ann. Math. Statist., 1969, 1068

12 Anderson T W, Taylor J B. Conditions for strong consistency of least squares estimates in linear models. Tech Report No 213, Institute for Mathematical Studies in Social Sciences, Stanford University, 1976

13 Lai T L, Robbins H. Strong consistency of least squares estimators in regression models. Proc Nat Acad Sci USA, 1977, 74: 2667~2669

14 Lai T L, Robbins H, Wei C Z. Strong consistency of least squares estimates in multiple regression II. J Multivariate Anal, 1979, 9: 343~362

15 Banach, S., Uher einige Eigenschaften der Lacunaren Trigonometrische Reihem, Studia. Math. 1930, 2: 207~220

16 Chen Guijing (陈桂景), Lai, T. L. (黎子良), Wei, C. Z. (魏庆荣), Convergence Systems and Strong Consistency of Least Squares Estimates in Regression Models, J. Multivariate Anal., 1981, 11(3): 319~333

17 Anderson T W, Taylor J B. Strong consistency of least squares estimates in dynamic models. Ann Statist, 1979, 4: 484~489

18 陈希孺, 线性模型中回归系数最小二乘估计的相合性, 科学通报, 1979, 6: 241~243

19 Lai T L, Wei C Z. Lacunary systems and generalized linear processes.Columbia University Technical Report, 1980

第三章　误差方差估计的大样本性质

考虑一般的线性模型

$$Y_j = x_j'\beta + e_j, \quad j = 1, \cdots, n, \cdots. \tag{3.1}$$

诸记号的意义与第二章开头处所描述的一样, 为了避免重复, 在本章中我们常假定

$$\begin{cases} e_1, e_2, \cdots \text{相互独立}; \\ Ee_j = 0, Ee_j^2 = \sigma^2, \quad j = 1.2, \cdots, 0 < \sigma^2 < \infty. \end{cases} \tag{3.2}$$

误差方差 σ^2 是模型 (3.1) 的一个重要参数. 在假定 (3.2) 之下 (或更一般地, 在 $\{e_j\}$ 满足 GM 条件时), 人们常通过残差平方和去估计 σ^2, 即

$$\sigma_n^2 = \frac{1}{n - r_n} \sum_{j=1}^{n} \left(Y_j - x_j'\hat{\beta}_n\right)^2, \tag{3.3}$$

此处 $\hat{\beta}_n$ 为 β 的 LS 估计. 它可以表为

$$\begin{aligned} \sigma_n^2 &= \frac{1}{n - r_n} Y_{(n)}'(I_n - X_n(X_n'X_n)^- X_n')Y_{(n)} \\ &= \frac{1}{n - r_n} e_{(n)}'(I_n - X_n(X_nX_n)^- X_n')e_{(n)}, \end{aligned} \tag{3.4}$$

此处及以后, 总以 I_n 记 n 阶单位阵. $(X_n'X_n)^-$ 为 $X_n'X_n$ 的任一广义逆, 众所周知, $X_n(X_n'X_n)^-X_n'$ 是向由 X_n 的列向量张成的空间的投影变换矩阵, 它与上述广义逆的选择无关. 又 $r_n = \mathrm{rk}(X_n)$, 即 X_n 的秩. 显然, $r_n \leqslant p$ 且当 n 增加时不能下降. 故存在 $r \leqslant p$, 使得 $r_n = r$ 对充分大的 n 成立, 在讨论大样本问题时我们总假定 n 充分大, 因而在以后总取式 (3.4) 中的 r_n 为 r. 式 (3.4) 中的其他符号的意义, 见式 (2.2).

因为 $X_n(X_n'X_n)^-X_n'$ 是投影阵, 它可以表为 $A_n'A_n$ 的形式, 其中

$$A_n = \begin{pmatrix} a_{n11} & a_{n12} & \cdots & a_{n1n} \\ \vdots & \vdots & & \vdots \\ a_{nr1} & a_{nr2} & \cdots & a_{nrn} \end{pmatrix}$$

满足条件

$$\sum_{k=1}^{n} a_{njk}a_{nlk} = \begin{cases} 1, & \text{若 } j = l, \\ 0, & \text{若 } j \neq l. \end{cases} \tag{3.5}$$

这样式 (3.4) 可写为

$$\sigma_n^2 = \frac{1}{n-r}\left\{\sum_{j=1}^{n} e_j^2 - \sum_{j=1}^{r}\left(\sum_{k=1}^{n} a_{njk} e_k\right)^2\right\}. \tag{3.6}$$

这个表达式是我们以后讨论的出发点, 它的实质是把方差估计 σ_n^2 分解为一独立变量和与一个二次型之差, 而当 n 很大时, 后者的作用甚微, 因而 σ_n^2 的大样本性质, 主要就是由式 (3.6) 的第一项来决定. 这样我们可以把关于独立变量和的丰富理论用于 σ_n^2 的大样本性质的研究. 当然, 这个原则说起来简单, 但在处理式 (3.6) 的二次型部分时, 往往带来很困难的数学问题.

本章的内容是讨论 σ_n^2 当 $n \to \infty$ 时的渐近性质. §3.1 讨论它作为 σ^2 的估计的强、弱相合性. 在这里我们都找到了充分必要条件. §3.2 讨论 σ_n^2 经过标准化后, 其分布收敛于标准正态分布的速度. 我们既讨论了一致性收敛速度, 也讨论了非一致性收敛速度. 两种情况下都达到了比较理想的结果. 我们也讨论了在 σ_n^2 的标准化

$$\widetilde{\sigma}_n^2 = \left(\sigma_n^2 - \sigma^2\right) / \sqrt{\operatorname{var}\left(\sigma_n^2\right)} \tag{3.7}$$

中, var (σ_n^2) 以其估计值代替的情况. 在这里我们基本上得到了一个彻底的结果. §3.3 讨论 $\widetilde{\sigma}_n^2$ 的分布的渐近展开. 此问题难度很大, 在此介绍的结果还是初步的. 有关历史方面的介绍, 将结合所讨论的问题进行, 不在此作全面叙述了.

§3.1 σ_n^2 的相合性

关于 σ_n^2 的弱相合问题, 在数学上困难不大. 看来这个问题在相当一个时期内没有受到注意. 1979 年陈希孺在文献 [1] 中得出了充要条件. 关于 σ_n^2 的强相合问题, Gleser[2] 在 $e_1, e_2, \cdots$ 满足条件 (3.2) 且为同分布, 及试验点列 $\{x_i\}$ 满足一定条件的情况下, 证明了 σ_n^2 的强相合性. 1966 年, 他在文献 [3] 中改进了自己的结果, 即取消了对 $\{x_i\}$ 的要求, 这就彻底解决了同分布情况的问题. 1979 年, 陈希孺[1] 考虑了非同分布的情况 (即只假定 $\{e_i\}$ 满足式 (3.2), 提出了 σ_n^2 强相合性的必要条件与充分条件. 这项工作中有一点错误. 1981 年, 赵林城[4] 发现和改正了这个错误, 并得出了 σ_n^2 强相合性的充要条件. 陈希孺[5] 考虑了多元线性模型的情况. 除此之外, 研究过 σ_n^2 相合性的还有 T. Kloek. 但他看来不了解 Gleser 的工作, 而 1972 年在 Gleser 同样的条件下, 得到了较弱的结果.

(一) σ_n^2 的弱相合性

定理 3.1 设 $\{e_k\}$ 满足条件 (3.2), 并以 F_k 记 e_k 的分布, 则 σ_n^2 为 σ^2 的弱相合估计的充要条件是以下两式同时成立:

$$\lim_{n\to\infty} \frac{1}{n} \sum_{k=1}^{n} \int_{|x| \geqslant \sqrt{n}} x^2 \mathrm{d}F_k = 0, \tag{3.8}$$

$$\lim_{n\to\infty}\frac{1}{n^2}\sum_{k=1}^{n}\int_{|x|<\sqrt{n}}x^1\mathrm{d}F_k=0. \tag{3.9}$$

证　由关于 $\{e_k\}$ 之假定及式 (3.5) 和式 (3.6), 当 $n\to\infty$ 时, 得

$$E\left\{\frac{1}{n-r}\sum_{j=1}^{r}\left(\sum_{k=1}^{n}a_{njk}e_k\right)^2\right\}=\frac{r}{n-r}\sigma^2\to 0,$$

故有

$$\frac{1}{n-r}\sum_{j=1}^{r}\left(\sum_{k=1}^{n}a_{njk}ek\right)^2\xrightarrow{P}0. \tag{3.10}$$

由式 (3.6) 和式 (3.10), 知 σ_n^2 弱相合的充要条件为

$$\frac{1}{n}\sum_{j=1}^{n}\left(e_j^2-\sigma^2\right)\xrightarrow{P}0. \tag{3.11}$$

将古典大数定律 (见定理 1.12) 应用于此处的特殊情况 (主要是注意 $e_j^2\geqslant 0$, 因而 $e_j^2-\sigma^2\geqslant-\sigma^2$), 即见式 (3.11) 等价于以下三式同时成立:

$$\lim_{n\to\infty}\sum_{k=1}^{n}\int_{|x|\geqslant\sqrt{n+\sigma^2}}dF_k(x)=0, \tag{3.12}$$

$$\lim_{n\to\infty}\frac{1}{n}\sum_{k=1}^{n}\int_{|x|<\sqrt{n+\sigma^2}}\left(x^2-\sigma^2\right)dF_k(x)=0, \tag{3.13}$$

$$\lim_{n\to\infty}\frac{1}{n^2}\sum_{k=1}^{n}\int_{|x|<\sqrt{n+\sigma^2}}\left(x^2-\sigma^2\right)^2dF_k(x)=0. \tag{3.14}$$

往证式 (3.12)~(3.14) 与式 (3.8)~(3.9) 等价. 先设后者成立, 由式 (3.8) 知

$$\lim_{n\to\infty}\sum_{k=1}^{n}\int_{|x|\geqslant\sqrt{n}}dF_k(x)\leqslant\lim_{n\to\infty}\frac{1}{n}\sum_{k=1}^{n}\int_{|x|\geqslant\sqrt{n}}x^2dF_k(x)=0.$$

由此得式 (3.12). 由式 (3.12) 及 $Ee_k^2=\sigma^2\,(k=1,2,\cdots)$, 知式 (3.13) 等价于

$$\lim_{n\to\infty}\frac{1}{n}\sum_{k=1}^{n}\int_{|x|\geqslant\sqrt{n+\sigma^2}}x^2dF_k(x)=0, \tag{3.15}$$

而这当然是式 (3.8) 的推论. 现证式 (3.14), 为此只需证

$$\lim_{n\to\infty}\frac{1}{n^2}\sum_{k=1}^{n}\int_{|x|<\sqrt{n+\sigma^2}}x^4dF_k(x)=0. \tag{3.16}$$

以 m 记不小于 $n+\sigma^2$ 的最小整数, 则式 (3.16) 极限号下的量不超过

$$\left(\frac{m}{n}\right)^2 \frac{1}{m^2}\sum_{k=1}^{n}\int_{|x|<\sqrt{m}} x^4 dF_k(x),$$

根据式 (3.9), 此式当 $n\to\infty$ 时趋于 0.

现设式 (3.12)~(3.14). 记 $m=[n-\sigma^2]$([a] 记不超过 a 的最大整数). 上面已由式 (3.12) 和 (3.13) 推出式 (3.15), 因而, 若记 $L=\left[1+\sigma^2\right]$, 则有

$$\lim_{n\to\infty}\frac{m}{n}\cdot\frac{1}{m}\sum_{k=1}^{n-L}\int_{|x|\geqslant\sqrt{n}} x^4 dF_k(x)=0.$$

因此, 当 $n\to\infty$ 时, 再与关系式

$$\frac{1}{n}\sum_{k=n-L+1}^{n}\int_{|x|\geqslant\sqrt{n}} x^2 dF_k(x)\leqslant\frac{1+\sigma^2}{n}\sigma^2\to 0$$

结合, 即得式 (3.8). 最后, 由式 (3.14) 显然推出式 (3.16), 从而推出式 (3.9). 定理证毕.

由此定理易得出以下两个便于验证的充分条件:

系 3.1 设 $\{e_k\}$ 满足式 (3.2), 且

$$\lim_{c\to\infty}\left\{\sup_k\int_{|x|\geqslant c} x^2 dF_k(x)\right\}=0, \tag{3.17}$$

则 σ_n^2 为 σ^2 的弱相合估计.

证 由式 (3.17) 显然推出式 (3.8). 又因

$$\begin{aligned}\sum_{k=1}^{n}\int_{|x|<\sqrt{n}} x^4 dF_k(x)&\leqslant\sum_{k=1}^{n}\sum_{m=1}^{n} m\int_{\sqrt{m-1}\leqslant|x|<\sqrt{m}} x^2 dF_k(x)\\&=\sum_{k=1}^{n}\sum_{m=0}^{n-1}\int_{\sqrt{m}\leqslant|x|<\sqrt{n}} x^2 dF_k(x),\end{aligned} \tag{3.18}$$

给定 $\varepsilon>0$, 取 c 充分大, 使得

$$\int_{|x|\geqslant\sqrt{c}} x^2 dF_k(x)\leqslant\varepsilon/2,\quad k=1,2,\cdots.$$

则由式 (3.18) 得知, 当 $n\geqslant 2c\sigma^2/\varepsilon$ 时, 有

$$\frac{1}{n^2}\sum_{k=1}^{n}\int_{|x|<\sqrt{n}} x^4 dF_k(x)\leqslant\frac{1}{n^2}\left(n^2\cdot\varepsilon/2+nc\sigma 2\right)\leqslant\varepsilon.$$

这证明了式 (3.9) 成立.

条件 (3.17) 有趣之处在于, 它与 $\hat{\beta}_n$ 的极限分布问题有密切关系 (参看文献 [6, 7]).

系 3.2 设 $\{e_k\}$ 满足条件 (3.2), 且存在 $\delta \in (0, 2]$, 使得

$$\lim_{n\to\infty} n^{-1-\delta/2}\sum_{k=1}^{n} E\left|e_k\right|^{2+\delta} = 0,$$

则 σ_n^2 为 σ^2 的弱相合估计.

证明容易, 从略.

例 3.1 不难举出 σ_n^2 不为弱相合的例子. 为此令 $e_1, e_2, \cdots$ 相互独立, 而 e_n 的分布为

$$P\left(e_n = n+1\right) = P\left(e_n = -n-1\right) = \frac{1}{2}\left(1 - P\left(e_n = 0\right)\right) = \frac{1}{2\left(n+1\right)^2},$$

则易见式 (3.8) 不成立.

注 3.1 从定理 3.1 的证明过程中看出, 该定理可作如下的推广:

定理 3.1′ 设 $e_1, e_2, \cdots$ 独立, 而 $\sup\limits_k Ee_k^2 < \infty$, 则当 $n \to \infty$ 时

$$\frac{1}{n}\sum_{k=1}^{n}\left(e_k^2 - Ee_k^2\right) \xrightarrow{P} 0$$

的充要条件为式 (3.8) 和 (3.9) 同时成立.

(二) σ_n^2 的强相合性 设 z 为任一随机变量. 作一随机变量 z', 使得 z 与 z' 独立同分布, 则 $z - z'$ 称为 z 的对称化, 并记为 z^*. 又以 $\mu(z)$ 记 z 的中位数.

定理 3.2 设 $\{e_k\}$ 满足条件 (3.2), 又记

$$U_k = 2^{-k}\sum_{j=2^{k+1}}^{2^{k+1}} e_j^2, \quad k = 0, 1, 2, \cdots, \tag{3.19}$$

则 σ_n^2 是 σ^2 的强相合估计的充要条件是式 (3.8) 和 (3.9), 以及

$$\sum_{k=0}^{\infty} P\left(U_k^* \geqslant \varepsilon\right) < \infty \quad (\forall\, \varepsilon > 0) \tag{3.20}$$

三条件同时成立, 此处, U_k^* 为 U_k 的对称化.

定理的证明依赖下面几个引理:

引理 3.1 设 $\{e_k\}$ 满足条件 (3.2), 且 σ_n^2 为 σ^2 的强相合估计, 则

$$\lim_{n\to\infty}\frac{1}{n}\sum_{k=1}^{n} e_k^2 = \sigma^2, \quad \text{a.s..} \tag{3.21}$$

证 将式 (3.6) 改写为

$$\sigma_n^2 - \sigma^2 = \frac{n}{n-r} R_n + \frac{r}{n-r}\sigma^2 - T_n, \tag{3.22}$$

其中

$$R_n = \frac{1}{n}\sum_{k=1}^{n}(e_k^2 - \sigma^2),$$

$$T_n = \frac{1}{n-r}\sum_{j=1}^{r}\left(\sum_{k=1}^{n} a_{njk} e_k\right)^2. \tag{3.23}$$

当 $n \geqslant 2r$ 时有

$$ET_n = \frac{r}{n-r}\sigma^2 \leqslant \sigma^2/2n.$$

于是对任何 $\varepsilon > 0$ 有 $\sum\limits_{k=1}^{\infty} P(T_{2^k} \geqslant \varepsilon) < \infty$, 因而由 Borel-Cantelli 引理, 知 $\lim\limits_{k\to\infty} T_{2^k} = 0$, a.s.. 故由引理假定及式 (3.22), 得

$$\lim_{k\to\infty} R_{2^k} = 0, \quad \text{a.s..} \tag{3.24}$$

记 $D_k = 2^k\left(U_k - \sigma^2\right)$, U_k 由式 (3.19) 定义, 则由式 (3.24), 有

$$\lim_{k\to\infty} D_k/2^k = 0, \quad \text{a.s.,}$$

因而 (依定理 1.19)

$$\lim_{k\to\infty}\left(D_k - \mu\left(D_k\right)\right)/2^k = 0, \quad \text{a.s..} \tag{3.25}$$

由第一章定理 1.20, 得

$$\lim_{n\to\infty}\left(R_n - \mu\left(R_n\right)\right) = 0, \quad \text{a.s..} \tag{3.26}$$

因为假定了 σ_n^2 为 σ^2 的强相合估计, 故也是弱相合估计. 由定理 3.1 的证明知, 此时式 (3.11) 成立. 以此与式 (3.26) 结合, 即得 $\lim\limits_{n\to\infty}\mu(R_n) = 0$. 由此及式 (3.26) 即得式 (3.21). 引理证毕.

引理 3.2 设 $\{e_k\}$ 满足条件: 相互独立, 而且 $b_k = Ee_k^2 \leqslant M < \infty (k = 1, 2, \cdots)$. 则当 $n \to \infty$ 时

$$R_n \triangleq \frac{1}{n}\sum_{k=1}^{n}(e_k^2 - b_k) \to 0, \quad \text{a.s.} \tag{3.27}$$

的充要条件是式 (3.8), (3.9) 与 (3.20) 三式同时成立, 且这时也有

$$\sum_{k=1}^{\infty} P\left(|e_k| \geqslant \sqrt{k}\varepsilon\right) < \infty \quad (\forall\, \varepsilon > 0). \tag{3.28}$$

证　以 R_n^* 记 R_n 的对称化, 则 (见定理 1.19) $R_n \to 0$, a.s. 的充要条件是: $R_n^* \to 0$, a.s., 且 $\mu(R_n) \to 0$. 另一方面, 依第一章定理 1.20 知, $R_n^* \to 0$, a.s. 当且仅当式 (3.20) 成立. 由此可知, 从 $R_n \to 0$, a.s. 可推出式 (3.20). 又由式 (3.27) 知 $R_n \xrightarrow{P} 0$, 故由注 3.1 知式 (3.8) 和 (3.9) 成立, 这证明了条件的必要性. 反过来, 设式 (3.8) 和 (3.9) 及 (3.20) 都成立. 则如上述 $R_n^* \to 0$, a.s., 又由注 3.1 知 $R_n \xrightarrow{P} 0$, 故 $\mu(R_n) \to 0$, 因而 $R_n \to 0$, a.s., 这证明了引理的第一部分. 若式 (3.27) 成立, 则有

$$\begin{aligned}\lim_{n\to\infty} e_n^2/n &= \lim_{n\to\infty} (e_n^2 - b_n)/n \\ &= \lim_{n\to\infty} \left(R_n - \frac{n-1}{n} R_{n-1}\right) = 0, \quad \text{a.s.},\end{aligned}$$

由此式及 $\{e_k\}$ 的独立性, 用 Borel-Cantelli 引理, 即得式 (3.28). 引理证毕.

引理 3.3　设 $e_1, e_2, \cdots$ 相互独立, 且

$$E_{ek} = 0, \quad Ee_k^2 \leqslant M < \infty, \quad k = 1, 2, \cdots,$$

且对某个常数 $a > \frac{1}{4}$, 有

$$\sum_{k=1}^{\infty} P\left(|e_k| \geqslant k^a \varepsilon\right) < \infty \quad \forall \varepsilon > 0. \tag{3.29}$$

又设 $\{a_{nk} : k = 1, \cdots, n, n = 1, 2, \cdots\}$ 为一组常数, 满足条件 $\sum\limits_{k=1}^{n} a_{nk}^2 \leqslant 1$, 则有

$$\lim_{n\to\infty} T_n \triangleq \lim_{n\to\infty} n^{-a} \sum_{k=1}^{n} a_{nk} e_k = 0, \quad \text{a.s.}. \tag{3.30}$$

证　有

$$T_n^2 = n^{-2a} \sum_{k=1}^{n} a_{nk}^2 e_k^2 + n^{-2a} \sum_{j \neq k} a_{nj} a_{nk} e_j e_k \triangleq V_n + W_n. \tag{3.31}$$

由式 (3.29), 用 Borel-Cantelli 引理, 得

$$\lim_{n\to\infty} n^{-2a} e_n^2 = 0, \quad \text{a.s.}.$$

又当 k 固定时有 $\lim\limits_{n\to\infty} n^{-2a} k^{2a} a_{nk}^2 = 0$, 且

$$\sum_{k=1}^{n} n^{-2a} k^{2a} a_{nk}^2 \leqslant \sum_{k=1}^{n} a_{nk}^2 \leqslant 1.$$

由 Toeplitz 引理 (见文献 [8], P.238), 得

$$\lim_{n\to\infty} V_n = \lim_{n\to\infty} \sum_{k=1}^{n} n^{-2a} k^{2a} a_{nk}^2 \left(k^{-2a} c_k^2\right) = 0, \quad \text{a.s..} \tag{3.32}$$

另一方面, 有

$$EW_n^2 = 2n^{-4a} \sum_{j\neq k} a_{nj}^2 a_{nk}^2 Ee_j^2 Ee_k^2 \leqslant 2M^2 n^{-4a}.$$

由 $a > 1/4$, 知

$$\sum_{n=1}^{\infty} P\left(|W_n| \geqslant \varepsilon\right) < \infty \quad \forall \varepsilon > 0.$$

这证明了 $\lim\limits_{n\to\infty} W_n = 0$, a.s.. 与式 (3.32) 结合, 根据式 (3.31), 得式 (3.30). 引理证毕.

定理 3.2 的证明 先设 σ_n^2 为 σ^2 的强相合估计. 则依引理 3.1, 知式 (3.21) 成立. 依引理 3.2, 知条件 (3.8) 和 (3.9) 及 (3.20) 同时成立. 这证明了必要性部分.

现设式 (3.8) 和 (3.9) 及 (3.20) 同时成立, 则由引理 3.2, 知式 (3.28) 成立. 因而式 (3.29) 当 $a = \dfrac{1}{2}$ 时成立. 依引理 3.3, 并注意到式 (3.5), 知

$$\lim_{n\to\infty} \frac{1}{\sqrt{n}} \sum_{k=1}^{n} a_{njk} e_k = 0, \quad \text{a.s}, \quad j = 1, \cdots, r. \tag{3.33}$$

再由式 (3.27) 有

$$\lim_{n\to\infty} \frac{1}{n} \sum_{k=1}^{n} e_k^2 = \sigma^2, \quad \text{a.s..} \tag{3.34}$$

由式 (3.6) 和 (3.33) 及 (3.34), 知 σ_n^2 为 σ^2 的强相合估计. 这证明了充分性部分, 定理证毕.

系 3.3 设 $e_1, e_2, \cdots$ 满足条件 (3.2) 且为同分布, 则 σ_n^2 为 σ^2 的强相合估计.

如在前面提到的, 这个结果是 Gleser 最先在文献 [3] 中证明的. 现在它不难由定理 3.2 推出. 事实上, 由关于 $e_1, e_2, \cdots$ 的假定很容易证明式 (3.8) 和 (3.9) 成立 (也可以这样推: 由关于 e_k 之假定推出式 (3.11), 再利用定理 3.1 推出式 (3.8) 和 (3.9)). 至于式 (3.20), 显然相当于证明: 若 $\{\xi_i\}$ 独立同分布, 均值为 0, 则当 $k\to\infty$ 时,

$$\eta_k = 2^{-k} \sum_{i=2^k+1}^{2^{k+1}} \xi_i \to 0, \quad \text{a.s.}$$

记 $T_n = \sum\limits_{i=1}^{n} \xi_i | n$. 由大数律知 $T_n \to 0$, a.s., 但

$$\eta_k = 2T_{2^{k+1}} - T_{2^k},$$

因而当 $k \to \infty$ 时, 确有 $\eta_k \to 0$, a.s..

注 3.2 由定理证明过程看出, 与式 (3.8) 和 (3.9) 一样, 式 (3.28) 也是 σ_n^2 强相合性之一必要条件. 作者之一由于论证上的一处疏忽, 在文献 [1] 中误认为这条件与式 (3.8) 和 (3.9) 结合, 能构成 σ_n^2 强相合性的一组充分条件. 果真如此, 则条件就简化得多了. 然而, 下面的反例说明这是不对的.

例 3.2 设 $e_1, e_2, \cdots$ 相互独立, 而 e_n 的分布为

$$P\left(e_n = \sqrt{\frac{n}{\log\log n}}\right) = P\left(e_n = -\sqrt{\frac{n}{\log\log n}}\right) = \frac{\log\log n}{2n},$$

$$P\left(e_n = 0\right) = 1 - \log\log n/n, \quad n \geqslant 16,$$

且当 $1 \leqslant n \leqslant 15$, $e_n \sim N(0,1)$. 则条件 (3.8) 和 (3.9) 及 (3.28) 显然都成立. 记 $\xi_n = e_n^2 - 1$, 则 $|\xi_n| \leqslant n/\log\log n$, 而

$$E\xi_n^2 = Ee_n^4 - 1 = \frac{n}{\log\log n} - 1 \geqslant \frac{n}{2\log\log n} \quad (n \geqslant 16),$$

因而存在 $M > 0$, 使得

$$\sum_{k=1}^{\infty} \exp\left(-\frac{1}{2}2^{2k} \Big/ \sum_{j=2^{k+1}}^{2^{k+1}} E\xi_j^2\right) \geqslant \sum_{k=4}^{\infty} \exp\left(-\frac{1}{2}2^{2k} \Big/ \left(2^k \frac{2^k}{2\log\log 2^{k+1}}\right)\right)$$

$$= \sum_{k=4}^{\infty} \exp\left(-\log\log 2^{k+1}\right) \geqslant M \sum_{k=4}^{\infty} (k+1)^{-1} = \infty.$$

根据第一章定理 1.18, 知 $\frac{1}{n}\sum\limits_{k=1}^{n} e_k^2$ 不以概率 1 收敛于 Ee_k^2 的公共值, 即 1. 根据引理 3.1, 知 σ_n^2 不是 σ^2 的强相合估计.

注 3.3 Chow 在文献 [9] 中证明了如下的结果：若 $e_1, e_2, \cdots$ 独立同分布, $Ee_1 = 0, Ee_1^2 < \infty$, 又 $\{a_{nk}\}$ 满足引理 3.3 中的条件, 则

$$\lim_{n\to\infty} \frac{1}{\sqrt{n}} \sum_{k=1}^{n} a_{nk} e_k = 0, \quad \text{a.s.},$$

易见这结果是引理 3.3 当 $a = 1/2$ 时的特例.

(三) $\sigma^2{}_n$ 的收敛速度 当只假定随机误差 e_k 的二阶矩存在时, 我们无法建立 $\sigma_n^2 - \sigma^2$ 以任何确定的速度收敛于 0. 要建立这种速度, 必须假定 e_k 有更高阶的矩存在. 本段就来讨论这个问题.

假定 $\{e_k\}$ 满足条件 (3.2). 记

$$q(x) = \sup_k P(|e_k| > x), \quad 0 < x < \infty. \tag{3.35}$$

假定存在 $\lambda \in (1,2)$, 使得

$$\int_0^\infty x^{2\lambda-1}q(x)\mathrm{d}x < \infty, \tag{3.36}$$

可以证明：这个条件等价于存在随机变量 e, 使得 $E|e|^{2\lambda} < \infty$, 且 $|e| \succ |e_k|, k = 1,2,\cdots$ (参看 §2.3).

定理 3.3 在上述假定下, 有

$$\lim_{n\to\infty} n^{1-1/\lambda}(\sigma_n^2 - \sigma^2) = 0, \quad \text{a.s.}. \tag{3.37}$$

定理的证明基于下面的引理. 我们把这个引理写成较为一般的形式.

引理 3.4 设 $e_1, e_2, \cdots$ 相互独立, 对某个 $q \in (0,1]$, $E|e_k|^{2q} \leqslant M < \infty\,(k = 1,2,\cdots)$. 又当 $q > 1/2$ 时, $Ee_1 = Ee_2 = \cdots = 0$. 又设对某个 $a > 0$, 有

$$\sum_{k=1}^\infty P\left(|e_k| \geqslant k^a\varepsilon\right) < \infty, \quad \forall\varepsilon > 0. \tag{3.38}$$

又设 $\{b_{nk}, k = 1,2,\cdots, n = 1,2,\cdots\}$ 为一组实常数, 满足条件：对某个数 $A > 0$ 和 $\alpha > 0$, 有

$$|b_{nk}| \leqslant Ak^{-a}, \quad k = 1,2,\cdots,\ n = 1,2,\cdots, \tag{3.39}$$

$$b_n \triangleq \sum_{k=1}^\infty |b_{nk}|^{2q} \leqslant An^{-\alpha}, \quad n = 1,2,\cdots. \tag{3.40}$$

则对任何 n, 级数 $T_n = \sum\limits_{k=1}^\infty b_{nk}e_k$ a.s. 收敛, 且

$$\lim_{n\to\infty} T_n = 0, \quad \text{a.s.}. \tag{3.41}$$

证 如所周知 (见定理 1.22), 若 $\xi_1, \xi_2, \cdots$ 相互独立, 且对某个 $\delta \in (0,2]$ 有 $\sum\limits_n E|\xi_n|^\delta < \infty$, 则当 $\delta \leqslant 1$ 时 $\sum\limits_n \xi_n$ a.s. 收敛, 而当 $\delta \geqslant 1$ 时 $\sum\limits_n(\xi_n - E\xi_n)$ a.s. 收敛. 现有

$$\sum_{k=1}^\infty |b_{nk}|^{2q}E|e_k|^{2q} < \infty,$$

而 $0 < 2q \leqslant 2$, 且当 $1 < 2q \leqslant 2$ 时还有 $Ee_1 = Ee_2 = \cdots = 0$, 故 T_n 为 a.s. 收敛.

不失普遍性可设所有的 $b_{nk} \geqslant 0$. 又如常, 以 $\#(A)$ 记集 A 所含元素个数, 而以 $I(A)$ 记其示性函数. 取 $N = [2/\alpha + 1]$. 由式 (3.38), 知存在一串 $\varepsilon_k \downarrow 0$, 使得

$$\sum_{k=1}^\infty P\left(|e_k| > \varepsilon_k k^a/NA\right) < \infty. \tag{3.42}$$

故由 Borel-Cantelli 引理知

$$P\left(|e_k| > \varepsilon_k k^a/NA, \text{i.o.}\right) = 0,$$

此处及以下以 $\{A_n, \text{i. o.}\}$ 表 "$A_1, A_2, \cdots$ 发生无穷多个" 这一事件. 由此可知对一切 $t > 0$, 有

$$\sum_{k=1}^{\infty} |e_k|^t I\left(|e_k| > \varepsilon_k k^a/NA\right) < \infty, \quad \text{a.s..} \tag{3.43}$$

定义

$$\begin{cases} e_k' = e_k I\left(e_k > \varepsilon_k k^a/NA\right), & T_n' = \displaystyle\sum_{k=1}^{\infty} b_{nk} e_k', \\ e_{nk}'' = e_k I\left(b_{nk} e_k \leqslant n^{-\alpha/4q}\right), & T_n'' = \displaystyle\sum_{k=1}^{\infty} b_{nk} e_{nk}'', \\ e_{nk}''' = e_k - e_k' - e_{nk}'', & T_n''' = \displaystyle\sum_{k=1}^{\infty} b_{nk} e_{nk}'''. \end{cases} \tag{3.44}$$

对任一固定的 n, 当 $T_n(\omega) = \sum\limits_{k=1}^{\infty} b_{nk} e_k(\omega)$ 收敛时, 对充分大的 k 将有 $e_k(\omega) = e_{nk}''(\omega)$, 因而由 T_n 为 a.s. 收敛, 知 T_n'' 为 a.s. 收敛. 又由下面的式 (3.45) 知 T_n' 为 a.s. 收敛, 故 T_n''' 也是 a.s. 收敛.

现令 $q' = 2/3$ 或 q, 视 $0 < q \leqslant 1/2$ 或否而定, 则存在常数 A', 使得

$$b_n' \triangleq \sum_{k=1}^{\infty} |b_{nk}|^{2q'} \leqslant A' n^{-\alpha}, \quad n = 1, 2, \cdots.$$

由 Hölder 不等式, 得

$$|T_n'| \leqslant |b_n'|^{1/2q'} \left\{ \sum_{k=1}^{\infty} |e_k|^{2q'/(2q'-1)} I\left(|e_k| > \frac{\varepsilon_k}{NA} k^a\right) \right\}^{(2q'-1)/2q'} \to 0, \quad \text{a.s..} \tag{3.45}$$

令 $Y_{nk} = n^{\alpha/4q} b_{nk} e_{nk}''$, 则 $Y_{nk} \leqslant 1$, 且当 $1/2 < q \leqslant 1$ 时有 $EY_{nk} = 0$. 故由

$$\exp\left(Y_{nk}\right) \leqslant \begin{cases} 1 + 2\left|Y_{nk}\right|^{2q}, & \text{当 } 0 < q \leqslant 1/2; \\ 1 + Y_{nk} + \left|Y_{nk}\right|^{2q}, & \text{当 } 1/2 < q \leqslant 1 \end{cases}$$

知

$$E\exp(Y_{nk}) \leqslant 1 + 2E|Y_{nk}|^{2q} \leqslant \exp\left(2E\left|Y_{nk}\right|^{2q}\right), \quad 0 < q \leqslant 1. \tag{3.46}$$

因而由 Fatou 引理、式 (3.40) 及 $E|e_{nk}''|^{2q} \leqslant M$, 有

$$E\exp\left(n^{\alpha/4q} T_n''\right) \leqslant \liminf E\exp\left(\sum_{k=1}^{R} Y_{nk}\right)$$

$$
\begin{aligned}
&= \liminf_{R\to\infty} \prod_{k=1}^{R} E\exp(Y_{nk}) \\
&\leqslant \liminf_{R\to\infty} \prod_{k=1}^{R} \exp(2E|Y_{nk}|^{2q}) \\
&\leqslant \liminf_{R\to\infty} \exp\left(2n^{\alpha/2}\sum_{k=1}^{R}|b_{nk}|^{2q}E|e''_{nk}|^{2q}\right) \\
&\leqslant \liminf_{R\to\infty} \exp(2n^{\alpha/2}An^{-\alpha}M) \leqslant C,
\end{aligned}
$$

此处 $C>0$ 为常数. 对任给 $\varepsilon>0$ 有

$$
P(T''_n \geqslant \varepsilon) \leqslant \exp\left(-n^{\alpha/4q}\varepsilon\right) E\exp(n^{\alpha/4q}T''_n) \leqslant c\exp(-n^{\alpha/4q}\varepsilon),
$$

因而

$$
\sum_{n=1}^{\infty} P\left(T''_n \geqslant \varepsilon\right) < \infty.
$$

故由 Borel-Cantelli 引理

$$
P\left(\limsup_{n\to\infty} T''_n > \varepsilon\right) \leqslant P\left(T''_n \geqslant \varepsilon, \text{i.o.}\right) = 0.
$$

因为 $\varepsilon>0$ 是任给的, 故 $P\left(\limsup\limits_{n\to\infty} T''_n > 0\right) = 0$, 即

$$
\limsup_{n\to\infty} T''_n \leqslant 0, \quad \text{a.s.}. \tag{3.47}
$$

给定 $\varepsilon>0$. 选正整数 R, 使得 $\varepsilon_k<\varepsilon/2$. 当 $k>R$ 时, 由式 (3.40), 知存在 n_0, 使得当 $n\geqslant n_0$ 时, 有

$$
\sum_{k=1}^{R} b_{nk}e'''_{nk} \leqslant \left(An^{-\alpha}\right)^{1/2q} \sum_{k=1}^{R} \frac{\varepsilon_k}{NA}k^a < \varepsilon/2. \tag{3.48}
$$

对 $n\geqslant n_0$, 令

$$
D_n = \left\{k : k>R; b_{nk}e_k > n^{-\alpha/4q}\right\}. \tag{3.49}
$$

则由 T_n a.s. 收敛, 知 $\#(D_n)<\infty$, a.s.. 我们有

$$
\sum_{k>R} b_{nk}e'''_{nk} \leqslant \sum_{k\in D_n} Ak^{-a}\varepsilon_k k^a/NA \leqslant \varepsilon\#(D_n)/2N.
$$

为要使 $\sum\limits_{k>R} b_{nk}e'''_{nk} \geqslant \varepsilon/2$, 必须 $\#(D_n)\geqslant N$. 故有

$$
P\left(T'''_n \geqslant \varepsilon\right) \leqslant P\left(\sum_{k>R} b_{nk}e'''_{nk} \geqslant \varepsilon/2\right)
$$

$$\begin{aligned}
&\leqslant P(\text{至少有 } N \text{ 个足标 } k > R, \text{ 使得 } |e_k| \geqslant b_{nk}^{-1} n^{-\alpha/4q}) \\
&\leqslant \left(\sum_k P\left(|e_k| \geqslant b_{nk}^{-1} n^{-\alpha/4q} \right) \right)^N \\
&\leqslant \left(\sum_k |b_{nk}|^{2q} n^{\alpha/2} E |e_k|^{2q} \right)^N \\
&\leqslant \left(AMn^{-\alpha+\alpha/2} \right)^N = (AM)^N n^{-\alpha N/2}.
\end{aligned} \tag{3.50}$$

由 N 的取法, 知 $\alpha N/2 > 1$, 故对任给 $\varepsilon > 0$,

$$\sum_{n=1}^{\infty} P\left(T_n''' \geqslant \varepsilon\right) < \infty. \tag{3.51}$$

同上可得

$$\limsup_{n\to\infty} T_n''' \leqslant 0, \quad \text{a.s.} \tag{3.52}$$

由式 (3.45) 和 (3.47) 及 (3.52), 得

$$\limsup_{n\to\infty} T_n \leqslant 0, \quad \text{a.s.}. \tag{3.53}$$

将 e_k 换成 e_k, 上式给出

$$\liminf_{n\to\infty} T_n \geqslant 0, \quad \text{a.s.}. \tag{3.54}$$

由式 (3.53) 和 (3.54) 即得式 (3.41). 引理证毕.

系 3.4　设 $e_1, e_2, \cdots$ 相互独立, 对某个 $\lambda \in (0,1]$ 有 $\sup\limits_k E|e_k|^{2\lambda} \leqslant M < \infty$, 且当 $\lambda \in (1/2, 1]$ 时 $Ee_1 = Ee_2 = \cdots = 0$. 又对任何 $\varepsilon > 0$,

$$\sum_{k=1}^{\infty} P\left(|e_k| \geqslant k^{1/2\lambda} \varepsilon \right) < \infty, \tag{3.55}$$

则对满足条件 $\sum\limits_{k=1}^{n} a_{nk}^2 \leqslant 1$ 的常数组 $\{a_{nk} : k = 1, \cdots, n, n = 1, 2, \cdots\}$, 有

$$T_n \triangleq n^{-1/2\lambda} \sum_{k=1}^{n} a_{nk} e_k \to 0, \text{ a.s.} \quad \text{当} \quad n \to \infty. \tag{3.56}$$

系 3.5　设 $e_1, e_2, \cdots$ 相互独立, $Ee_1 = Ee_2 = \cdots = 0, \sup\limits_k Ee_k^2 \leqslant M$, 且式 (3.55) 对某个 $\lambda > 0$ 成立, 则对满足条件 $\sum\limits_{k=1}^{n} a_{nk}^2 \leqslant 1$ 的常数组 $\{a_{nk}\}$, 式 (3.56) 成立.

易见, 引理 3.3 是系 3.5 的特例.

定理 3.3 的证明 依定理 1.17 的说明, 及本定理的假定, 得

$$\lim_{n\to\infty} n^{-1}/\lambda \sum_{k=1}^{n}(e_k^2-\sigma^2)=0, \quad \text{a.s.}. \tag{3.57}$$

记 $q_k(x)=P(|e_k|>x)$, 则有 $q_k(x)\leqslant q(x)$. 由式 (3.36), 有

$$E|e_k|^{2\lambda}\leqslant 2\lambda\int_0^\infty x^{2\lambda-1}q_k(x)dx\leqslant 2\lambda\int_0^\infty x^{2\lambda-1}q(x)dx=M<\infty.$$

前已指出, 存在 e, 使得 $E|e|^{2\lambda}<\infty$, 且 $|e|\succ|e_k|$ 对一切 k. 故对任给 $\varepsilon>0$ 有

$$\begin{aligned}\sum_{k=1}^{\infty}P(|e_k|>k^{1/2\lambda}\varepsilon)&\leqslant\sum_{k=1}^{\infty}P(|e|>k^{1/2\lambda}\varepsilon)\\&=\sum_{k=1}^{\infty}\sum_{j=k}^{\infty}P\left(j\varepsilon^{2\lambda}<|e|^{2\lambda}\leqslant(j+1)\varepsilon^{2\lambda}\right)\\&=\sum_{j=1}^{\infty}jP\left(j\varepsilon^{2\lambda}<|e|^{2\lambda}\leqslant(j+1)\,\varepsilon^{2\lambda}\right)\\&\leqslant\varepsilon^{-2\lambda}E\,|e|^{2\lambda}<\infty.\end{aligned}\tag{3.58}$$

因而系 3.5 可用. 得

$$\lim_{n\to\infty}n^{-1/\lambda}\sum_{j=1}^{r}\left(\sum_{k=1}^{n}a_{njk}e_k\right)^2=0, \quad \text{a.s.}. \tag{3.59}$$

由式 (3.6),(3.57) 和 (3.59) 即得式 (3.37). 定理证毕.

注 3.4 σ_n^2 的重对数律.

当 $\lambda=2$ 时, 定理 3.3 的结论已不再成立. 这时, $\sigma_n^2-\sigma^2$ 的收敛速度由下述重对数律刻画:

定理 3.4 设 $e_1,e_2,\cdots$ 满足条件 (3.2), 且

$$\int_0^\infty x^3q(x)\mathrm{d}x<\infty,$$

此处 $q(x)$ 由式 (3.35) 定义. 又记 $B_n=\sum\limits_{k=1}^{n}\operatorname{var}(e_k^2)$, 且设

$$\liminf_{n\to\infty}B_n|n>0. \tag{3.60}$$

则有

$$\limsup_{n\to\infty}\frac{n\left(\sigma_n^2-\sigma^2\right)}{\sqrt{2B_n\log\log B_n}}=1, \quad \text{a.s.}, \tag{3.61}$$

$$\liminf_{n\to\infty} \frac{n(\sigma_n^2-\sigma^2)}{\sqrt{2B_n\log\log B_n}} = -1, \quad \text{a.s.}. \tag{3.62}$$

定理 3.5 设 $e_1, e_2, \cdots$ 满足条件 (3.2). 又记 $z_j = \left|e_j^2 - \sigma^2\right|$ $(j=1,2,\cdots)$, 则在条件 (3.60) 和

$$\limsup_{n\to\infty} \frac{1}{n}\sum_{k=1}^{n} E\left(Z_k^2 \left|\log z_k\right|^{1+\delta}\right) < \infty, \quad 对某个 \quad \delta > 0$$

成立时, 式 (3.61) 和 (3.62) 也成立.

此处我们不去证明这两个定理了, 有兴趣的读者可参看文献 [10].

§3.2 一致性收敛速度 (I)

(一) 引言和主要结果 设在线性模型 (3.1) 中, $\{e_k\}$ 满足条件 (3.2). 通过式 (3.6) 和 (3.7) 定义 $\widetilde{\sigma}_n^2$. 以 G_n 记 $\widetilde{\sigma}_n^2$ 的分布函数, 又以 $\varPhi$ 记标准正态分布函数. 以下, 对任一定义在 $(-\infty,\infty)$ 上的函数 H, 用 $\|H\|$ 记 $\sup\limits_x |H(x)|$.

从式 (3.6) 出发, 在很一般的假定之下, 不难证明 $\widetilde{\sigma}_n^2$ 的渐近正态性, 即当 $n\to\infty$ 时,

$$\|G_n - \varPhi\| \to 0. \tag{3.63}$$

远为困难的是研究 $\|G_n-\varPhi\|$ 收敛于 0 的速度. 从关于独立和的经典的 Berry-Esseen 理论, 知道所能期望的最好结果是 $O(n^{-1/2})$. 最早对这个问题做出重大贡献的是我国著名统计学家许宝騄教授. 他于 1945 年在文献 [11] 中考虑了一般模型 (3.1) 当 $p=1, x_1=x_2=\cdots=1$ 时的特例 $\left(这时\ \sigma_n^2\ 变为通常的样本方差\ \sum\limits_{i=1}^{n}(Y_i - \bar{Y}_{(n)})^2/(n-1)\right)$, 证明了如下的结果: 若 $\{e_k\}$ 为独立同分布, $Ee_1=0, 0<Ee_1^2=\sigma^2<\infty, Ee_1^6<\infty$ 且 $\operatorname{var}(e_1^2)=Ee_1^4-\sigma^4>0$, 则上面提到的 $\|G_n-\varPhi\|$ 以 $O(n^{-1/2})$ 的速度趋于 0. 在随机误差序列独立同分布的情况下, 许教授在最低限度的条件之下达到了最佳的数量级. 他的这项成果就产生在关于独立和的 Berry-Esseen 理论建立之后不久, 这是关于非独立和依分布收敛速度方面的第一个重要结果.

此后三十余年, 这个问题没有什么进展, 直到 1979 年, Schmidt 研究了一般情况. 他在文献 [12] 中得出了如下的结果: 设 $\{e_k\}$ 独立同分布, $Ee_1=0, 0<Ee_1^2=\sigma^2<\infty$. 又假定存在整数 $m\geqslant 3$, 使得 $E|e_1|^{2m}<\infty$, 则

$$\|G_n-\varPhi\| = O(n^{-m/(2m+2)}).$$

这个结果离问题的最后解决还相距很远. 因为, 即使假定 e_1 有任何阶矩, 也还达不到 $O(n^{-1/2})$.

陈希孺在文献 [13] 中研究了这个问题, 得到了基本的解决：在 $\{e_k\}$ 独立同分布的情况, 他在许教授所作的同样假定之下, 证明了 $\|G_n-\Phi\|=O(n^{-1/2})$. 若不假定同分布, 则为达到这个数量级, 还需要对 $\{e_k\}$ 的分布或试验点列加上某种条件. 后来, 白志东、赵林城等在文献 [14] 中取消了这种附加条件, 并将结果写为较一般的形式, 从而彻底地解决了这个问题. 主要定理如下：

定理 3.6 设在一般线性模型 (3.1) 中, $\{e_k\}$ 满足条件 (3.2). 又设 g 为定义在 $(-\infty,\infty)$ 上的非负偶函数, 使得当 $x\geqslant 0$ 时, $g(x)$ 和 $x/g(x)$ 都是非降的, 而 $\lim\limits_{x\to\infty} g(x)=\infty$. 又假定存在常数 $D_1<\infty$ 和 $D_2>0$, 使得对一切 n,

$$\frac{1}{n}\sum_{j=1}^{n}E\left(e_j^4 g\left(e_j^2\right)\right)\leqslant D_1, \tag{3.64}$$

$$\frac{1}{n}\sum_{j=1}^{n}d_j^2\geqslant D_2, \tag{3.65}$$

此处

$$d_j^2=\operatorname{var}\left(e_j^2\right)=Ee_j^4-\sigma^4. \tag{3.66}$$

用式 (3.7) 定义 $\tilde{\sigma}_n^2$, 并以 G_n 记其分布函数, 则有

$$\|G_n-\Phi\|=O\left(1/g(\sqrt{n})\right). \tag{3.67}$$

注 3.5 当 $g(x)=|x|$ 时, 条件 (3.64) 转化为

$$\frac{1}{n}\sum_{j=1}^{n}Ee_j^6\leqslant D_1,\quad 对一切\ n. \tag{3.68}$$

而式 (3.67) 转化为 Berry-Esseen 界限

$$\|G_n-\Phi\|=O(1/\sqrt{n}). \tag{3.69}$$

(二) 若干引理 定理 3.6 的证明很复杂. 为清楚计, 我们将证明中的某些部分以引理的形式提出来. 又我们将以 C 记与 n 无关的常数, 每次出现, 即使在同一式内, 也可取不同的值. 又, 记号 i 专用于 $\sqrt{-1}$.

引理 3.5 设 $\{e_j\}$ 满足条件 (3.2) 和 (3.64) 及 (3.65). 定义

$$\hat{e}_{nj}=e_jI(|e_j|\leqslant n^{1/4}),\quad \xi_{nj}=\hat{e}_{nj}^2-E\hat{e}_{nj}^2,$$
$$\sigma_{nj}^2=\operatorname{var}(\xi_{nj}),\qquad \alpha_{nj}=E(\xi_{nj}^2 g(\xi_{nj})),$$
$$j=1,\cdots,n,$$

$$nB_n^2 = \sum_1^n d_j^2, \quad n\tilde{B}_n^2 = \sum_{j=1}^n \sigma_{nj}^2, \quad n\alpha_n = \sum_{j=1}^n \alpha_{nj}.$$

则存在与 n 无关的、大于 0 的常数 D_3, D_j^0, $b_j\ (j=1,2,3)$, 使得当 n 充分大时有

$$B_n^2 \leqslant D_3, \tag{3.70}$$

$$|B_n^2 - \tilde{B}_n^2| \leqslant c/g(\sqrt{n}), \tag{3.71}$$

$$\tilde{B}_n^2 \geqslant D_2^0, \quad \alpha_n \leqslant D_1^0, \tag{3.72}$$

且集合

$$A_n = \{j : \sigma_{nj}^2 \geqslant b_2, a_{nj} \leqslant b_3, j = 1, \cdots, n\} \tag{3.73}$$

至少含有 $b_1 n$ 个元素.

证 首先, 由对 g 的假定, 易知 $g(1) > 0$, 故

$$\begin{aligned} B_n^2 \leqslant & \frac{1}{n}\sum_1^n Ee_j^4 = \frac{1}{n}\sum_1^n E(e_j^4 I(e_j^2 \leqslant 1)) + \frac{1}{n}\sum_1^n E(e_j^4 I(e_j^2 > 1)) \\ \leqslant & 1 + \frac{1}{ng(1)}\sum_1^n E(e_j^4 g(e_j^2)) \leqslant 1 + \frac{D_1}{g(1)}. \end{aligned}$$

这证明了式 (3.70). 以 F_j 记 e_j 的分布, 有

$$\begin{aligned} \left|B_n^2 - \tilde{B}_n^2\right| \leqslant & \frac{1}{n}\sum_{j=1}^n (Ee_j^4 - Ee_{nj}^4) + \frac{1}{n}\sum_{j=1}^n (\sigma^4 - E^2(\hat{e}_{nj}^2)) \\ \leqslant & \frac{1}{n}\sum_{j=1}^n \int_{|x| \geqslant n^{1/4}} x^4 dF_j(x) + \frac{2\sigma^2}{n}\sum_{j=1}^n \int_{|x| \geqslant n^{1/4}} x^2 dF_j(x) \\ \leqslant & \frac{1}{ng(\sqrt{n})}\sum_{j=1}^n E(e_j^4 g(e_j^2)) + \frac{2\sigma^2}{n^{3/2} g(\sqrt{n})}\sum_{j=1}^n E(e_j^4 g(e_j^2)) \\ \leqslant & D_1(1 + 2\sigma^2)/g(\sqrt{n}). \end{aligned}$$

这证明了式 (3.71). 式 (3.72) 的第一式由式 (3.71) 推出, 为证后一式, 注意

$$\{\hat{e}_{nj}^2 \geqslant E\hat{e}_{nj}^2\} \Rightarrow |\xi_{nj}| \leqslant \hat{e}_{nj}^2 \leqslant e_j^2;$$

$$\{\hat{e}_{nj}^2 < E\hat{e}_{nj}^2\} \Rightarrow |\xi_{nj}| \leqslant E\hat{e}_{nj}^2 \leqslant \sigma^2.$$

故由 g 的性质得

$$\alpha_n = \frac{1}{n}\sum_{j=1}^n E\{\xi_{nj}^2 g(\xi_{nj}) I(\hat{e}_{nj}^2 \geqslant E\hat{e}_{nj}^2)\} + \frac{1}{n}\sum_{j=1}^n E\{\xi_{nj}^2 g(\xi_{nj}) I(\hat{e}_{nj}^2 < E\hat{e}_{nj}^2)\}$$

$$
\begin{aligned}
&\leqslant \frac{1}{n}\sum_{j=1}^{n} E\{e_j^4 g(e_j^2)\} + \frac{1}{n}\sum_{j=1}^{n} \sigma^4 g(\sigma^2) \\
&\leqslant D_1 + \sigma^4 g(\sigma^2).
\end{aligned}
$$

这证明了式 (3.72) 的第二式.

为证最后一结论, 令

$$A_{n1} = \{j : 1 \leqslant j \leqslant n, \sigma_{nj}^2 \geqslant D_2^0/2\}.$$

并记 $t_n = \#(A_{n1})$, 则当 n 充分大时有

$$
\begin{aligned}
D_2^0 \leqslant & \frac{1}{n}\sum_{j=1}^{n} \sigma_{nj}^2 \leqslant D_2^0/2 + \frac{1}{n}\sum_{j\in A_{n1}} \sigma_{nj}^2 \\
\leqslant & D_2^0/2 + \frac{1}{n}\sum_{j\in A_{n1}} E(\xi_{nj}^2 I(|\xi_{nj}| \leqslant a)) + \frac{1}{ng(a)}\sum_{j\in A_{n1}} E(\xi_{nj}^2 g(\xi_{nj})) \\
\leqslant & D_2^0/2 + a^2 t_n/n + D_1^0/g(a).
\end{aligned}
$$

因为 $\lim\limits_{a\to\infty} g(a) = \infty$, 由上式知存在 $\varepsilon_1 > 0$, 使 $t_n > \varepsilon_1 n$. 另一方面, 由 (3.72) 式, 对任给的 $\varepsilon_2 > 0$, 当 n 充分大时有 $\#(A_{n2}) \geqslant (1-\varepsilon_2)n$, 其中

$$A_{n2} = \{j : \alpha_{nj} \leqslant D_1^0/\varepsilon_2, j = 1, \cdots, n\}.$$

取 $\varepsilon_2 = \varepsilon_1/3$, 即知当 n 充分大时, 有

$$\#(A_{n1} \cap A_{n2}) \geqslant \varepsilon_1 n/2.$$

取 $b_1 = \varepsilon_1/2, b_2 = D_2^0/2, b_3 = 3D_1^0/\varepsilon$, 即得引理的最后一个结论.

引理 3.6 沿用引理 3.5 的符号和条件. 设 $\{a_{nuv}\}$ 为一组常数, 满足条件

$$\sum_{v=1}^{n} a_{nuv}^2 = 1, \quad u = 1, \cdots, r, \quad n = 1, 2, \cdots, \tag{3.74}$$

则存在与 n 和 $\{a_{nuv}\}$ 无关的常数 L, 使得当 n 充分大时有 $\#(A_n \cap H_n) \geqslant b_1 n/2$. 此处 A_n 和 b_1 在引理 3.5 中已有定义, 而

$$H_n = \{v : a_{nuv}^2 \leqslant L/n, u = 1, \cdots, r\}. \tag{3.75}$$

证 由式 (3.74) 知, 对任何 $R > 0$ 和 $u \in \{1, \cdots, r\}$, 使得 $a_{nuv}^2 \geqslant R/n$ 的足标 v 的个数不超过 n/R, 故

$$\#\{v : 存在\ u \in \{1, \cdots, r\}, 使得\ a_{nuv}^2 \geqslant R/n, v = 1, \cdots, n\} \leqslant rn/R.$$

取 $R=2r/b_1=L$, 则得 $\#(A_n\cap H_n)\geqslant b_1 n/2$. 引理证毕.

引理 3.7 设定理 3.6 中的条件成立, 且沿用前面的记号. 以 φ_{nj} 记 ξ_{nj} 的特征函数, 则存在与 n 无关的常数 $\eta>0$ 和 $\lambda>0$, 使得当 $|t|\leqslant \eta g(\sqrt{n})$ 时, 对所有的 $j\in A_n$, 有

$$\left|\varphi_{nj}(t/\sqrt{n}B_n)\right|\leqslant \exp(-\lambda t^2/n). \tag{3.76}$$

证 因 $|\xi_{nj}|\leqslant\sqrt{n}$, 有 $|\xi_{nj}|/g(\xi_{nj})\leqslant\sqrt{n}/g(\sqrt{n})$. 又因当 $j\in A_n$ 时, 有 $\sigma_{nj}^2\geqslant b_2$, $\alpha_{nj}\leqslant b_3$ 及 $B_n\geqslant\sqrt{D_2}$, 有

$$\begin{aligned}|E_{\exp}(it\xi_{nj}/\sqrt{n}B_n)-1+\sigma_{nj}^2t^2/2nB_n^2|\leqslant&|t|^3\,E\left|\xi_{nj}\right|^3 n^{-3/2}B_n^{-3}\\ \leqslant&|t|^3\,E(\xi_{nj}^2 g(\xi_{nj}))/ng(\sqrt{n})B_n^3\\ \leqslant&b_3\left|t\right|^3/D_2^{3/2}ng(\sqrt{n}).\end{aligned}$$

取 $\lambda=b_2/4D_2$, $\eta=b_2\sqrt{D_2}/4b_3$, 则当 $|t|\leqslant ng(\sqrt{n})$ 时有

$$\begin{aligned}\left|\varphi_{nj}(t/\sqrt{n}B_n)\right|&\leqslant\left|-\sigma_{nj}^2t^2/2nB_n^2+b_3\left|t\right|^3/D_2^{3/2}ng(\sqrt{n})\right.\\ &\leqslant 1-b_2t^2/2D_2n+b_2t^2/4D_2n\\ &=1-\lambda t^2/n\leqslant\exp(-\lambda t^2/n).\end{aligned}$$

这证明了式 (3.76).

引理 3.8 设定理 3.6 的条件成立, 记

$$\zeta_n=\sum_{j=1}^n \xi_{nj}/\sqrt{n}B_n, \tag{3.77}$$

其特征函数记为 f_n, 则存在与 n 无关的 $\eta>0$, 使得当 n 充分大时有

$$\int_{|t|\leqslant\eta g(\sqrt{n})}|t|^{-1}\left|f_n(t)-\exp(-t^2/2)\right|\mathrm{d}t\leqslant C/g(\sqrt{n}). \tag{3.78}$$

证 令

$$\zeta_n=\sum_{j=1}^n \xi_{nj}/\sqrt{n}\tilde{B}_n,$$

$$L_n=\sum_{j=1}^n E\left|\xi_{nj}\right|^3\Bigg/\left(\sum_{j=1}^n E\xi_{nj}^2\right)^{3/2},$$

并以 $\tilde{f}_n$ 记 $\tilde{\zeta}_n$ 的特征函数. 则由第一章定理 1.32 知当 $|t|\leqslant(4L_n)^{-1}$ 时,

$$\left|\tilde{f}_n(t)-\exp(-t^2/2)\right|\leqslant 16L_n\left|t\right|^3\exp(-t^2/3).$$

因 $|\xi_{nj}| \leqslant \sqrt{n}$, 且 $x/g(x)$ 在 $[0,\infty)$ 上非降, 故有

$$|\xi_{nj}| \leqslant \sqrt{n} g(\xi_{nj})/g(\sqrt{n}).$$

由式 (3.72), 得

$$\begin{aligned} L_n &= \sum_{j=1}^{n} E\left|\xi_{nj}\right|^3 / n^{3/2}\tilde{B}_n^3 \\ &\leqslant \sum_{j=1}^{n} \alpha_{nj}/ng(\sqrt{n})(D_2^0)^{3/2} \\ &\leqslant D_1^0/g(\sqrt{n})(D_2^0)^{3/2}. \end{aligned}$$

取 $\eta_1 = (D_2^0)^{3/2}/4D_1^0$, 则当 $|t| \leqslant \eta_1 g(\sqrt{n})$ 时有

$$\left|\tilde{f}_n(t) - \exp(-t^2/2)\right| \leqslant c\,|t|^3 \exp(-t^2/3)/g(\sqrt{n}).$$

由式 (3.65) 及 (3.71), 得知当 n 充分大时有

$$\left|1 - \tilde{B}_n/B_n\right| \leqslant \left|1 - \tilde{B}_n^2/B_n^2\right| \leqslant C/g(\sqrt{n}) \leqslant 1/4.$$

取 $\eta = 4\eta_1/5$, 则当 $|t| \leqslant \eta g(\sqrt{n})$ 时, 有 $\left|\tilde{B}_n t/B_n\right| \leqslant \eta g(\sqrt{n})$. 由不等式 $|e^x - 1| \leqslant |x|\, e^{|x|}$, 当 $|t| \leqslant \eta g(\sqrt{n})$ 时有

$$\begin{aligned} \left|f_n(t) - \exp(-t^2/2)\right| \leqslant & \left|\tilde{f}_n(\tilde{B}_n t/B_n) - \exp(-\tilde{B}_n^2 t^2/2B_n^2)\right| \\ & + \left|\exp(-\tilde{B}_n^2 t^2/2B_n^2) - \exp(-t^2/2)\right| \\ \leqslant & C\left|\tilde{B}_n t/B_n\right|^3 \exp(-\tilde{B}_n^2 t^2/3B_n^2)/g(\sqrt{n}) \\ & + \exp(-t^2/2)(t^2/2)\left|1 - \tilde{B}_n^2/B_n^2\right| \exp\left(\frac{1}{2}t^2\left|1 - \tilde{B}_n^2/B_n^2\right|\right) \\ \leqslant & C(t^2 + |t|^3)\exp(-t^2/4)/g(\sqrt{n}). \end{aligned}$$

这证明了引理.

引理 3.9 设引理 3.5 的条件成立, 且存在与 n 无关的 $A > 0$, 使得

$$E(e_j^4 g(e_j^2)) \leqslant A, \quad j = 1, \cdots, m, \ m \leqslant n. \tag{3.79}$$

又设 $\{a_{nj}\}$ 为一组常数, 满足条件 $\sum_{j=1}^{n} a_{nj}^2 \leqslant 1$. 记

$$e_{nj}^* = \hat{e}_{nj} - E\hat{e}_{nj}, \quad j = 1, \cdots, n. \tag{3.80}$$

则有

$$E\left(\sum_{j=1}^{m} a_{nj} e_{nj}^{*}\right)^{6} \leqslant c\sqrt{n}/g(\sqrt{n}). \tag{3.81}$$

证 由 e_{nj}^{*} 的定义, 得

$$\begin{aligned} E\left(\sum_{j=1}^{m} a_{nj} e_{nj}^{*}\right)^{6} \leqslant & \sum_{j=1}^{m} a_{nj}^{6} E e_{nj}^{*6} + 15 \sum_{j=1}^{m} a_{nj}^{4} E e_{nj}^{*4} \sum_{j=1}^{m} a_{nj}^{2} E e_{nj}^{*2} \\ & + 20\left(\sum_{j=1}^{m} |a_{nj}|^{3} E\left|e_{nj}^{*}\right|^{3}\right)^{2} + 90\left(\sum_{j=1}^{m} a_{nj}^{2} E e_{nj}^{*2}\right)^{3} \\ \triangleq & I_1 + I_2 + I_3 + I_4. \end{aligned} \tag{3.82}$$

由 $E\left|e_{nj}^{*}\right|^{k} \leqslant 2^{k} E\left|\hat{e}_{nj}\right|^{k}$, 得

$$\begin{aligned} I_1 \leqslant & 2^{6} \sum_{j=1}^{m} a_{nj}^{6} E \hat{e}_{nj}^{6} \leqslant \frac{2^{6}\sqrt{n}}{g(\sqrt{n})} \sum_{j=1}^{m} a_{nj}^{6} E(\hat{e}_{nj}^{4} g(\hat{e}_{nj}^{2})) \leqslant 2^{6} A\sqrt{n}/g(\sqrt{n}), \\ I_2 \leqslant & 15\sigma^{2} \sum_{j=1}^{m} a_{nj}^{4} E e_{nj}^{*4} \leqslant 240\sigma^{2} \sum_{j=1}^{m} a_{nj}^{4} E \hat{e}_{nj}^{4} \\ \leqslant & 240\sigma^{2} \sum_{j=1}^{m} a_{nj}^{4} \left\{E(\hat{e}_{nj}^{4} I(\hat{e}_{nj}^{2} \leqslant 1)) + \frac{1}{g(1)} E(\hat{e}_{nj}^{4} g(\hat{e}_{nj}^{2}))\right\} \\ \leqslant & 240\sigma^{2}(1 + A/g(1)). \end{aligned}$$

同样可证明 $I_3 \leqslant C$, $I_4 \leqslant C$. 于是由式 (3.82) 得到式 (3.81). 引理证毕.

引理 3.10 设引理 3.5 的条件成立, 则当 n 充分大时, 有

$$\left|\frac{\sqrt{n} B_n}{(n-r)\sqrt{\operatorname{var}(\sigma_n^2)}} - 1\right| \leqslant C/g(\sqrt{n}). \tag{3.83}$$

证 记 $E e_j^4 = \beta_j \sigma^4$, 及

$$M_n = (m_{nuv})_{u,v=1,\cdots,n} = I_n - X_n(X_n' X_n)^{-} X_n',$$

则由周知的公式, 有

$$\begin{aligned} \operatorname{var}((n-r)\sigma_n^2) &= \operatorname{var}(e_{(n)}' M_n e_{(n)}) \\ &= \sigma^4 \left(\sum_{j=1}^{n} (\beta_j - 3) m_{njj}^2 + 2 \sum_{j=1}^{n} \sum_{k=1}^{n} m_{njk}^2\right). \end{aligned} \tag{3.84}$$

因 M_n 为对称幂等阵, 故

$$\sum_{j=1}^{n}\sum_{k=1}^{n} m_{njk}^2 = \mathrm{tr}(M_n M_n') = \mathrm{tr}(M_n) = \mathrm{rk}(M_n) = n-r. \tag{3.85}$$

注意到式 (3.6) 中 a_{njk} 的定义, 有

$$0 \leqslant m_{njj} = 1 - \sum_{u=1}^{r} a_{nuj}^2 \leqslant 1,$$

且

$$\begin{aligned}1 \geqslant m_{njj}^2 &= 1 - 2\sum_{u=1}^{r} a_{nuj}^2 + \left(\sum_{u=1}^{r} a_{nuj}^2\right)^2 \\ &\geqslant 1 - 2\sum_{u=1}^{r} a_{nuj}^2.\end{aligned} \tag{3.86}$$

由式 (3.85) 和 (3.86), 得

$$\begin{aligned}&\sigma^4\left(\sum_{j=1}^{n}(\beta_j-3)m_{njj}^2 + 2\sum_{j=1}^{n}\sum_{k=1}^{n} m_{njk}^2\right) \\ =&\sigma^4\left\{\sum_{j=1}^{n}(\beta_j-1)m_{njj}^2 - 2\sum_{j=1}^{n} m_{njj}^2 + 2(n-r)\right\} \\ \geqslant&\sigma^4\left\{\sum_{j=1}^{n}(\beta_j-1) - 2\sum_{j=1}^{n}(\beta_j-1)\sum_{u=1}^{r} a_{nuj}^2 - 2n + 2(n-r)\right\}.\end{aligned} \tag{3.87}$$

由 $x/g(x)$ 的非降性 (当 $x>0$), 知 $1/g(1) \leqslant \sqrt{n}/g(\sqrt{n})$. 故

$$\begin{aligned}\beta_j\sigma^4 =&Ee_j^4 = E(e_j^4 I(e_j^2 \leqslant \sqrt{n})) + E(e_j^4 I(e_j^2 > \sqrt{n})) \\ \leqslant&\sqrt{n}\sigma^2 + E(e_j^4 g(e_j^2))/g(\sqrt{n}) \\ \leqslant&\frac{n}{g(\sqrt{n})}(g(1)\sigma^2 + D_1).\end{aligned}$$

注意到 $(\beta_j-1)\sigma^4 = \mathrm{var}(e_j^2)$ 及 $\sum\limits_{j=1}^{n}\sum\limits_{u=1}^{r} a_{nuj}^2 = r$, 得

$$\mathrm{var}\left\{(n-r)\sigma_n^2\right\} \geqslant nB_n^2 - \frac{2rn}{g(\sqrt{n})}(g(1)\sigma^2 + D_1). \tag{3.88}$$

类似的论证给出

$$\mathrm{var}\left\{(n-r)\sigma_n^2\right\} \leqslant nB_n^2 + 2r\sigma^4. \tag{3.89}$$

且 $B_n^2 \geqslant D_2 > 0$, 因 $\lim\limits_{n\to\infty} g(\sqrt{n}) = \infty$, 由式 (3.88) 和 (3.89) 即给出式 (3.83). 引理证毕.

引理 3.11　1° 设 $W_n = W_{n1} + W_{n2}\,(n = 1, 2, \cdots)$ 为一串随机变量. 分别用 F_n 和 F_{n1} 记 W_n 和 W_{n1} 的分布函数. 设

$$\|F_{n1} - \varPhi\| \leqslant C/g(\sqrt{n}), \tag{3.90}$$

$$P(|W_{n2}| \geqslant C/g(\sqrt{n})) \leqslant C/g(\sqrt{n}), \tag{3.91}$$

则有

$$\|F_n - \varPhi\| \leqslant C/g(\sqrt{n}). \tag{3.92}$$

2° 设 $W_n = a_n W_{n1} + b_n, n = 1, 2, \cdots, \{a_n\}$ 和 $\{b_n\}$ 为常数列, 满足条件

$$|a_n - 1| \leqslant C/g(\sqrt{n}), \quad |b_n| \leqslant C/g(\sqrt{n}).$$

则当式 (3.90) 成立时, 式 (3.92) 也成立.

证　以 1° 为例. 由显然的不等式

$$\begin{aligned} F_{n1}(x - C/g(\sqrt{n})) - P(|W_{n2}| \geqslant C/g(\sqrt{n})) &\leqslant F_n(x) \\ \leqslant F_{n1}(x + C/g(\sqrt{n})) + P(|W_{n2}| &\geqslant C/g(\sqrt{n})), \end{aligned}$$

并利用因 $\varPhi'(x)$ 在 $(-\infty, \infty)$ 上有界而得出的

$$\left|\varPhi(x \pm C/g(\sqrt{n})) - \varPhi(x)\right| \leqslant C/g(\sqrt{n}),$$

即得式 (3.92). 2° 的证明类似, 从略.

(三) 定理 3.6 的证明　由引理 3.5 和 3.6, 存在 $L > 0, b_j > 0\,(j = 1, 2, 3)$ 与 n 无关, 使得当 n 充分大时, $\#(A_n \cap H_n) \geqslant b_1 n/2$, 这里 A_n 和 H_n 的定义分别由式 (3.73) 和 (3.75) 给出. 取 $A = 4D_1/b_1$, 则 $\#(\varLambda_n') \leqslant b_1 n/4$, 其中

$$\varLambda_n' = \left\{\upsilon : E(e_\upsilon^4 g(e_\upsilon^2)) \geqslant A, \upsilon = 1, \cdots, n\right\},$$

故有

$$\#(A_n \cap H_n - \varLambda_n') \geqslant b_1 n/4.$$

从集合 $A_n \cap H_n - \varLambda_n'$ 中取出 $\lambda_n'' = \min\left\{n^{4/3}/g(\sqrt{n}), b_1 n/4\right\}$ ↑ 指标 υ, 组成集 $\varLambda_n''$, 而令

$$\varLambda_n = \{1, \cdots, n\} - (\varLambda_n' \cup \varLambda_n''). \tag{3.93}$$

则 $\#(\varLambda_n \cap A_n) \geqslant b_1 n/2$. 令

$$\begin{cases} \Delta_n = \dfrac{8}{\sqrt{n}B_n}\displaystyle\sum_{u=1}^{r}\left(\sum_{v\in\Lambda_n} a_{nuv}e_{nv}^*\right)^2, \\ \Delta_n' = \dfrac{8}{\sqrt{n}B_n}\displaystyle\sum_{u=1}^{r}\left(\sum_{v\in\Lambda_n'} a_{nuv}e_{uv}^*\right)^2, \\ \Delta_n'' = \dfrac{8}{\sqrt{n}B_n}\displaystyle\sum_{u=1}^{r}\left(\sum_{v\in\Lambda''} a_{nuv}e_{nv}^*\right)^2, \\ Q_n^{(1)} = \zeta_n - \dfrac{2}{\sqrt{n}B_n}\displaystyle\sum_{u=1}^{r}\left(\sum_{v=1}^{n} a_{nuv}e_{nv}^*\right)^2, \\ T_n = \zeta_n - \Delta_n - \Delta_n'. \end{cases} \tag{3.94}$$

ζ_n 的定义见式 (3.77), 其特征函数为 f_n, 又以 ψ_n 记 T_n 的特征函数, 则有

$$T_n - \Delta_n'' \leqslant Q_n^{(1)} \leqslant \zeta_n, \tag{3.95}$$

以下往证

$$\sup_x |P(Q_n^{(1)} \leqslant x) - \Phi(x)| \leqslant C/g(\sqrt{n}). \tag{3.96}$$

选取使得式 (3.76) 和 (3.78) 同时成立的 $\eta > 0$, 则由式 (3.78), 应用 Berry-Esseen 定理, 得

$$\begin{aligned} \sup_x |P(\zeta_n \leqslant x) - \Phi(x)| \leqslant & \int_{|t|\leqslant \eta g(\sqrt{n})} |t|^{-1} \left|f_n(t) - \exp(-t^2/2)\right| dt + C/g(\sqrt{n}) \\ \leqslant & C/g(\sqrt{n}). \end{aligned} \tag{3.97}$$

另一方面, 用 Markov 及 Marcinkiewicz 不等式 (见第一章式 (1.60)), 得

$$\begin{aligned} P(|\Delta_n''| \geqslant 1/g(\sqrt{n})) \leqslant & Cg^3(\sqrt{n})n^{-3/2}\sum_{u=1}^{r} E\left(\sum_{v\in\Lambda_n''} a_{nuv}e_{nv}^*\right)^6 \\ \leqslant & Cg^3(\sqrt{n})n^{-3/2}\sum_{u=1}^{r} E\left(\sum_{v\in\Lambda_n''} a_{nuv}^2 e_{nv}^{*2}\right)^3 \\ \leqslant & Cg^3(\sqrt{n})n^{-3/2}n^{-3} E\left(\sum_{v\in\Lambda_n''} e_{nv}^{*2}\right)^3 \\ \leqslant & Cg^3(\sqrt{n})n^{-9/2}(\lambda_n'')^2 \sum_{v\in\Lambda_n''} E\hat{e}_{nv}^6 \end{aligned}$$

$$
\begin{aligned}
&\leqslant C g^3(\sqrt{n}) n^{-9/2}\left(\lambda_n''\right)^2 \frac{\sqrt{n}}{g(\sqrt{n})} \sum_{v \in \Lambda_n''} E\left(\hat{e}_{nv}^4 g(\hat{e}_{nv}^2)\right) \\
&\leqslant C g^2(\sqrt{n}) n^{-4}\left(\lambda_n''\right)^3 .
\end{aligned} \tag{3.98}
$$

若 $\lambda_n''=n^{4/3}/g(\sqrt{n})$, 则

$$
P(|\Delta_n''| \geqslant 1/g(\sqrt{n})) \leqslant C/g(\sqrt{n}). \tag{3.99}
$$

若 $\lambda_n''=b_1 n/4<n^{4/3}/g(\sqrt{n})$, 则 $g(\sqrt{n}) \leqslant C n^{1/3}$. 这时有

$$
P(|\Delta_n''| \geqslant 1/g(\sqrt{n})) \leqslant C g^2(\sqrt{n})/n \leqslant C n^{-1/3} \leqslant C/g(\sqrt{n}). \tag{3.100}
$$

由引理 3.11, 为证式 (3.96), 只需证明

$$
\sup_x |P(T_n \leqslant x)-\Phi(x)| \leqslant C/g(\sqrt{n}). \tag{3.101}
$$

由 Berry-Esseen 不等式, 为证式 (3.101), 只需证明：对上面选定的 $\eta>0$, 当 n 充分大时有

$$
\int_{|t| \leqslant n g(\sqrt{n})}|t|^{-1}\left|\psi_n(t)-\exp(-t^2/2)\right| dt \leqslant C/g(\sqrt{n}). \tag{3.102}
$$

但

$$
\begin{aligned}
&\int_{|t| \leqslant \eta g(\sqrt{n})}|t|^{-1}|\psi_n(t)-\exp(-t^2/2)| dt \\
\leqslant &\int_{|t| \leqslant \eta g(\sqrt{n})}|t|^{-1}\left|f_n(t)-\exp(-t^2/2)\right| dt \\
&+\int_{|t| \leqslant \eta g(\sqrt{n})}|t|^{-1}\left|E e^{i t \zeta n}(1-e^{-i t \Delta_n'})\right| dt \\
&+\int_{|t| \leqslant \eta g(\sqrt{n})}|t|^{-1}\left|E e^{i t(\zeta_n-\Delta_n')}(1-e^{-i t \Delta_n})\right| dt \\
\triangleq & I_1+I_2+I_3 .
\end{aligned} \tag{3.103}
$$

由式 (3.78), 对充分大的 n, 有

$$
I_1 \leqslant C/g(\sqrt{n}). \tag{3.104}
$$

若记 $\mu=b_1 \lambda/4$, 则由引理 3.7, 有

$$
I_2 \leqslant \int_{|t| \leqslant \eta g(\sqrt{n})}|t|^{-1}\left|E \exp\left(i t \sum_{j \in A_n \cap \Lambda_n} \xi_{nj}/\sqrt{n} B_n\right)\right| E\left|1-e^{-i t \Delta_n'}\right| dt
$$

$$\leqslant \int_{|t|\leqslant \eta g(\sqrt{n})} (\exp(-\lambda t^2/n))^{b_1 n/4} E\Delta_n' dt$$
$$\leqslant \frac{C}{\sqrt{n}} \int_{|t|\leqslant \eta g(\sqrt{n})} e^{-\mu t^2} E \sum_{u=1}^{r} \left(\sum_{v\in \Lambda_n'} a_{nuv} e_{nv}^* \right)^2 dt$$
$$\leqslant \frac{C}{\sqrt{n}} \int_0^{\infty} e^{-\mu t^2} dt \leqslant C/g(\sqrt{n}). \tag{3.105}$$

为估计 I_3, 分两种情况讨论:

(i) $\lambda_n'' = b_1 n/4 \leqslant n^{4/3}/g(\sqrt{n})$.

这时有

$$I_3 \leqslant \int_{|t|\leqslant \eta g(\sqrt{n})} |t|^{-1} \left| E\exp\left(it \sum_{j\in \Lambda_n''} \xi_{nj}/\sqrt{n}B_n \right) \right| E\,|t\Delta_n|\, dt$$
$$\leqslant \frac{C}{\sqrt{n}} \int_{|t|\leqslant \eta g(\sqrt{n})} (\exp(-\lambda t^2/n))^{b_1 n/4} E$$
$$\times \sum_{u=1}^{r} \left(\sum_{v\in \Lambda_n} a_{nuv} e_{nv}^* \right)^2 dt \tag{3.106}$$
$$\leqslant \frac{C}{\sqrt{n}} \int_0^{\infty} e^{-\mu t^2} dt \leqslant C/g(\sqrt{n}).$$

(ii) $\lambda_n'' = n^{4/3}/g(\sqrt{n}) < b_1 n/4$.

这时有 $g(\sqrt{n}) > Cn^{1/3}$. 由引理 3.9, 得 $E\Delta_n^3 \leqslant C/ng(\sqrt{n})$, 故

$$E\Delta_n^2 \leqslant (E\Delta_n^3)^{2/3} \leqslant Cn^{-2/3} g^{-2/3}(\sqrt{n}). \tag{3.107}$$

易见

$$I_3 \leqslant \int_{|t|\leqslant \eta g(\sqrt{n})} \left| Ee^{it(\zeta_n - \Delta_n')} \Delta_n \right| dt$$
$$+ \int_{|t|\leqslant \eta g(\sqrt{n})} |t| \left| E(e^{it(\zeta_n - \Delta_n')} \theta_n \Delta_n^2) \right| dt$$
$$\triangleq J_1 + J_2, \tag{3.108}$$

此处 $|\theta_n| \leqslant 1$, 且 θ_n 只与 $\{e_{nv}^* : v \in \Lambda_n\}$ 有关, 故 θ_n 与 $\{\xi_{nv} : v \in \Lambda_n''\}$ 和 $\{e_v : v \in \Lambda_n'\}$ 相互独立.

先估计 J_2, 由上述独立性及式 (3.107), 有

$$|t| \left| Ee^{it(\zeta_n - \Delta_n')} \theta_n \Delta_n^2 \right| \leqslant |t| E\Delta_n^2 \left| E\exp\left(it \sum_{j\in \Lambda_n''} \xi_{nj}/\sqrt{n}B_n \right) \right|$$

$$\leqslant C|t|n^{-2/3}g^{-2/3}(\sqrt{n})(\exp(-\lambda t^2/n))^{n^{4/3}/g^{(\sqrt{n})}}$$
$$\leqslant C|t|n^{-2/3}g^{-2/3}(\sqrt{n})\exp(-\lambda_n^{1/3}t^2/g(\sqrt{n})). \tag{3.109}$$

故

$$\begin{aligned}&\int_{g^{1/2}(\sqrt{n})\leqslant|t|\leqslant\eta g(\sqrt{n})}|t|\left|Ee^{it(\zeta_n-\Delta'_n)}\theta_n\Delta_n^2\right|dt\\&\leqslant Cn^{-2/3}g^{-2/3}(\sqrt{n})\exp(-\lambda_n^{1/3})\int_{|t|\leqslant\eta g(\sqrt{n})}|t|\,dt\\&\leqslant Cg^{4/3}(\sqrt{n})n^{-2/3}\exp(-\lambda n^{1/3})=O(g^{-1}(\sqrt{n})).\end{aligned} \tag{3.110}$$

而

$$\begin{aligned}&\int_{|t|\leqslant g^{1/2}(\sqrt{n})}|t|\left|E(e^{it(\zeta_n-\Delta'_n)}\theta_n\Delta_n^2)\right|dt\\&\leqslant\int_{|t|\leqslant g^{1/2}(\sqrt{n})}|t|\,E\Delta_n^2dt\leqslant Cn^{-2/3}g^{-2/3}(\sqrt{n})g(\sqrt{n})\\&=Cg^{1/3}(\sqrt{n})n^{-2/3}=O(g^{-1}(\sqrt{n})).\end{aligned} \tag{3.111}$$

由式 (3.110) 和 (3.111), 知当 n 充分大时有

$$J_2\leqslant C/g(\sqrt{n}). \tag{3.112}$$

现往估计 J_1, 有

$$\begin{aligned}&\left|E(e^{it(\zeta_n-\Delta'_n)}\Delta_n)\right|\\&\leqslant\frac{C}{\sqrt{n}}\sum_{u=1}^{r}\sum_{v\in\Lambda_n}a_{nuv}^2\left|Ee_{nv}^{*2}e^{it(\zeta_n-\Delta'_n)}\right|\\&\quad+\frac{C}{\sqrt{n}}\sum_{u=1}^{r}\sum_{\{v,v'\in\Lambda_n,v\neq v'\}}|a_{nuv}a_{nuv'}|\left|Ee_{nv}^*e_{nv'}^*e^{it(\zeta_n-\Delta'_n)}\right|\\&\triangleq M_1(t)+M_2(t).\end{aligned} \tag{3.113}$$

当 n 充分大且 $|t|\leqslant\eta g(\sqrt{n})$ 时, 有

$$\begin{aligned}M_1(t)&\leqslant\frac{C}{\sqrt{n}}\sum_{u=1}^{r}\sum_{v\in\Lambda_n}a_{nuv}^2Ee_{nv}^{*2}\left|E\exp\left(it\sum_{\{j:j\neq v,j\in A_n\cap\Lambda_n\}}\xi_{nj}/\sqrt{n}B_n\right)\right|\\&\leqslant\frac{C\sigma^2}{\sqrt{n}}\sum_{u=1}^{r}\sum_{v\in\Lambda_n}a_{nuv}^2(\exp(-\lambda t^2/n))^{b_1n/4}\leqslant\frac{C}{\sqrt{n}}e^{-\mu t^2}.\end{aligned} \tag{3.114}$$

同样, 对充分大的 n, 当 $|t| \leqslant \eta g(\sqrt{n})$ 时有

$$M_2(t) \leqslant \frac{C}{\sqrt{n}} e^{\ \ \mu t^2} \sum_{u=1}^{r} \sum_{j=1}^{n} |a_{nuj} g_{nj}|^?, \tag{3.115}$$

此处

$$g_{nj} = E(e_{nj}^* \exp(it\xi_{nj}/\sqrt{n}B_n)). \tag{3.116}$$

有

$$\begin{aligned} |g_{nj}|^2 &= \left|E\{e_{nj}^*[\exp(it\xi_{nj}/\sqrt{n}B_n) - 1]\}\right|^2 \\ &\leqslant \left(\frac{|t|}{\sqrt{n}B_n} E\left|e_{nj}^*\xi_{nj}\right|\right)^2 \leqslant \frac{Ct^2}{n} Ee_{nj}^{*2} E\xi_{nj}^2 \leqslant \frac{C}{n}\sigma^2 d_j^2 t^2. \end{aligned} \tag{3.117}$$

故由式 (3.115), 当 n 充分大且 $|t| \leqslant \eta g(\sqrt{n})$ 时, 有

$$\begin{aligned} M_2(t) &\leqslant \frac{C}{\sqrt{n}} e^{-\mu t^2} \sum_{u=1}^{r} \sum_{j=1}^{n} a_{nuj}^2 \sum_{j=1}^{n} |g_{nj}|^2 \\ &\leqslant \frac{C}{\sqrt{n}} e^{-\mu t^2} t^2 \frac{1}{n} \sum_{1}^{n} d_j^2 \leqslant \frac{C}{\sqrt{n}} t^2 e^{-\mu t^2}. \end{aligned} \tag{3.118}$$

故由式 (3.113) 和 (3.114) 及 (3.118), 当 n 充分大时有

$$J_1 \leqslant \frac{C}{\sqrt{n}} \int_{|t| \leqslant \eta g(\sqrt{n})} (1+t^2) e^{-\mu t^2} dt \leqslant \frac{C}{\sqrt{n}} \leqslant \frac{C}{g(\sqrt{n})}. \tag{3.119}$$

因此, 由式 (3.108) 和 (3.112) 及 (3.119), 对情况 (ii) 也证明了：当 n 充分大时有

$$I_3 \leqslant C/g(\sqrt{n}). \tag{3.120}$$

现在, 由式 (3.103)~(3.106) 及 (3.120), 知式 (3.102) 成立, 因而式 (3.101) 成立. 这就完成了式 (3.96) 的证明.

现定义

$$Q_n^{(2)} = \frac{1}{\sqrt{n}B_n} \left(\sum_{j=1}^{n} \hat{e}_{nj}^2 - (n-r)\sigma^2\right) - \frac{1}{\sqrt{n}B_n} \sum_{u=1}^{r} \left(\sum_{v=1}^{n} a_{nuv} \hat{e}_{nv}\right)^2, \tag{3.121}$$

则

$$\left|\frac{1}{\sqrt{n}B_n} \left(\sum_{j=1}^{n} \hat{e}_{nj}^2 - (n-r)\sigma^2\right) - \zeta_n\right|$$

$$
\begin{aligned}
&\leqslant \frac{1}{\sqrt{n}B_n}\left(\sum_{j=1}^{n}(\sigma^2 - E\hat{e}_{nj}^2) + r\sigma^2\right) \\
&= \frac{1}{\sqrt{n}B_n}\left(\sum_{j=1}^{n}\int_{|x|>n^{1/4}} x^2 dF_j(x) + r\sigma^2\right) \\
&\leqslant \frac{1}{\sqrt{n}\sqrt{D_2}}\left(\frac{D_1\sqrt{n}}{g(\sqrt{n})} + r\sigma^2\right) \leqslant C/g(\sqrt{n}).
\end{aligned} \tag{3.122}
$$

又由 Cauchy-Schwarz 不等式, 有

$$
\begin{aligned}
|E\hat{e}_{nj}|^2 &= \left(\int_{|x|>n^{1/4}} x dF_j(x)\right)^2 \\
&\leqslant \int_{|x|>n^{1/4}} x^2 dF_j(x) \int_{|x|>n^{1/4}} dF_j(x) \\
&\leqslant \int_{|x|>n^{1/4}} x^2 dF_j(x) \\
&\leqslant \frac{1}{\sqrt{n}g(\sqrt{n})} E(e_j^4 g(e_j^2)),
\end{aligned}
$$

故有

$$
\begin{aligned}
\left(\sum_{v=1}^{n} a_{nuv}\hat{e}_{nv}\right)^2 &= \left(\sum_{v=1}^{n} a_{nuv}e_{nv}^* + \sum_{v=1}^{n} a_{nuv}E\hat{e}_{uv}\right)^2 \\
&\leqslant 2\left(\sum_{v=1}^{n} a_{nuv}e_{nv}^*\right)^2 + 2\left(\sum_{v=1}^{n} a_{nuv}E\hat{e}_{nv}\right)^2 \\
&\leqslant 2\left(\sum_{v=1}^{n} a_{nuv}e_{nv}^*\right)^2 + 2\sum_{v=1}^{n}(E\hat{e}_{nv})^2 \\
&\leqslant 2\left(\sum_{v=1}^{n} a_{nuv}e_{nv}^*\right)^2 + \frac{2}{\sqrt{n}g(\sqrt{n})}\sum_{v=1}^{n} E(e_v^4 g(e_v^2)) \\
&\leqslant 2\left(\sum_{v=1}^{n} a_{nuv}e_{nv}^*\right)^2 + 2D_1\sqrt{n}/g(\sqrt{n}).
\end{aligned} \tag{3.123}
$$

由式 (3.121)~(3.123), 并注意到 $B_n \geqslant \sqrt{D_2} > 0$ 对一切 n, 有

$$
Q_n^{(1)} - C/g(\sqrt{n}) \leqslant Q_n^{(2)} \leqslant \zeta_n + C/g(\sqrt{n}). \tag{3.124}
$$

由引理 3.11, 及式 (3.96) 和 (3.97), 得

$$
\sup_x \left| P(Q_n^{(2)} \leqslant x) - \Phi(x) \right| \leqslant C/g(\sqrt{n}). \tag{3.125}
$$

现令

$$\begin{aligned} Q_n^{(3)} =&(n-r)(\sigma_n^2-\sigma^2)/\sqrt{n}B_n \\ =&\frac{1}{\sqrt{n}B_n}\left(\sum_{j=1}^n e_j^2-(n-r)\sigma^2\right)-\frac{1}{\sqrt{n}B_n}\sum_{u=1}^r\left(\sum_{v=1}^n a_{nuv}e_v\right)^2. \end{aligned} \tag{3.126}$$

比较式 (3.121) 与 (3.126), 易见 $Q_n^{(2)}$ 与 $Q_n^{(3)}$ 的差别, 仅在于将 $Q_n^{(2)}$ 中的 $\hat{e}_{nj}$ 换为 e_j. 因此, 对任何 x 有

$$\begin{aligned} \left|P(Q_n^{(3)}\leqslant x)-P(Q_n^{(2)}\leqslant x)\right| &\leqslant \sum_{j=1}^n P(e_j\neq \hat{e}_{nj}) \\ &\leqslant \sum_{j=1}^n \int_{|x|>n^{1/4}} \mathrm{d}F_j(x) \leqslant \frac{1}{ng(\sqrt{n})}\sum_{j=1}^n E(e_j^4 g(e_j^2)) \\ &\leqslant D_1/g(\sqrt{n}). \end{aligned} \tag{3.127}$$

将式 (3.125) 与 (3.127) 结合, 有

$$\sup_x\left|P(Q_n^{(3)}\leqslant x)-\varPhi(x)\right|\leqslant C/g(\sqrt{n}). \tag{3.128}$$

最后, 有

$$\tilde{\sigma}_n^2=\frac{\sigma_n^2-\sigma^2}{\sqrt{\mathrm{var}(\sigma_n^2)}}=\frac{\sqrt{n}B_n}{(n-r)\sqrt{\mathrm{var}(\sigma_n^2)}}Q_n^{(3)}.$$

根据引理 3.10, 知式 (3.83) 成立. 故由式 (3.128) 以及引理 3.11, 知式 (3.67) 成立. 这就完成了定理 3.6 的证明.

§3.3 一致性收敛速度 (II)

在线性模型 (3.1) 之下, 设条件 (3.2) 满足, 且 e_k 的 4 阶矩有限. 在一定条件下, 不难证明 $\tilde{\sigma}_n^2=\sqrt{n}(\sigma_n^2-\sigma^2)/D_n$ 依分布收敛于标准正态 $\varPhi$, 此处,

$$D_n^2=\frac{1}{n}\mathrm{var}\left(\sum_{k=1}^n e_k^2\right)=\frac{1}{n}\sum_{k=1}^n a_k-\sigma^4, a_k=Ee_k^4 \tag{3.129}$$

(由于此处并不要求有一定的收敛速度, 所需的条件比定理 3.6 要少).

从统计应用的角度看, 这个结果的意义不大. 因为 D_n 也与模型中的未知参数有关, 所以还不能直接由上述定理去构造 σ^2 的大样本区间估计, 或对 σ^2 进行大样本检验等. 要做到这一点, 需要通过样本对 D_n 进行估计, 并以估计值代替 D_n, 这个任务比较易于完成. 下面将提出 D_n 的一个弱相合估计 $\hat{D}_n$, 以之代替 D_n, 得

$$W_n\triangleq\sqrt{n}(\sigma_n^2-\sigma^2)/\hat{D}_n\xrightarrow{\mathscr{L}}N(0,1).$$

这样的结果就可直接用于统计目的.

从极限理论的角度, 考虑到定理 3.6 的结论, 自然就提出如下的问题: 以 G_n 记 W_n 的分布, 则 $\|G_n - \Phi\|$ 能以怎样的速度趋于 0? 陈希孺首先在文献 [15] 中研究了这一问题, 得到了一个初步结果. 不久, 赵林城在文献 [16] 中继续这一研究, 基本上得到了彻底的解决. 由下面的论证可知, 为了达到理想的最佳速度 $O(n^{-1/2})$, 对随机误差序列加上 $\sup\limits_n Ee_n^8 < \infty$ 的条件是需要的.

转到具体的讨论, 先给出 D_n 的一个估计. 在式 (3.1) 的前 n 次试验的基础上, 以 ξ_{nk} 记 Y_k 的残差:

$$\xi_{nk} = Y_k - x_k'\hat{\beta}_n, \quad k = 1, \cdots, n,$$

此处 $\hat{\beta}_n$ 为 β 的任一 LS 估计. 记

$$V_{nk}' = x_k'(X_n'X_n)^{-}X_n' = (v_{nk1}, \cdots, v_{nkn}), \quad k = 1, \cdots, n.$$

则 ξ_{nk} 可写为

$$\xi_{nk} = Y_k - V_{nk}'Y_{(n)} = e_k - V_{nk}'e_{(n)}, \quad k = 1, \cdots, n.$$

$Y_{(n)}$ 和 $e_{(n)}$ 的意义见式 (2.2). 令

$$\begin{aligned} \hat{D}_n^2 &= \frac{1}{n}\sum_{k=1}^{n}\xi_{nk}^4 - \left(\frac{1}{n}\sum_{k=1}^{n}\xi_{nk}^2\right)^2 \\ &= \frac{1}{n}\sum_{k=1}^{n}\xi_{nk}^4 - \left(1 - \frac{r}{n}\right)^2\sigma_n^4, \end{aligned} \tag{3.130}$$

即以 $\hat{D}_n$ 作为 D_n 的估计.

为了简化记号, 本节仍沿用前节关于字母 C 和 i 的约定. 且 $C_1, C_2, \cdots$ 均为与 n 无关的正的常数. 我们有

定理 3.7 设在一般线性模型 (3.1) 中, $\{e_n\}$ 满足条件 (3.2), 而 D_n 和 $\hat{D}_n$ 分别由式 (3.129) 和 (3.130) 定义, 设当 n 充分大时,

$$D_n \geqslant C_1 > 0, \tag{3.131}$$

$$\lim_{C\to\infty}\left\{\sup_n \int_{|x|\geqslant C} x^4 \mathrm{d}F_n(x)\right\} = 0, \tag{3.132}$$

此处 F_n 为 e_n 的分布, 则当 $n \to \infty$ 时, 有

$$\hat{D}_n/D_n \xrightarrow{P} 1,$$

$$W_n \triangleq \sqrt{n}(\sigma_n^2-\sigma^2)/\hat{D}_n \xrightarrow{\mathscr{L}} N(0,1).$$

证 由式 (3.2) 和 (3.131) 及 (3.132), 不难推出 $\{e_n^2-\sigma^2,\ n=1,2,\cdots\}$ 满足 Lindeberg 条件, 故

$$\sum_{k=1}^{n}(e_k^2-\sigma^2)/\sqrt{n}D_n \xrightarrow{\mathscr{L}} N(0,1).$$

由此式和式 (3.6) 及

$$E\sum_{j=1}^{r}\left(\sum_{k=1}^{n}a_{njk}e_k\right)^2=r\sigma^2$$

可得

$$\sqrt{n}(\sigma_n^2-\sigma^2)/D_n \xrightarrow{\mathscr{L}} N(0,1).$$

故为证定理 3.7, 只需证明 $\hat{D}_n/D_n \xrightarrow{P} 1$. 而由式 (3.131), 此等价于证明

$$\hat{D}_n^2-D_n^2 \xrightarrow{P} 0.$$

依系 3.1, 在本定理的条件下, 有 $\sigma_n^2 \xrightarrow{P} \sigma^2$, 故为证上式, 只需证明

$$T_n \triangleq \frac{1}{n}\sum_{k=1}^{n}(\xi_{nk}^4-a_k) \xrightarrow{P} 0. \tag{3.133}$$

为证此式, 将 T_n 表为

$$\begin{aligned}
T_n &= T_{n0}-4T_{n1}+6T_{n2}-4T_{n3}+T_{n4},\\
T_{n0} &= \frac{1}{n}\sum_{k=1}^{n}(e_k^4-a_k),\\
T_{nj} &= \frac{1}{n}\sum_{k=1}^{n}e_k^{4-j}(V_{nk}'e_{(n)})^j,
\end{aligned} \tag{3.134}$$

而往证 $T_{nj} \xrightarrow{P} 0\,(j=0,1,\cdots,4)$. 为此先注意

$$\begin{aligned}
\sum_{k=1}^{n}||V_{nk}||^2 &= \sum_{k=1}^{n}\mathrm{tr}(V_{nk}V_{nk}')\\
&= \mathrm{tr}\left\{X_n(X_n'X_n)^-\sum_{1}^{n}x_kx_k'(X_n'X_n)^-X_n'\right\}\\
&= \mathrm{tr}\{(X_n'X_n)^-(X_n'X_n)(X_n'X_n)^-(X_n'X_n)\}\\
&= \mathrm{tr}\{(X_n'X_n)^-(X_n'X_n)\}=r\leqslant p,
\end{aligned} \tag{3.135}$$

因而有 $v_{nkj}^2 \leqslant ||V_{nk}||^2 \leqslant p$. 又由式 (3.132), 易知存在与 n 无关的常数 a, 使得 $a_k \leqslant a\,(k=1,2,\cdots)$, 故

$$E(V_{nk}'e_{(n)})^4 = \sum_{j=1}^n v_{nkj}^4 a_j + \sum_{1\leqslant j\neq l\leqslant n} v_{nkj}^2 v_{nkl}^2 \sigma^4 \leqslant a\,||V_{nk}||^4,$$

故由式 (3.135) 得 $E\,|T_{n4}| \leqslant ap^2/n$. 又由

$$\begin{aligned} E(e_k^2(V_{nk}'e_{(n)})^2) &= \sum_{j,l=1}^n v_{nkj}v_{nkl}E(e_k^2 e_j e_l) \\ &= v_{nkk}^2 a_k + \sum_{j=1,j\neq k}^n v_{nkj}^2\sigma^4 \leqslant a\,||V_{nk}||^2, \end{aligned}$$

得 $E\,|T_{n2}| \leqslant ap/n$. 因为

$$\left|e_k(V_{nk}'e_{(n)})^3\right| \leqslant \frac{1}{2}\{e_k^2(V_{nk}'e_{(n)})^2 + (V_{nk}'e_{(n)})^4\}, \tag{3.136}$$

知 $E\,|T_{n3}| \leqslant \dfrac{1}{2}(E\,|T_{n2}| + E\,|T_{n4}|) \leqslant ap^2/n$, 对 T_{n1}, 则注意

$$\frac{1}{n}\left|e_k^3 V_{nk}'e_{(n)}\right| \leqslant n^{-3/2}e_k^4 + n^{-1/2}(V_{nk}'e_{(n)})^2,$$

于是由式 (3.135), 得

$$\begin{aligned} E\,|T_{n1}| &\leqslant n^{-3/2}\sum_{k=1}^n Ee_k^4 + n^{-1/2}\sum_{k=1}^n E(V_{nk}'e_{(n)})^2 \\ &\leqslant n^{-1/2}a + n^{-1/2}\sigma^2\sum_{k=1}^n ||V_{nk}||^2 \leqslant (a+p\sigma^2)/\sqrt{n}. \end{aligned}$$

综上所述, 我们证明了：当 $n\to\infty$ 时,

$$E\,|T_{n1}| = O(n^{-1/2}), E\,|T_{nj}| = O(n^{-1}), \quad j=2,3,4. \tag{3.137}$$

对 T_{n0} 则如下处理：以 F_k' 记 e_k^2 的分布, 则式 (3.132) 可改写为

$$\lim_{e\to\infty}\left\{\sup_n \int_{|x|>c} x^2 dF_n'(x)\right\} = 0.$$

由系 3.1 的证明, 知式 (3.8) 和 (3.9) 同时成立 (将 F_k 易为 F_k'). 再由定理 3.1′, 即得 $T_{n0} \xrightarrow{P} 0$. 由此及式 (3.137) 和 (3.134), 即得式 (3.133). 定理证毕.

为了研究 $||G_n - \varPhi||$ 的收敛速度, 我们先证明下述定理, 它同时适用于 U 统计量和线性模型.

定理 3.8 设 $\{e_n\}$ 为独立随机变量序列, $\{a_n\}$ 和 $\{b_n\}$ 为实数列, $|a_n|+|b_n| \leqslant Cn^{-3/2}$, Z_{nk} 和 X_{nk} 均为 e_k 的函数, 而 φ_{njk} 为 e_j, e_k 的对称函数, $EX_{nk} = EZ_{nk} = 0$, $E(\varphi_{njk}|e_j) = 0\,(j \neq k, j, k = 1, \cdots, n, n = 1, 2, \cdots)$. 且对上述 j, k, n, 有

$$d_n^2 = \frac{1}{n}\sum_{k=1}^{n} EZ_{nk}^2 \geqslant G_2 > 0, \quad \sup_{n,k} E\,|Z_{nk}|^3 \leqslant C_3 < \infty, \tag{3.138}$$

$$\sup_{n,k} E\,|X_{nk}|^{4/3} < \infty, \tag{3.139}$$

$$E\varphi_{njk}^2 \leqslant \mu_{nj}^2 + \mu_{nk}^2 + v_{nj}^2 v_{nk}^2, \quad \sum_{k=1}^{n} (\mu_{nk}^2 + v_{nk}^2) \leqslant C_4 n. \tag{3.140}$$

令

$$U_n = \frac{1}{\sqrt{n}d_n}\sum_{k=1}^{n} Z_{nk} + a_n \sum_{k=1}^{n} X_{nk} + b_n \sum_{1 \leqslant j < k \leqslant n} \varphi_{njk},$$

则

$$\sup_x |P(U_n \leqslant x) - \Phi(x)| \leqslant C/\sqrt{n}.$$

证 首先, $\sup\limits_{n,k} EZ_{nk}^2 \leqslant C_5$. 令

$$\tilde{A}_n = \{k : 1 \leqslant k \leqslant n, EZ_{nk}^2 \geqslant C_2/2\}, \tag{3.141}$$

则由式 (3.138), 有

$$C_2 n \leqslant \sum_{k=1}^{n} EZ_{nk}^2 \leqslant C_5 \cdot \#(\tilde{A}_n) + C_2 n/2,$$

故

$$\#(\tilde{A}_n) \geqslant \frac{C_2}{2C_5} n \triangleq 2C_6 n.$$

令 $C_7 = C_4/C_6$, 且令

$$\tilde{B}_n = \{k : 1 \leqslant k \leqslant n, \mu_{nk}^2 + v_{nk}^2 \leqslant C_7\}. \tag{3.142}$$

则

$$C_7 \cdot \#(\tilde{B}_n^c) < \sum_{k=1}^{n} (\mu_{nk}^2 + v_{nk}^2) \leqslant C_4 n,$$

此处 $\tilde{B}_n^c = \{1, \cdots, n\} - \tilde{B}_n$, 故

$$\#(\tilde{B}_n^c) < C_6 n.$$

因而

$$\#(\tilde{A}_n \cap \tilde{B}_n) \geqslant C_6 n.$$

在 $\tilde{A}_n \cap \tilde{B}_n$ 中取出 $[\sqrt{n}]$ 个指标 k, 组成指标集 $\varLambda''_n$. 令 $\varLambda'_n = \{1, \cdots, n\} - \varLambda''_n$. 记 $J_n = n - [\sqrt{n}]$, 且不妨设 $\varLambda'_n = \{1, \cdots, J_n\}$. 记

$$\begin{aligned}
S_n &= \frac{1}{\sqrt{n} d_n} \sum_{j=1}^{n} Z_{nj} \triangleq \frac{1}{\sqrt{n}} \sum \zeta_{nj}, \\
S'_n &= \frac{1}{\sqrt{n} d_n} \sum_{j \in \varLambda'_n} Z_{nj} \triangleq \frac{1}{\sqrt{n}} \sum{}' \zeta_{nj}, \\
S''_n &= \frac{1}{\sqrt{n} d_n} \sum_{j \in \varLambda''_n} Z_{nj} \triangleq \frac{1}{\sqrt{n}} \sum{}'' \zeta_{nj}, \\
T_n &= a_n \sum_{j=1}^{n} X_{nj}, \\
T'_n &= a_n \sum_{j \in \varLambda'_n} X_{nj} \triangleq a_n \sum{}'' X_{nj}, \\
T''_n &= T_n - T'_n = a_n \sum{}'' X_{nj}, \\
\tilde{\Delta}_n &= b_n \sum_{1 \leqslant j < k \leqslant n} \varphi_{njk}, \\
\tilde{\Delta}'_n &= b_n \sum_{1 \leqslant j < k < J_n} \varphi_{njk} \triangleq b_n \sum_{j<k}{}' \varphi_{njk}, \\
\tilde{\Delta}''_n &= \tilde{\Delta}_n - \tilde{\Delta}'_n = b_n \sum_{k=J_n+1}^{n} \sum_{j=1}^{k-1} \varphi_{njk} \\
&\triangleq b_n \sum_{k}{}'' \sum_{j=1}^{k-1} \varphi_{njk}.
\end{aligned}$$

由引理 3.7, 存在与 n 无关的常数 $\eta > 0$, $\delta_1 > 0$, 使得当 $|t| \leqslant \sqrt{n}\eta$ 时, 对任一 $k \in \tilde{A}_n$, 有

$$\left| E_{\exp}(it\zeta_{nk}/\sqrt{n}) \right| \leqslant \exp(-\delta_1 t^2/n),$$

故有与 n 无关的 $\delta > 0$, 当 $|t| \leqslant \sqrt{n}\eta$ 时, 有

$$\left\{ \begin{array}{l} |E \exp(itS''_n)| \leqslant \exp(-\delta t^2/\sqrt{n}), \\ |E \exp\{it(S_n - \zeta_{nj}/\sqrt{n} - \zeta_{nk}/\sqrt{n})\}| \leqslant e^{-\delta t^2}, j \neq k \text{ 任意}. \end{array} \right. \tag{3.143}$$

由 $E(\varphi_{njk}|e_j) = 0$ 知, $E(\varphi_{njk}\varphi_{nj'k'}) = 0$, 只要 $\{j, k\} \neq \{j', k'\}$. 故由式 (3.140), 有

$$E \left| \tilde{\Delta}''_n \right|^2 = b_n^2 \sum_{k}{}'' \sum_{j=1}^{k-1} E\varphi_{njk}^2$$

$$
\begin{aligned}
&\leqslant C_n^{-3}\sum_k{}''\sum_{j=1}^{k-1}(\mu_{nj}^2+\mu_{nk}^2+v_{nj}^2v_{nk}^2)\\
&\leqslant C_n^{-3}\left(\sqrt{n}\sum_j\mu_{nj}^2+C_7\sqrt{n}\cdot n+C_7\sqrt{n}\sum_j v_{nj}^2\right)\\
&\leqslant C_n^{-3/2},
\end{aligned}
$$

因而

$$
P(|\tilde{\Delta}_n''|\geqslant 1/\sqrt{n})\leqslant nE|\tilde{\Delta}_n''|^2\leqslant C/\sqrt{n}.
$$

又由式 (3.139), 有

$$
\begin{aligned}
E\left|T_n''\right|^{4/3}&\leqslant Cn^{-2}E\left|\sum{}''X_{nk}\right|^{4/3}\leqslant Cn^{-2}\sum{}''E\left|X_{nk}\right|^{4/3}\\
&\leqslant Cn^{-2}\cdot Cn^{1/2}\leqslant Cn^{-3/2},
\end{aligned}
$$

故

$$
P(|T_n''|\geqslant 1/\sqrt{n})\leqslant n^{2/3}E\left|T_n''\right|^{4/3}\leqslant C/\sqrt{n}.
$$

故由引理 3.11, 为证定理结论, 只需证明

$$
\sup_x\left|P(S_n+T_n'+\tilde{\Delta}_n'\leqslant x)-\varPhi(x)\right|\leqslant C/\sqrt{n}. \tag{3.144}
$$

由第一章定理 1.32 知, 在定理条件下, 存在与 n 无关的常数 $\eta>0$, 使得

$$
\int_{|t|\leqslant\sqrt{n}\eta}|t|^{-1}|E\exp(itS_n)-e^{-t^2/2}|dt\leqslant C/\sqrt{n}, \tag{3.145}
$$

且不妨设此 η 也使得式 (3.143) 成立. 我们有

$$
\begin{aligned}
&\left|E\exp(it(S_n+\tilde{\Delta}_n'))-E\exp(itS_n)\right|\\
&\leqslant|t|\cdot\left|E\{\tilde{\Delta}_n'\exp(itS_n)\}\right|+t^2E\left|\tilde{\Delta}_n'\right|^2\cdot|E\exp(itS_n')|\\
&\triangleq I_1(t)+I_2(t).
\end{aligned} \tag{3.146}
$$

由式 (3.143) 及

$$
\begin{aligned}
\sum_{j<k}{}'E\left|\zeta_{nj}\zeta_{nk}\varphi_{njk}\right|&\leqslant\sum_{j<k}{}'E^{1/2}(\zeta_{nj}^2\zeta_{nk}^2)E^{1/2}(\varphi_{njk}^2)\\
&\leqslant\sum_{j<k}{}'C(1+E\varphi_{njk}^2)\\
&\leqslant C\sum_{j<k}{}'(1+\mu_{nj}^2+\mu_{nk}^2+v_{nj}^2v_{nk}^2)\leqslant Cn^2,
\end{aligned}
$$

当 $|t| \leqslant \sqrt{n}\eta$ 时, 有

$$
\begin{aligned}
I_1(t) &\leqslant Cn^{-3/2}|t|\sum_{j<k}{}'\left|E(\varphi_{njk}e^{itS_n})\right| \\
&\leqslant Cn^{-3/2}|t|\exp(-\delta t^2)\sum_{j<k}{}'\left|E\{\varphi_{njk}\exp[it(\zeta_{nj}+\zeta_{nk})/\sqrt{n}]\}\right| \\
&\leqslant Cn^{-3/2}|t|\exp(-\delta t^2)\sum_{j<k}{}'E|(e^{it\zeta_{nj}/\sqrt{n}}-1)(e^{it\zeta_{nk}/\sqrt{n}}-1)\varphi_{njk}| \\
&\leqslant Cn^{-5/2}|t|^2\exp(-\delta t^2)\sum_{j<k}{}'E\left|\zeta_{nj}\zeta_{nk}\varphi_{njk}\right| \\
&\leqslant Cn^{-1/2}|t|^3\exp(-\delta t^2), \\
I_2(t) &\leqslant t^2E\left|\tilde{\Delta}_n'\right|^2\exp(-\delta t^2/\sqrt{n}) \\
&\leqslant Cn^{-3}t^2\sum_{j<k}{}'E\varphi_{njk}^2\exp(-\delta t^2/\sqrt{n}) \\
&\leqslant Cn^{-3}t^2\exp(-\delta t^2/\sqrt{n})\sum_{j<k}{}'(\mu_{nj}^2+\mu_{nk}^2+v_{nj}^2v_{nk}^2) \\
&\leqslant Cn^{-1}t^2\exp(-\delta t^2/\sqrt{n}).
\end{aligned}
$$

故

$$
\int_{|t|\leqslant\sqrt{n}\eta}|t|^{-1}I_1(t)dt \leqslant C/\sqrt{n}, \tag{3.147}
$$

$$
\begin{aligned}
\int_{|t|\leqslant\sqrt{n}\eta}|t|^{-1}I_2(t)dt &\leqslant \frac{2C}{n}\int_0^{\sqrt{n}\eta}t\exp(-\delta t^2/\sqrt{n})dt \\
&\leqslant \frac{C}{\sqrt{n}\delta}\int_0^\infty e^{-u}du \leqslant C/\sqrt{n}.
\end{aligned} \tag{3.148}
$$

又由

$$
\begin{aligned}
E\left|T_n'\right| &\leqslant (E\left|T_n'\right|^{4/3})^{3/4} \leqslant Cn^{-3/2}\left(\sum_k{}'E\left|X_{nk}\right|^{4/3}\right)^{3/4} \\
&\leqslant Cn^{-3/2}\cdot Cn^{3/4} \leqslant Cn^{-3/4}
\end{aligned}
$$

及式 (3.143), 当 $|t| \leqslant \sqrt{n}\eta$ 时有

$$
\begin{aligned}
|Ee^{it(S_n+\tilde{\Delta}_n')}(e^{itT_n'}-1)| \leqslant& |t|E|T_n'|\cdot\left|Ee^{itS_n''}\right| \\
\leqslant& Cn^{-3/4}|t|\exp(-\delta t^2/\sqrt{n}),
\end{aligned}
$$

故

$$
\int_{|t|\leqslant\sqrt{n}\eta}|t|^{-1}\left|Ee^{it(s_n+\tilde{\Delta}_n'+T_n')}-Ee^{it(s_n+\tilde{\Delta}_n')}\right|dt
$$

$$\leqslant Cn^{-3/4}\int_0^{\sqrt{n}\eta}\exp(-\delta t^2/\sqrt{n})dt$$
$$\leqslant Cn^{-3/4}\cdot\frac{n^{1/1}}{2\sqrt{\delta}}\int_0^{\infty}u^{-1/2}e^{-u}du\leqslant C/\sqrt{n},$$

由此式及式 (3.145)~(3.148), 有

$$\int_{|t|\leqslant\sqrt{n}\eta}|t|^{-1}\left|E\exp\{it(S_n+T_n'+\tilde{\Delta}_n')\}-e^{-t^2/2}\right|dt\leqslant C/\sqrt{n},$$

因而由 Berry-Esseen 不等式, 有

$$\sup_x\left|P(S_n+T_n'+\tilde{\Delta}_n'\leqslant x)-\Phi(x)\right|$$
$$\leqslant\int_{|t|\leqslant\sqrt{n}\eta}|t|^{-1}|E\exp\{it(S_n+T_n'+\tilde{\Delta}_n')\}-e^{-t^2/2}|dt+C/\sqrt{n}\leqslant C/\sqrt{n}.$$

这就证明了式 (3.144), 因而定理得证.

关于 $||G_n-\Phi||$ 的收敛速度, 我们有下述定理.

定理 3.9 设在线性模型 (3.1) 之下, 式 (3.2) 及 (3.131) 成立, 且

$$\sup_n Ee_n^8<\infty,$$

则

$$||G_n-\Phi||=O(1/\sqrt{n}).$$

为证此定理, 需要引进两个引理. 为此, 令

$$Q_n=\frac{1}{\sqrt{n}}\sum_{k=1}^n(e_k^2-\sigma^2),\quad \Delta_n=\frac{1}{\sqrt{n}}\sum_{j=1}^r\left(\sum_{k=1}^n a_{njk}e_k\right)^2,$$

$$\lambda_{nk}=\sum_{j=1}^r a_{njk}^2,\quad \lambda_{njk}=\sum_{l=1}^r a_{nlj}a_{nlk},$$

$$\mu_{nk}=\sum_{j=1}^r\sum_{l=1}^n a_{njk}a_{njl}Ee_l^3, j\neq k, j,k=1,\cdots,n,$$

$$Z_{nk}=(1-\lambda_{nk})(e_k^2-\sigma^2), k\leqslant n, \tilde{D}_n^2=\frac{1}{n}\sum_{k=1}^n EZ_{nk}^2. \tag{3.149}$$

由本章开头的讨论, $X_n(X_n'X_n)^-X_n'=A_n'A_n$, 其中 A_n 为 $r\times n$ 阵, 其元素满足式 (3.5). 记 $e_k^3-Ee_k^3=f_k$, 有

$$T_{n1}=\frac{1}{n}\sum_{j=1}^r\left(\sum_{k=1}^n a_{njk}e_k\right)\sum_{k=1}^n a_{njk}e_k^3$$

$$
\begin{aligned}
&= \frac{1}{n}\sum_{j=1}^{r}\left(\sum_{k=1}^{n} a_{njk}e_k\right)\sum_{k=1}^{n} a_{njk}f_k + \frac{1}{n}\sum_{k=1}^{n}\mu_{nk}e_k \\
&\triangleq T'_{n1} + T''_{n1}.
\end{aligned} \tag{3.150}
$$

由式 (3.5), 有

$$
0 \leqslant \lambda_{nk} \leqslant 1, \quad \sum_{k=1}^{n}\lambda_{nk} = r,
$$

$$
\lambda_{njk}^2 \leqslant \sum_{l=1}^{r} a_{nlj}^2 \sum_{l=1}^{r} a_{nlk}^2 = \lambda_{nj}\lambda_{nk}, \sum_{j\neq k}\lambda_{njk}^2 \leqslant r^2,
$$

$$
\begin{aligned}
\sum_{k=1}^{n}\mu_{nk}^2 &\leqslant \sum_{k=1}^{n} C \sum_{j=1}^{r}\left(\sum_{l=1}^{n} a_{njk}a_{njl}Ee_l^3\right)^2 \\
&\leqslant C\sum_{j=1}^{r}\sum_{k=1}^{n} a_{njk}^2\left(\sum_{l=1}^{n}|a_{njl}|\right)^2 \leqslant C_n,
\end{aligned} \tag{3.151}
$$

且

$$
\begin{aligned}
D_n^2 \geqslant \tilde{D}_n^2 &= \frac{1}{n}\sum_{k=1}^{n}(1-\lambda_{nk})^2 \mathrm{var}(e_k^2) \\
&\geqslant \frac{1}{n}\sum_{k=1}^{n}(1-2\lambda_{nk})\mathrm{var}(e_k^2) \\
&\geqslant D_n^2 - \frac{2}{n}\sum_{k=1}^{n}\lambda_{nk}a_k \geqslant D_n^2 - C/n,
\end{aligned}
$$

由 $D_n \geqslant C_1 > 0$, 当 n 充分大时, 有

$$
\tilde{D}_n \geqslant C > 0, \quad \left|\tilde{D}_n/D_n - 1\right| \leqslant C/n. \tag{3.152}
$$

引理 3.12　在定理 3.9 的条件之下, 有

$$
EQ_n^4 \leqslant C, ET_{n0}^2 \leqslant C/n, E\Delta_n^4 \leqslant C/n^2,
$$

$$
E(\sigma_n^2 - \sigma^2)^4 \leqslant C/n^2, \tag{3.153}
$$

$$
ET_{nj}^2 \leqslant C/n^2, \quad j = 2, 3, 4. \tag{3.154}
$$

$$
E(T'_{n1})^2 \leqslant C/n^2, E(T''_{n1})^4 \leqslant C/n^2, \tag{3.155}
$$

$$
E\left|\Delta_n Q_n\right|^2 \leqslant C/n, E\left|\Delta_n T_{n0}\right| \leqslant C/n,
$$

$$E\left|\Delta_n T''_{n1}\right|^2 \leqslant C/n^2. \tag{3.156}$$

证 式 (3.153) 容易得出. 今证式 (3.154). 由

$$\sum_{k=1}^n e'_{(n)} V_{nk} V'_{nk} e_{(n)} = e'_{(n)} X_n (X'_n X_n)^- X'_n e_{(n)} = \sqrt{n}\Delta_n$$

及式 (3.135), 有

$$\begin{aligned} ET_{n4}^2 &= n^{-2} E\left[\sum_{k=1}^n (V'_{nk} e_{(n)})^4\right]^2 \leqslant n^{-2} E\left[\sum_{k=1}^n (V'_{nk} e_{(n)})^2\right]^4 \\ &= n^{-2} E\left(\sum_{k=1}^n e'_{(n)} V_{nk} V'_{nk} e_{(n)}\right)^4 = E\Delta_n^4 \leqslant C/n^2. \end{aligned}$$

又

$$\begin{aligned} ET_{n2}^2 =& n^{-2}\sum_{k=1}^n Ee_k^4 (V'_{nk} e_{(n)})^4 + n^{-2}\sum_{k\neq l} Ee_k^2 (V'_{nk} e_{(n)})^2 e_l^2 (V'_{nl} e_{(n)})^2 \\ \leqslant& n^{-2}\sum_{k=1}^n Ee_k^4 (V'_{nk} e_{(n)})^4 + n^{-2}\sum_{k\neq l} \sqrt{Ee_k^4 (V'_{nk} e_{(n)})^4}\sqrt{Ee_l^4 (V'_{nl} e_{(n)})^4} \\ =& n^{-2}\left(\sum_{k=1}^n \sqrt{Ee_k^4 (V'_{nk} e_{(n)})^4}\right)^2. \end{aligned}$$

由于

$$\begin{aligned} Ee_k^4 (V'_{nk} e_{(n)})^4 &= Ee_k^4 \left(\sum_{j=1}^n v_{nkj} e_j\right)^4 \\ &\leqslant CEe_k^4 (v_{nkk}^4 e_k^4) + CEe_k^4 E\left(\sum_{j=1, j\neq k}^n v_{nkj} e_j\right)^4 \\ &\leqslant Cv_{nkk}^4 + C\sum_{j=1, j\neq k}^n v_{nkj}^4 + C\sum_{1\leqslant j\neq m\leqslant n, j\neq k, m\neq k} v_{nkj}^2 v_{nkm}^2 \\ &\leqslant C\left\|V_{nk}\right\|^4, \end{aligned}$$

故由式 (3.135), 有

$$ET_{n2}^2 \leqslant n^{-2}\left(\sum_{k=1}^n C\left\|V_{nk}\right\|^2\right)^2 \leqslant Cn^{-2}.$$

由已证之结果及式 (3.136), 得 $ET_{n3}^2 \leqslant Cn^{-2}$. 式 (3.154) 得证.

为证式 (3.155), 用 Hölder 和 Marcinkiewicz 及 Jensen 不等式, 注意到

$$\sum_k a_{njk}^2 = 1,$$

有

$$\begin{aligned}
E(T_{n1}')^2 &\leqslant Cn^{-2}\sum_{j=1}^{r} E\left(\sum_{k=1}^{n} a_{njk}e_k\right)^2\left(\sum_{k=1}^{n} a_{njk}f_k\right)^2 \\
&\leqslant Cn^{-2}\sum_{j=1}^{r}\left(E\left|\sum_{k=1}^{n} a_{njk}f_k\right|^{8/3}\right)^{3/4}\left(E\left|\sum_{k=1}^{n} a_{njk}e_k\right|^{8}\right)^{1/4} \\
&\leqslant Cn^{-2}\sum_{j=1}^{r}\left[E\left(\sum_{k=1}^{n} a_{njk}^2 f_k^2\right)^{4/3}\right]^{3/4}\cdot C \\
&\leqslant Cn^{-2}\sum_{j=1}^{r}\left[E\left(\sum_{k=1}^{n} a_{njk}^2 \left|f_k\right|^{8/3}\right)\right]^{3/4} \leqslant Cn^{-2}.
\end{aligned}$$

利用 $\sum\limits_{k=1}^{n}\mu_{nk}^2 \leqslant C_n$, 容易得到式 (3.155) 中另一式. 式 (3.156) 可由 Schwarz 不等式及已证结果得到. 引理证毕.

引理 3.13　在定理 3.9 的条件之下, 对任何 C_8, 有

$$P(\left|T_{n0}\tilde{\sigma}_n^2\right| \geqslant C_8 n^{-1/4}) \leqslant C/\sqrt{n}, \tag{3.157}$$

此处 $\tilde{\sigma}_n^2 = \sqrt{n}(\sigma_n^2 - \sigma^2)/D_n$. 且若记 $g_k = e_k^2 - \sigma^2$, $h_k = e_k^4 - a_k$,

$$H_n = n^{-3/2}\sum_{k=1}^{n}\{-Eg_k h_k + 2n^{-1}(n-r)\sigma^2 g_k^2 + 4\mu_{nk}e_k g_k\},$$

则存在 C_9, 使得

$$P(|H_n| \geqslant C_9/\sqrt{n}) = O(1/\sqrt{n}). \tag{3.158}$$

证　仅限于此处, 对任一 r.v. X, 记 $\tilde{X} = X - EX$. 有

$$\sigma_n^2 - \sigma^2 = \frac{\sqrt{n}}{n-r}Q_n - \frac{\sqrt{n}}{n-r}\Delta_n + \frac{r}{n-r}\sigma^2, \tag{3.6'}$$

$$\left|T_{n0}\tilde{\sigma}_n^2\right| \leqslant C_n^{-3/2}\left|\sum_{j=1}^{n} g_j \sum_{k=1}^{n} h_k\right| + C\left|\Delta_n T_{n0}\right| + C_n^{-1/2}\left|T_{n0}\right|$$

$$\begin{aligned}&\leqslant Cn^{-3/2}\left|\sum_{k-1}^{n}\widetilde{g_kh_k}\right|+\left\{Cn^{-3/2}\left|\sum_{k=1}^{n}Eg_kh_k\right|+Cn^{-3/2}\left|\sum_{j\neq k}g_jh_k\right|\right\}\\&\quad+C\left|\Delta_nT_{n0}\right|+Cn^{-1/2}\left|T_{n0}\right|\\&\triangleq I_1+I_2+I_3+I_4.\end{aligned}$$

由 Marcinkiewicz 不等式, 有

$$EI_1^{4/3}\leqslant Cn^{-2}E\left[\sum_{k=1}^{n}(\widetilde{g_kh_k})^2\right]^{2/3}\leqslant Cn^2\sum_{k=1}^{n}E\left|\widetilde{g_kh_k}\right|^{4/3}\leqslant Cn^{-1},$$

$$\begin{aligned}EI_2^2&\leqslant Cn^{-1}+Cn^{-3}E\left(\sum_{j\neq k}g_jh_k\right)^2\\&\leqslant Cn^{-1}+Cn^{-3}\sum_{j\neq k}\left(Eg_j^2Eh_k^2+E\left|g_jh_j\right|E\left|g_kh_k\right|\right)\\&\leqslant Cn^{-1},\end{aligned}$$

故由以上二式及引理 3.12, 有

$$\begin{aligned}P(\left|T_{n0}\tilde{\sigma}_n^2\right|\geqslant C_8n^{-1/4})&\leqslant\sum_{j=1}^{4}P(I_j\geqslant C_8/4n^{1/4})\\&\leqslant Cn^{1/3}EI_1^{4/3}+Cn^{1/2}EI_2^2+Cn^{1/4}E\left|\Delta_nT_{n0}\right|+Cn^{-1/2}ET_{n0}^2\\&\leqslant Cn^{1/3}\cdot Cn^{-1}+Cn^{1/2}\cdot Cn^{-1}+Cn^{1/4}\cdot Cn^{-1}+Cn^{-1/2}\cdot Cn^{-1}\\&\leqslant C/\sqrt{n},\end{aligned}$$

此即式 (3.157). 由 H_n 的表达式, 有

$$\begin{aligned}H_n&=n^{-3/2}\sum_{k=1}^{n}\left\{2\left(1-\frac{r}{n}\right)\sigma^2\widetilde{g_k^2}+4\mu_{nk}\widetilde{e_kg_k}\right\}\\&\quad+n^{-3/2}\sum_{k=1}^{n}\left\{-Eg_kh_k+2\left(1-\frac{r}{n}\right)\sigma^2Eg_k^2+4\mu_{nk}E_{ek}g_k\right\}\\&\triangleq H_n'+q_n.\end{aligned}$$

由 $\sum\limits_k|\mu_{nk}|\leqslant C_n$, 易知 $q_n=O(1/\sqrt{n})$. 由 $\sum\limits_k\mu_{nk}^2\leqslant C_n$, 有

$$E(H_n')^2\leqslant Cn^{-3}\sum_{k=1}^{n}\{\mathrm{var}(g_k^2)+\mu_{nk}^2\mathrm{var}(e_kg_k)\}\leqslant Cn^{-2},$$

故存在 $C_9>0$, 使得式 (3.158) 成立. 引理证毕.

最后给出定理 3.9 的证明.

定理 3.9 的证明　由式 (3.6′), 有

$$\begin{aligned}\left(1-\frac{r}{n}\right)^2\sigma_n^4-\sigma^4&=\left(1-\frac{r}{n}\right)^2[(\sigma_n^2-\sigma^2)^2+2\sigma^2(\sigma_n^2-\sigma^2)]+O(1/n)\\&=\left(1-\frac{r}{n}\right)^2(\sigma_n^2-\sigma^2)^2+2\sigma^2(n-r)n^{-3/2}(Q_n-\Delta_n)+O(1/n).\end{aligned}$$

由 D_n^2 和 $\hat{D}_n^2$ 的定义 (3.129) 和 (3.130), 并考虑到式 (3.134) 和 (3.150), 有

$$\begin{aligned}\Omega_n&\triangleq D_n^{-2}\hat{D}_n^2-1=(\hat{D}_n^2-D_n^2)|D_n^2=D_n^{-2}\left\{T_n-\left[\left(1-\frac{r}{n}\right)^2\sigma_n^4-\sigma^4\right]\right\}\\&=D_n^{-2}\{T_{n0}-4T_{n1}+6T_{n2}-4T_{n3}+T_{n4}\\&\quad-\left(1-\frac{r}{n}\right)^2(\sigma_n^2-\sigma^2)^2-2\sigma^2(n-r)n^{-3/2}(\Omega_n-\Delta_n)+O(1/n)\}\\&=D_n^{-2}\{-4T_{n1}'+6T_{n2}-4T_{n3}+T_{n4}\\&\quad-\left(1-\frac{r}{n}\right)^2(\sigma_n^2-\sigma^2)^2+2\sigma^2(n-r)n^{-3/2}\Delta_n+O(1/n)\}\\&\quad+D_n^{-2}\{-4T_{n1}''-2\sigma^2(n-r)n^{-3/2}Q_n\}+D_n^{-2}T_{n0}\\&\triangleq\Omega_{n1}+\Omega_{n2}+D_n^{-2}T_{n0}.\end{aligned}\tag{3.159}$$

当 $|x|<1/4$ 时, 有 $0\leqslant(1+x)^{-1/2}-\left(1-\frac{1}{2}x\right)\leqslant\frac{1}{2}x^2$, 故当 $|\Omega_n|<1/4$ 时, 有

$$\begin{aligned}|D_n\hat{D}_n^{-1}\tilde{\sigma}_n^2-(1-\Omega_n/2)\tilde{\sigma}_n^2|&=|(1+\Omega_n)^{-1/2}-(1-\Omega_n/2)|\cdot|\tilde{\sigma}_n^2|\\&\leqslant\frac{1}{2}\Omega_n^2|\tilde{\sigma}_n^2|\leqslant2(\Omega_{n1}^2+\Omega_{n2}^2+D_n^{-4}T_{n0}^2)|\tilde{\sigma}_n^2|,\end{aligned}$$

此处 $\tilde{\sigma}_n^2=\sqrt{n}(\sigma_n^2-\sigma^2)/D_n$, 故当 $|\Omega_{n1}|+|\Omega_{n2}|+D_n^{-2}|T_{n0}|<1/4$ 时有

$$\begin{aligned}&\left|W_n-\left(1-\frac{1}{2}\Omega_{n2}-\frac{1}{2}D_n^{-2}T_{n0}\right)\tilde{\sigma}_n^2\right|\\&\leqslant\left(\frac{1}{2}|\Omega_{n1}|+2\Omega_{n1}^2+2\Omega_{n2}^2\right)|\tilde{\sigma}_n^2|+CT_{n0}^2+C(T_{n0}\tilde{\sigma}_n^2)^2\\&\leqslant C_{10}(|\Omega_{n1}|+\Omega_{n2}^2)|\tilde{\sigma}_n^2|+C_{10}T_{n0}^2+C_{10}(T_{n0}\tilde{\sigma}_n^2)^2\\&\triangleq R_n'.\end{aligned}\tag{3.160}$$

记

$$\left\{\begin{aligned}W_n'&=\left(1-\frac{1}{2}\Omega_{n2}-\frac{1}{2}D_n^{-2}T_{n0}\right)\sigma_n^2\\W_n''&=\frac{n}{(n-r)D_n}\left(Q_n-\Delta_n-\frac{1}{2}\Omega_{n2}Q_n-\frac{1}{2}D_n^{-2}T_{n0}Q_n\right),\\R_n''&=\frac{n}{2(n-r)D_n}(\Omega_{n2}+D_n^{-2}T_{n0})\left(\Delta_n-\frac{r}{\sqrt{n}}\sigma^2\right).\end{aligned}\right.\tag{3.161}$$

则

$$W_n' = W_n'' + R_n'' + O(1/\sqrt{n}). \tag{3.162}$$

如前, 仍记 $g_k = e_k^2 - \sigma^2$, $h_k = e_k^4 - a_k$, $Z_{nk} = (1-\lambda_{nk})g_k$, $\tilde{D}_n^2 = \dfrac{1}{n}\sum\limits_{k=1}^{n} EZ_{nk}^2$, 且记

$$X_{nk} = -(2D_n^2\tilde{D}_n)^{-1}(g_k h_k - Eg_k h_k), \quad k=1,\cdots,n, \tag{3.163}$$

$$\begin{aligned}\varphi_{njk} =& -2n\lambda_{njk}\tilde{D}_n^{-1}e_j e_k - (2D_n^2\tilde{D}_n)^{-1}(g_j h_k + g_k h_j)\\ &+ 2(D_n^2\tilde{D}_n)^{-1}(\mu_{nj}e_j g_k + \mu_{nk}e_k g_j)\\ &+ 2(nD_n^2\tilde{D}_n)^{-1}(n-r)\sigma^2 g_j g_k, \quad j\neq k, j, \quad k=1,\cdots,n,\end{aligned} \tag{3.164}$$

$$U_n = \frac{1}{\sqrt{n}\tilde{D}_n}\sum_{k=1}^{n} Z_{nk} + n^{-3/2}\sum_{k=1}^{n} X_{nk} + n^{-3/2}\sum_{1\leqslant j<k\leqslant n}\varphi_{njk}. \tag{3.165}$$

则

$$W_n'' = \frac{n\tilde{D}_n}{(n-r)D_n}U_n + \theta_n H_n,$$

式中 H_n 如引理 3.13 所示, $\theta_n = \dfrac{n}{2(n-r)D_n^3}$. 再由式 (3.162), 有

$$W_n' = \frac{n\tilde{D}_n}{(n-r)D_n}U_n + R_n'' + \theta_n H_n + O(1/\sqrt{n}). \tag{3.166}$$

由式 (3.164), φ_{njk} 为 e_j 和 e_k 的对称函数, 且

$$E(\varphi_{njk}|e_j) = 0, \quad j\neq k, j,\ k=1,\cdots,n.$$

取 $v_{nk}^2 = n\lambda_{nk} + 1$, 则由式 (3.164) 和 (3.151), 有

$$\begin{aligned}E\varphi_{njk}^2 &\leqslant Cn^2\lambda_{njk}^2 + C + C(\mu_{nj}^2 + \mu_{nk}^2) + C\\ &\leqslant C(\mu_{nj}^2 + \mu_{nk}^2 + v_{nj}^2 v_{nk}^2), \quad j\neq k, j,\ k=1,\cdots,n,\\ &\sum_{k=1}^{n}\mu_{nk}^2 \leqslant Cn, \quad \sum_{k=1}^{n} v_{nk}^2 \leqslant (r+1)n,\end{aligned}$$

因而对式 (3.165) 定义的 U_n, 定理 3.8 的条件全满足, 因而

$$\sup_x |P(U_n\leqslant x) - \Phi(x)| \leqslant C/\sqrt{n}. \tag{3.167}$$

由式 (3.161) 中 R_n'' 的定义, 及式 (3.159) 中 Ω_{n2} 的定义, 考虑到 $D_n \geqslant C_1 > 0$, 有

$$|R_n''| \leqslant C(|T_{n0}| + |T_{n1}''| + |Q_n|/\sqrt{n})(|\Delta_n| + 1/\sqrt{n}),$$

由引理 3.12, 有

$$E\left|R_n''\right| \leqslant C/n,$$

故

$$P(\left|R_n''\right| \geqslant C/\sqrt{n}) \leqslant C\sqrt{n}E\left|R_n''\right| \leqslant C/\sqrt{n},$$

由此及式 (3.158), 并注意到式 (3.152) 蕴涵

$$\left|\frac{n\tilde{D}_n}{(n-r)D_n} - 1\right| \leqslant C/\sqrt{n},$$

因而可对式 (3.166) 使用引理 3.11, 由式 (3.167), 有

$$\sup_x \left|P(W_n' \leqslant x) - \varPhi(x)\right| \leqslant C/\sqrt{n}. \tag{3.168}$$

由引理 3.12, 并注意到 $D_n \geqslant C_1 > 0$, 有

$$P(\left|\varOmega_{n1}\right| + \left|\varOmega_{n2}\right| + D_n^{-2}\left|T_{n0}\right| \geqslant 1/4) = O(1/\sqrt{n}),$$

故由式 (3.160), 得

$$\begin{aligned}
||G_n - \varPhi|| &= \sup_x \left|P(W_n \leqslant x) - \varPhi(x)\right| \\
&\leqslant \sup_x \left|P(W_n' \leqslant x) - \varPhi(x)\right| + C/\sqrt{n} + P(\left|R_n'\right| \geqslant 1/\sqrt{n}) \\
&\leqslant C/\sqrt{n} + P(\left|R_n'\right| \geqslant 1/\sqrt{n}).
\end{aligned} \tag{3.169}$$

由式 (3.159) 中 $\varOmega_{n1}$ 和 $\varOmega_{n2}$ 的表达式及引理 3.12, 有

$$E\varOmega_{n1}^2 \leqslant C/n^2, \quad E\varOmega_{n2}^4 \leqslant C/n^2,$$

故对任何的 $C_{11} > 0$, 有

$$P(\left|\varOmega_{n1}\right| + \varOmega_{n2}^2 \geqslant C_{11}/\sqrt{n\log n}) \leqslant C/\sqrt{n}. \tag{3.170}$$

但由定理 3.6, 或由定理 3.8, 有

$$\sup_x \left|P(\tilde{\sigma}_n^2 \leqslant x) - \varPhi(x)\right| \leqslant C/\sqrt{n}. \tag{3.171}$$

故由式 (3.160) 中 R_n' 的表达式, 并利用式 (3.170) 和 (3.171) 及 (3.157), 存在 C_{12}, 使得

$$P(\left|R_n'\right| \geqslant 1/\sqrt{n}) \leqslant P(\left|\varOmega_{n1}\right| + \varOmega_{n2}^2 \geqslant C_{12}/\sqrt{n\log n}) + P(\left|\tilde{\sigma}_n^2\right| \geqslant \sqrt{\log n})$$

$$
\begin{aligned}
&+P(T_{n0}^2 \geqslant C_{12}/\sqrt{n}) + P(\left|T_{n0}\tilde{\sigma}_n^2\right| \geqslant C_{12}/n^{1/4}) \\
&\leqslant C/\sqrt{n} + \{C/\sqrt{n} + 2(1-\varPhi(\sqrt{\log n}))\} + Cn^{1/2}ET_{n0}^2 + C/\sqrt{n} \\
&\leqslant C/\sqrt{n}.
\end{aligned}
\tag{3.172}
$$

再由式 (3.169), 即得

$$
||G_n - \varPhi|| \leqslant C/\sqrt{n}. \tag{3.173}
$$

这就完成了定理 3.9 的证明.

§3.4 非一致性收敛速度

(一) 引言和结果 前两节我们讨论了误差方差估计 σ_n^2, 在经过标准化之后, 其分布函数 G_n 收敛于标准正态分布的速度. 根据定理 3.6, 在一定条件下, 存在与 n 和 x 都无关的常数 C, 使得对一切 n 和 x, $|G_n(x)-\varPhi(x)| \leqslant C/\sqrt{n}$. 由于这个估计对所有的 x 同时成立, 而表达式 $C/\sqrt{n}$ 又与 x 无关, 这个估计, 或称之为 G_n 收敛于 $\varPhi$ 的速度, 叫做一致性的. 从与 n 的关系来说, $C/\sqrt{n}$ 这个一致性速度固然已达到最优, 但有这样一个缺点: 设想 x 很接近于 $-\infty$, 则 $G_n(x)$ 和 $\varPhi(x)$ 都很小. 因此对固定的 n 而言, $|G_n(x)-\varPhi(x)| \leqslant C/\sqrt{n}$ 就很粗糙. 当 x 很接近于 $+\infty$ 时, 也有同样的情况. 这启示我们, 在 $|G_n(x)-\varPhi(x)|$ 的更精密的估计中, 应当包含两个因子: 其一就是反映对所有 x 公共的因子即 $C/\sqrt{n}$, 另一个因子 $A(x)$ 则依赖于 x, 且当 $|x| \to \infty$ 时, 应有 $A(x) \to 0$. 这种类型的估计称为非一致性的. 因为我们经常着眼于 $G_n(x)$ 收敛于 $\varPhi(x)$ 这个事实, $A(x) \cdot C/\sqrt{n}$ 也常称为非一致性收敛速度①. 这种非一致速度的优劣, 取决于当 $|x| \to \infty$ 时, $A(x)$ 趋于 0 的速度如何, 速度愈快愈优.

设 $\xi_1, \xi_2, \cdots$ 为独立同分布的随机变量序列, $E\xi_1 = a, \mathrm{var}(\xi_1) = \sigma^2, E|\xi_1|^3 < \infty$. 以 $G_n(x)$ 记 $\sum\limits_{j=1}^{n}(\xi_j - a)/\sqrt{n}\sigma$ 的分布函数. 如所周知, Berry-Esseen 建立了一致性速度 $||G_n - \varPhi|| \leqslant C/\sqrt{n}$. 到 20 世纪 60 年代, 开展了非一致性速度的研究 (见文献 [17], 第五、六章), 得出了很深刻的结果

$$
|G_n(x) - \varPhi(x)| \leqslant C/\sqrt{n}(1+|x|^3).
$$

对于非独立和的情况, 非一致速度的研究当然更加困难, 迄今得出的结果很少. 本书作者在文献 [18] 中研究了方差估计 σ_n^2 的非一致速度问题, 得到了完满的结果 (在误差独立同分布的情况下):

① 严格说来, 这不是一个合理的名词. 因为, 对每个固定的 x 有 $|G_n(x)-\varPhi(x)| \leqslant CA(x)/\sqrt{n}$, 收敛速度仍是 $O(1/\sqrt{n})$. 但 "非一致性收敛速度" 这个名词在文献中已很通用, 我们此处也沿用它.

定理 3.10　设在线性模型 (3.1) 中, $\{e_k\}$ 为独立同分布, 且 $Ee_1=0,\quad Ee_1^6<\infty,\quad d^2=\operatorname{var}(e_1^2)>0$(由以上条件知 $0<Ee_1^2=\sigma^2<\infty$). 以 G_n 记由式 (3.7) 所定义的 $\tilde{\sigma}_n^2$ 的分布函数, 则

$$|G_n(x)-\Phi(x)|\leqslant C/\sqrt{n}(1+|x|^3) \tag{3.174}$$

对一切 x 和正整数 n 都成立, 其中 C 为一与 n 和 x 都无关的常数.

(二) 若干引理　定理 3.10 的证明很复杂. 为清楚起见, 先证明若干预备性事实. 又为简便行文计, 特作以下的约定:

1. "n 充分大" 一语常略去 (所出现的 n 都理解为充分大的).

2. C 记一与 n 和 x 都无关的常数, 每次出现时, 即使在同一表达式内, 也可以取不同的值.

3. 经常出现的语句 "存在与 n 无关的 $\eta>0(\eta>0,\mu>0)$, 使得当 n 充分大而 $|t|\leqslant\sqrt{n}\eta$ 时, 有 ⋯⋯" 简化为 "$\{\eta,n,t\}$" ("$\{\eta,\mu,n,t\}$").

4. 设 g_1 和 g_2 为定义于 $-\infty<t<\infty$ 的函数 (可与 n 有关). 称 $g_1\sim g_2$, 若存在与 n 无关的 $\eta>0$, 使得

$$\int_{|t|\leqslant\sqrt{n}\eta}|t|^{-1}\left|g_1(t)-g_2(t)\right|dt\leqslant C/\sqrt{n}.$$

又记号 $I(A)$ 和 $\#(A)$, 仍分别用以表集 A 的指示函数及其所含元素个数. i 专用于指 $\sqrt{-1}$.

现令

$$\begin{aligned}
&\hat{e}_j=e_jI(|e_j|\leqslant n^{1/4}),\\
&e_j^*=\hat{e}_j-E\hat{e}_j,\\
&\xi_j=\hat{e}_j^2-E\hat{e}_j^2,\quad d_n^2=\operatorname{var}(\xi_1),\\
&\zeta_j=\xi_j/d_n,\quad a_n=E\left|\zeta_1\right|^3,\\
&\qquad j=1,\cdots,n.
\end{aligned}$$

注意, $\hat{e}_j,e_j^*,\xi_j$ 和 ζ_j 事实上还与 n 有关. 为简化记号, 在足标中略去了这个 n. 注意前已记 $d^2=\operatorname{var}(e_1^2)$, 易见

$$\left|d^2-d_n^2\right|\leqslant C/\sqrt{n},\quad 0<C\leqslant a_n\leqslant C<\infty. \tag{3.175}$$

显然有 (此处 a_{njk} 和 r 的定义见式 (3.6))

$$\#\{v:1\leqslant v\leqslant n;\ \text{存在}\ u,\ \text{使得}\ a_{nuv}^2\geqslant 2r/n\}\leqslant n/2.$$

因而有

$$\#\{v : 1 \leqslant v \leqslant n; a_{nuv}^2 \leqslant 2r/n \text{ 对 } u = 1, \cdots, r\} \geqslant n/2.$$

从这个集中选取 $[n^{7/8}]$ 个元素组成集 Λ'', 而令 $\Lambda' = \{1, 2 \cdots, n\} - \Lambda''$. 以 $\sum'$ 和 $\sum''$ 分别表对 Λ' 和 Λ'' 中的足标求和, 而定义

$$\begin{aligned}
S_n &= \sum_{j=1}^{n} \zeta_j/\sqrt{n} = \sum_{j=1}^{n} \xi_j/\sqrt{n} d_n, \\
S_n' &= \sum{}' \zeta_j/\sqrt{n}, \quad S_n'' = S_n - S_n' = \sum{}'' \zeta_j/\sqrt{n}, \\
\Delta_n' &= \frac{2}{\sqrt{n} d_n} \sum_{u=1}^{r} \left(\sum_{v}{}' a_{nuv} e_v^* \right)^2, \\
\Delta_n'' &= \frac{2}{\sqrt{n} d_n} \sum_{u=1}^{r} \left(\sum_{v}{}'' a_{nuv} e_v^* \right)^2.
\end{aligned}$$

引理 3.14 (i) 设 $W_n = W_{n1} + W_{n2}\,(n = 1, 2, \cdots)$ 为一串随机变量, W_n 和 W_{n1} 的分布函数分别记为 F_n 和 F_{n1}. 设 $|F_{n1}(x) - \Phi(x)| \leqslant C/\sqrt{n}(1 + |x|^3)$, 且对 $|x| \geqslant 1$ 有

$$P(|W_{n2}| \geqslant C|x|/\sqrt{n}) \leqslant C/\sqrt{n}(1 + |x|^3).$$

则有

$$|F_n(x) - \Phi(x)| \leqslant C/\sqrt{n}(1 + |x|^3), \quad \text{对一切 } x. \tag{3.176}$$

(ii) 设 $W_n = a_n W_{n1} + b_n\,(n = 1, 2, \cdots), \{a_n\}$ 和 $\{b_n\}$ 为常数序列, 满足条件

$$|a_n - 1| \leqslant C/\sqrt{n}, \quad |b_n| \leqslant C/\sqrt{n},$$

又以 F_n 和 F_{n1} 记 W_n 和 W_{n1} 的分布函数, 而 F_{n1} 满足 (i) 中的条件, 则式 (3.176) 也成立.

证 往证 (i). 当 $|x| \leqslant 1$ 时, 式 (3.176) 由引理 3.11 推出. 当 $|x| \geqslant 1$ 时, 只需注意当 n 充分大时, x 与 $x + C|x|/\sqrt{n}$ 同处在原点的一边, 且 $|x + C|x|/\sqrt{n}| \geqslant |x|/2$, 即有

$$\left| \frac{1}{\sqrt{2\pi}} \int_x^{x + C|x|/\sqrt{n}} e^{-u^2/2} du \right| \leqslant e^{-x^2/8} C|x|/\sqrt{n} \leqslant C/\sqrt{n}(1 + |x|^3).$$

使用引理 3.11 的证法, 即得式 (3.176). (ii) 的证明类似, 因而从略.

引理 3.15 设 $\varphi(t)$ 在 $|t| \leqslant T$ 内有三阶连续导数 $\varphi^{(3)}(t)$, 又当 $k = 0, 1, 2$ 时, $\varphi^{(k)}(0) = 0$ 则

$$\int_{-T}^{T} |t|^{j-4} |\varphi^{(j)}(t)| dt \leqslant \int_{-T}^{T} |t|^{-1} |\varphi^{(3)}(t)| dt, \quad j = 0, 1, 2. \tag{3.177}$$

证　以 $j=2$ 为例. 有

$$\begin{aligned}\int_{-T}^{T} t^{-2}|\varphi^{(2)}(t)|dt &= \int_{-T}^{T} t^{-2}\left|\int_0^t \varphi^{(3)}(u)du\right|dt \\ &\leqslant \int_0^T |\varphi^{(3)}(u)|\left(\int_u^T t^{-2}dt\right)du + \int_{-T}^0 |\varphi^{(3)}(u)|\left(\int_{-T}^u t^{-2}dt\right)du \\ &\leqslant \int_{-T}^T |u|^{-1}|\varphi^{(3)}(u)|du.\end{aligned}$$

这证明了 (3.177) 当 $j=2$ 的情况, $j=0$ 和 1 类似证明.

引理 3.16　在前面引进的记号下, 有

$$E(\Delta_n'')^4 \leqslant C_n^{-5/2}, \quad E(\Delta_n')^j \leqslant C_n^{-3/2},$$

$$\text{当 } j=3,4, \quad E(\Delta_n')^2 \leqslant C/n.$$

证　第一式归结为证明: 若 $b_k^2 \leqslant C/n$ 对 $k\epsilon\varLambda''$, 则有

$$E\left(\sum{}'' b_k e_k^*\right)^8 \leqslant C_n^{-1/2}. \tag{3.178}$$

由 Marcinkiewicz 不等式, 有

$$\begin{aligned}E\left(\sum{}'' b_k e_k^*\right)^8 &\leqslant CE\left(\sum{}'' b_k^2 e_k^{*2}\right)^4 \\ &\leqslant C\left\{E\left(\sum{}'' b_k^2(e_k^{*2}-Ee_k^{*2})\right)^4 + \left(\sum{}'' b_k^2\sigma^2\right)^4\right\} \\ &\leqslant C\left\{\sum{}'' b_k^8 E(e_k^{*2}-Ee_k^{*2})^4 + 3\left(\sum{}'' b_k^4 Ee_k^{*4}\right)^2 + \left(\sum{}'' b_k^2\sigma^2\right)^4\right\} \\ &\leqslant C\{Cn^{-4}n^{7/8}E\hat{e}_1^8 + 3(Cn^{-2}n^{7/8})^2 + (C\sigma^2 n^{-1}n^{7/8})^4\}. \qquad (3.179)\end{aligned}$$

注意到

$$E\hat{e}_1^8 \leqslant \sqrt{n}E\hat{e}_1^6 \leqslant \sqrt{n}Ee_1^6 \leqslant C\cdot\sqrt{n},$$

由式 (3.179) 即得式 (3.178). 引理中其他两式的证明类似.

引理 3.17　设 $\sum\limits_1^n a_k^2 = 1$, $0\leqslant\lambda_j\leqslant 1\,(j=1,\cdots,n)$, $\sum\limits_1^n \lambda_j=\lambda$, λ 与 n 无关. 令

$$T_n' = \frac{1}{\sqrt{n}d}\sum_1^n \lambda_j(\hat{e}_j^2 - e_j^{*2}),$$

$$T_n'' = \frac{1}{\sqrt{n}d}\sum_{j,k=1,j\neq k}^n a_j a_k(e_j e_k - e_j^* e_k^*).$$

则存在 C, 与 n 及 $a_1,\cdots,a_n$ 和 $\lambda_1,\cdots,\lambda_n$ 都无关, 使得

$$E\left|T_n'\right|^4 \leqslant Cn^{-7}, \quad E\left|T_n''\right|^4 \leqslant Cn^{-5/2}$$

证 记 $f_j=e_j-e_j^*$. 由 $E_{ej}=0$, 知

$$|E\hat{e}_j|=\left|E(e_jI(|e_j|>n^{1/4}))\right| \leqslant n^{-5/4}Ee_j^6 \leqslant Cn^{-5/4},$$

$$Ef_j^4=E(e_j-e_j^*)^4 \leqslant 8\{E(e_j-\hat{e}_j)^4+(E\hat{e}_j)^4\} \leqslant Cn^{-1/2},$$

故

$$\begin{aligned}
E\left|T_n'\right|^4 &= n^{-2}d^{-2}E\left\{\sum_{j=1}^n \lambda_j(2e_j^*E\hat{e}_j+E^2\hat{e}_j)\right\}^4 \\
&\leqslant Cn^{-2}\left\{E\left(\sum_{j=1}^n \lambda_j e_j^* E\hat{e}_j\right)^4+\left(\sum_{j=1}^n \lambda_j E^2\hat{e}_j\right)^4\right\} \\
&\leqslant Cn^{-2}\left\{\sum_{j=1}^n \lambda_j^4 Ee_j^{*4}E^4\hat{e}_j+3\sigma^4\left(\sum_{j=1}^n \lambda_j^2E^2\hat{e}_j\right)^2+\left(\sum_{j=1}^n \lambda_j E^2\hat{e}_j\right)^4\right\} \\
&\leqslant Cn^{-2}(Cn^{-5}+Cn^{-5}+Cn^{-10}) \leqslant Cn^{-7}.
\end{aligned} \tag{3.180}$$

这证明了引理的第一式. 又

$$E\left|T_n''\right|^4 \leqslant Cn^{-2}\left\{E\left(\sum_{j,k=1,j\neq k}^n a_ja_ke_jf_k\right)^4+E\left(\sum_{j,k=1,j\neq k}^n a_ja_kf_je_k^*\right)^4\right\}. \tag{3.181}$$

由 Marcinkiewicz 不等式和 Jensen 不等式, 注意到 $\left\{a_kf_k\sum_{j=1}^{k-1}a_je_j, k=2,\cdots,n\right\}$ 为鞅差序列且 $\sum_2^n a_k^2 \leqslant 1$, 有

$$\begin{aligned}
E\left(\sum_{1\leqslant j<k\leqslant n} a_ja_ke_jf_k\right)^4 &\leqslant CE\left\{\sum_{k=2}^n a_k^2f_k^2\left(\sum_{j=1}^{k-1}a_je_j\right)^2\right\}^2 \\
&\leqslant CE\left\{\sum_{k=2}^n a_k^2f_k^4\left(\sum_{j=1}^{k-1}a_je_j\right)^4\right\}
\end{aligned}$$

$$\leqslant C\sum_{k=2}^{n}a_k^2Ef_k^4E\left(\sum_{j=1}^{k-1}a_je_j\right)^4$$
$$\leqslant CEf_1^4\leqslant C/\sqrt{n}. \tag{3.182}$$

式 (3.181) 右边第二项可类似处理, 从而证明引理的第二式.

引理 3.18　$E\left|(S_n')^m(\Delta_n')^2\right|\leqslant C/n$, $m=1,2,3,4$.

证　先证 $m=4$ 的情况. 易见, 可用

$$W_n=\left(\sum{}'b_ke_k^*\right)^2/\sqrt{n}d_n$$

代替 Δ_n' 来讨论, 此处 $\sum{}'b_k^2\leqslant 1$. 不失普遍性, 可设 $A'=\{1,2,\cdots,n-[n^{7/8}]\}$. 有

$$E(S_n'^4W_n^2)\leqslant Cn^{-3}E\left(\sum_{j,k}{}'b_je_j^*\zeta_k\right)^4$$
$$\leqslant Cn^{-3}\left\{E\left(\sum{}'b_je_j^*\zeta_j\right)^4+E\left(\sum_{j>k}{}'b_je_j^*\zeta_k\right)^4+E\left(\sum_{j<k}{}'b_je_j^*\zeta_k\right)^4\right\}$$
$$\triangleq I_1+I_2+I_3. \tag{3.183}$$

记

$$f_j=e_j^*\zeta_j-E(e_j^*\zeta_j),\quad h_j=\zeta_j^2-E\zeta_j^2.$$

则由 Marcinkiewicz 和 Jensen 不等式, 有

$$I_1\leqslant Cn^{-3}E\left(\sum{}'b_jf_j\right)^4+Cn^{-3}\left|\sum{}'b_jE(e_j^*\zeta_j)\right|^4$$
$$\leqslant Cn^{-3}E\left(\sum{}'b_j^2f_j^2\right)^2+Cn^{-3}\left(\sum{}'|b_j|\right)^4$$
$$\leqslant Cn^{-3}E\left(\sum{}'b_j^2f_j^4\right)+Cn^{-3}\sqrt{n^4}$$
$$\leqslant Cn^{-3}\sum{}'b_j^2\cdot 2^4E(e_j^*\zeta_j)^4+C/n$$
$$\leqslant Cn^{-3}\sum{}'b_j^2\cdot Cn^2E(e_j^*)^4+C/n$$
$$\leqslant C/n, \tag{3.184}$$

$$I_2\leqslant Cn^{-3}E\left(\sum_{j\geqslant 2}{}'b_j^2e_j^{*2}\left(\sum_{k=1}^{j-1}\zeta_k\right)^2\right)^2$$
$$\leqslant Cn^{-3}\sum_{j\geqslant 2}{}'b_j^2E(e_j^*)^4E\left(\sum_{k=1}^{j-1}\zeta_k\right)^4$$
$$\leqslant Cn^{-3}\sum_{j\geqslant 2}{}'(Cb_j^2\cdot Cn^2)\leqslant C/n, \tag{3.185}$$

$$
\begin{aligned}
I_3 &\leqslant Cn^{-3}E\left(\sum_{k\geqslant 2}{}'\zeta_k^2\left(\sum_{j=1}^{k-1}b_je_j^*\right)^2\right)^2\\
&\leqslant Cn^{-3}E\left(\sum_{k\geqslant 2}{}'hk\left(\sum_{j=1}^{k-1}b_je_j^*\right)^2\right)^2+Cn^{-3}E\left\{\sum_{k\geqslant 2}{}'E\zeta_k^2\left(\sum_{j=1}^{k-1}b_je_j^*\right)^2\right\}^2\\
&\leqslant Cn^{-3}E\left(\sum_{k\geqslant 2}{}'h_k^2\left(\sum_{j=1}^{k-1}b_je_j^*\right)^4\right)+Cn^{-2}E\left\{\sum_{k\geqslant 2}{}'(E\zeta_k^2)^2\left(\sum_{j=1}^{k-1}b_je_j^*\right)^4\right\}\\
&\leqslant Cn^{-3}\sum_{k\geqslant 2}{}'E\zeta_k^4E\left(\sum_{j=1}^{k-1}b_je_j^*\right)^4+Cn^{-2}\sum_{k\geqslant 2}{}'CE\left(\sum_{j=1}^{k-1}b_je_j^*\right)^4\\
&\leqslant Cn^{-3}\sum_{k\geqslant 2}{}'CE\zeta_k^4+Cn^{-2}Cn\\
&\leqslant Cn^{-3}\cdot Cn^{3/2}+C/n\leqslant C/n. \qquad (3.186)
\end{aligned}
$$

由式 (3.183)~(3.186), 即得

$$E\{(\zeta_n')^4W_n^2\}\leqslant C/n.$$

这证明了引理当 $m=4$ 的情况. $m<4$ 的情况可由已证部分, 应用不等式

$$E\{|(\zeta_n')^m(\Delta_n')^2|\}\leqslant E(\Delta_n')^2+E\{(\zeta_n')^4(\Delta_n')^2\}\quad (m=1,2,3)$$

而得到. 引理证毕

引理 3.19 设 $\Lambda^*\subset\{1,2,\cdots,n\}$ 且 $\#(\Lambda^*)=[bn^{1-v}]$, 此处 $0\leqslant v<1$, $0<b\leqslant 1$. 记 $S_n^*=\sum^*\zeta_j/\sqrt{n}$, 其中 $\sum^*$ 表示对 Λ^* 中的足标求和. 则 $\{\eta,\mu,n,t\}$:

$$
\begin{aligned}
|E\exp(itS_n^*)|&\leqslant \exp(-\mu n^{-v}t^2),\\
|ES_n^*\exp(itS_n^*)|&\leqslant Cn^{-v}|t|\exp(-\mu n^{-v}t^2),\\
\left|ES_n^{*2}\exp(itS_n^*)\right|&\leqslant Cn^{-v}(1+t^2)\exp(-\mu n^{-v}t^2),\\
\left|ES_n^{*3}\exp(itS_n^*)\right|&\leqslant C(n^{-2v}+n^{-1/2-v})(1+|t|^3)\exp(-\mu n^{-v}t^2).
\end{aligned}
$$

证 第一式容易由引理 3.7 得出, 其余三式证明类似. 以第四式为例, 据引理 3.7, $\{\eta,\mu,n,t\}$:

$$
\begin{aligned}
\left|ES_n^{*3}\exp(itS_n^*)\right|\leqslant& n^{-3/2}\exp(-\mu n^{-v}t^2)\bigg\{\sum{}^*E|\zeta_j|^3\\
&+3\sum_{j\neq k}{}^*E\zeta_j^2\left|E\zeta_k(\exp(it\zeta_k/\sqrt{n})-1)\right|
\end{aligned}
$$

$$+\sum_{j\neq k\neq l\neq j}{}^{*}\prod_{g=j,k,l}\left|E\zeta_g(\exp(it\zeta_g/\sqrt{n})-1)\right|\Bigg\}$$
$$\leqslant n^{-3/2}\exp(-\mu n^{-v}t^2)\left\{Cn^{1-v}+\frac{C|t|}{\sqrt{n}}n^{2-2v}+C\left(\frac{|t|}{\sqrt{n}}\right)^3n^{3-3v}\right\}$$
$$\leqslant C(n^{-1/2-v}+n^{-2v})(1+|t|^3)\exp(-\mu n^{-v}t^2).$$

引理 3.20　$\{\eta,\mu,n,t\}$:

$$|E(S_n')^m\exp(itS_n')[\exp(-it\Delta_n')-1]|$$
$$\leqslant C(|t|+|t|^{3+m})\exp(-\mu t^2)/\sqrt{n}+Ct^2/n,\quad m=0,1,2,3.$$

证　以 $m=3$ 为例. 由下面的证明不难看出: 可以用 $W_n=(\sum{}'b_je_j^*)^2/\sqrt{n}d_n$ 代替 Δ_n' 来讨论, 此处 $\sum{}'b_j^2\leqslant 1$. 记 $Z_j=b_je_j^*$. 依处理 3.7 和 3.18, $\{\eta,\mu,n,t\}$:

$$\left|E(S_n')^3\exp(itS_n')[\exp-(-itW_n)-1]\right|$$
$$\leqslant |t|\left|E(S_n')^3W_n\exp(itS_n')\right|+ct^2E(|S_n'|^3W_n^2)$$
$$\leqslant n^{-3/2}|t|\Bigg\{\sum_j{}'E(\zeta_j^3W_n\exp(itS_n')+3\sum_{j\neq k}{}'\left|E(\zeta_j^2\zeta_kW_n\exp(itS_n')\right|$$
$$+\sum_{j\neq k\neq l\neq j}{}'|E(\zeta_j\zeta_k\zeta_lW_n\exp(itS_n')|\Bigg\}+Ct^2/n$$
$$\triangleq J_1(t)+J_2(t)+J_3(t)+Ct^2/n. \tag{3.187}$$

注意到 $EZ_j=0$, $Ee_1^6<\infty$, 以及 $|Z_j|\leqslant|2b_j|n^{1/4}$, $\sum{}'|b_j|\leqslant\sqrt{n}$, 有

$$\sum{}'EZ_j^2\leqslant C,$$
$$\sum{}'E\left|\zeta_j^3Z_j^2\right|\leqslant 4\sqrt{n}E\left|\zeta_1\right|^3\sum{}'b_j^2\leqslant C\sqrt{n},$$
$$\sum{}'E\left|\zeta_j^3Z_j\right|\leqslant 2n^{1/4}E\left|\zeta_1\right|^3\sum{}'|b_j|\leqslant Cn^{3/4},$$
$$\sum{}'E\left|Z_j\zeta_j\right|\leqslant C\sum{}'|b_j|\leqslant C\sqrt{n}.$$

故当 $|t|\leqslant\sqrt{n}\eta$ 时, 有

$$J_1(t)\leqslant Cn^{-2}|t|\Bigg\{e^{-\mu t^2}\sum_j{}'\sum_k{}'E\left|\zeta_j^3Z_k^2\right|+\sum_j{}'\sum_{k\neq l}{}'\left|E(\zeta_j^3Z_kZ_le^{itS'}n)\right|\Bigg\}$$
$$\leqslant Cn^{-2}|t|e^{-\mu t^2}\Bigg\{\sum{}'E\left|\zeta_j^3Z_j^2\right|+\sum_{j\neq k}{}'E\left|\zeta_j\right|^3EZ_k^2$$
$$+\sum_{j\neq k}{}'E\left|\zeta_j^3Z_j\right|\left|EZ_k[\exp(it\zeta_k/\sqrt{n})-1]\right|$$

$$
\begin{aligned}
&+\sum_{j\neq k\neq l\neq j}{}'E\,|\zeta_1|^3\,|EZ_k[\exp(it\zeta_k/\sqrt{n})-1]|\,\left|EZ_l[\exp(it\zeta_l/\sqrt{n})-1]\right|\Bigg\}\\
\leqslant& Cn^{-2}|t|e^{-\mu t2}\Bigg\{C\sqrt{n}+Cn+\frac{C|t|}{\sqrt{n}}\sum{}'E\,|\zeta_j^3Z_j|\sum{}'E\,|Z_k\zeta_k|\\
&+\frac{Ct^2}{n}\sum{}'E\,|\zeta_j|^3\left(\sum{}'E\,|Z_j\zeta_j|\right)^2\Bigg\}\\
\leqslant& Cn^{-2}\,|t|\,e^{-\mu t^2}\left\{Cn+\frac{C\,|t|}{\sqrt{n}}Cn^{3/4}C\sqrt{n}+\frac{Ct^2}{n}Cn(C\sqrt{n})^2\right\}\\
\leqslant& Cn^{-1}(|t|+|t|^3)e^{-\mu t^2}.
\end{aligned}\tag{3.188}
$$

类似地, 可得当 $|t|\leqslant\sqrt{n}\eta$ 时有

$$
J_2(t)\leqslant Cn^{-1/2}(|t|+t^4)e^{-\mu t^2},\tag{3.189}
$$

$$
J_3(t)\leqslant Cn^{-1/2}(t^2+t^6)e^{-\mu t^2}.\tag{3.190}
$$

由式 (3.187)~(3.190), 知引理的结论当 $m=3$ 时正确. 其余情况可类似证明.

引理 3.21 $E\{(S_n-\Delta_n')^3\exp(it(S_n-\Delta_n'))\}\sim E\{(S_n-\Delta_n')^3e^{itS_n}\}$.

证 只需证明: 对 $m=0,1,2,3$, 有

$$
E\{S_n^m(\Delta_n')^{3-m}\exp(it(S_n-\Delta_n'))\}\sim E\{S_n^m(\Delta_n')^{3-m}e^{itS_n}\}.\tag{3.191}
$$

以 $m=2$ 为例. 用引理 3.16 和 3.18 及 3.19, 并注意因 $|\zeta_j|\leqslant C\sqrt{n}$ 而得到的

$$
\begin{aligned}
(E\,|S_n'|^3)^{1/3}&\leqslant(E\,|S_n'|^4)^{1/4}\\
&\leqslant C\left\{n^{-2}\sum{}'E\zeta_j^4+n^{-2}3\left(\sum{}'E\zeta_j^2\right)^2\right\}^{1/4}\\
&\leqslant C\{n^{-2}Cn^{3/2}+n^{-2}(Cn)^2\}\leqslant C
\end{aligned}
$$

可知, 当 $|t|\leqslant\sqrt{n}\eta$ 时有

$$
\begin{aligned}
\left|E[(S_n'')^2\Delta_n'e^{itS_n}(e^{-it\Delta_n'}-1)]\right|&\leqslant|t|\,E(\Delta_n')^2\left|E[(S_n'')^2e^{itS_n''}]\right|\\
&\leqslant Cn^{-9/8}(|t|+|t|^3)\exp(-\mu n^{-1/8}t^2),
\end{aligned}\tag{3.192}
$$

$$
\begin{aligned}
\left|E[S_n'S_n''\Delta_n'e^{itS_n}(e^{-it}\Delta_n'-1)]\right|&\leqslant|t|\,E(|S_n'|\,(\Delta_n')^2)\left|E(S_n''e^{itS_n''})\right|\\
&\leqslant Cn^{-9/8}t^2\exp(-\mu n^{-1/8}t^2),
\end{aligned}\tag{3.193}
$$

$$
\begin{aligned}
\left|E[(S_n')^2\Delta_n'e^{itS_n}(e^{-it\Delta_n'}-1)]\right|&\leqslant|t|\,E(S_n'\Delta_n')^2\left|Ee^{itS_n''}\right|\\
&\leqslant Cn^{-1}\,|t|\exp(-\mu n^{-1/8}t^2),
\end{aligned}\tag{3.194}
$$

由式 (3.192)~(3.194) 知, 当 $|t|\leqslant\sqrt{n}\eta$ 时, 有

$$
\left|E[S_n^2\Delta_n'e^{itS_n}(e^{-it\Delta_n'}-1)]\right|\leqslant Cn^{-1}(|t|+|t^3|)\exp(-\mu n^{-1/8}t^2).\tag{3.195}
$$

由式 (3.195), 回忆记号 "$\sim$" 的意义, 即知式 (3.191) 当 $m=2$ 时成立.

引理 3.22　记

$$\psi_n(t)=\{i^3E(S_n-\Delta_n')^3+3t-t^3\}e^{-t^2/2},$$

则

$$i^3E[(S_n-\Delta_n')^3e^{itS_n}]\sim\psi_n(t).$$

证　不难看出, 此引理的证明归结为

$$i^3E(S_n^3e^{itS_n})\sim\{i^3E(S_n^3)+3t-t^3\}e^{-t^2/2}, \tag{3.196}$$

$$E\{S_n^m(\Delta_n')^{3-m}e^{itS_n}\}\sim E\{S_n^m(\Delta_n')^{3-m}\}e^{-t^2/2},\quad m=0,1,2. \tag{3.197}$$

为证式 (3.196), 注意

$$\begin{aligned}i^3E(S_n^3e^{itS_n'})=&n^{-1/2i3}\{E(\zeta_1^3e^{itS_n})+3(n-1)E(\zeta_1\zeta_2^2e^{itS_n})\\&+(n-1)(n-2)E(\zeta_1\zeta_2\zeta_3e^{itS_n})\}\\\triangleq&J_1(t)+J_2(t)+J_3(t).\end{aligned} \tag{3.198}$$

记 $f_n(t)=Ee^{itS_n}$, 则由第一章定理 1.32, 知 $\{\eta,n,t\}$:

$$\left|f_n(t)-e^{-t^2/2}\right|\leqslant Cn^{-1/2}|t|^3e^{-t^2/3}.$$

此式与引理 3.7 结合, 知 $\{\eta,\mu,n,t\}$ (无妨设 $\mu<1/3$):

$$\begin{aligned}&|J_1(t)-n^{-1/2}i^3E(\zeta_1^3)e^{-t^2/2}|\\&\leqslant n^{-1/2}\{\left|E[(\zeta_1^3-E\zeta_1^3)e^{itS_n}]\right|+E|\zeta_1|^3|f_n(t)-e^{-t^2/2}|\}\\&\leqslant Cn^{-1}\,|t|\,E\left|\zeta_1(\zeta_1^3-E\zeta_1^3)\right|e^{-\mu t^2}+Cn^{-1}\,|t|^3\,e^{-t^2/3}\\&\leqslant Cn^{-1/2}(|t|+\left|t^3\right|)e^{-\mu t^2}\sim 0,\end{aligned}$$

因此

$$J_1(t)\sim n^{-1/2}i^3E\zeta_1^3e^{-t^2/2}. \tag{3.199}$$

其次, 有

$$\begin{aligned}\left|E(\zeta_1e^{it\zeta_1/\sqrt{n}})-it/\sqrt{n}\right|&=\left|E\{\zeta_1(e^{it\zeta_1/\sqrt{n}}-1-it\zeta_1/\sqrt{n})\}\right|\\&\leqslant t^2E\,|\zeta_1|^3\,/2n\leqslant Ct^2/n.\end{aligned}$$

故当 $|t|\leqslant\sqrt{n}\eta$ 时, 有

$$\left|J_2(t)-\frac{3(n-1)}{n}tE\left[\zeta_2^2\exp\left(it\sum_{j\neq1}\zeta_j/\sqrt{n}\right)\right]\right|$$

$$
\begin{aligned}
&= \left|3i^3 n^{-1/2}(n-1)[E(\zeta_1 e^{it\zeta_1/\sqrt{n}}) - it/\sqrt{n}]E\left[\zeta_2^2 \exp\left(it\sum_{j\neq 1}\zeta_j/\sqrt{n}\right)\right]\right| \\
&\leqslant Cn^{-1/2}t^2 E\zeta_2^2 \left|E\left[\exp\left(it\sum_{j\geqslant 3}\zeta_j/\sqrt{n}\right)\right]\right| \\
&\leqslant Cn^{-1/2}t^2 e^{-\mu t^2}. \qquad (3.200)
\end{aligned}
$$

故由式 (3.200), 以及

$$
|t|\left|E\left[(\zeta_2^2-1)\exp\left(it\sum_{j\neq 1}\zeta_j/\sqrt{n}\right)\right]\right| \leqslant t^2 E\left|\zeta_2(\zeta_2^2-1)\right| e^{-\mu t^2}/\sqrt{n}
$$

有

$$
\begin{aligned}
J_2(t) &\sim \frac{3(n-1)}{n} tE\left[\exp\left(it\sum_{j\neq 1}\zeta_j/\sqrt{n}\right)\right] \\
&= \frac{3(n-1)}{n} tf_{n-1}\left(\sqrt{\frac{n-1}{n}}t\right) \sim \frac{3(n-1)}{n} t\exp\left(-\frac{n-1}{2n}t^2\right) \sim 3te^{-t^2/2}. \qquad (3.201)
\end{aligned}
$$

类似地, 得到

$$
J_3(t) \sim -t^3 e^{-t^2/2}. \qquad (3.202)
$$

由式 (3.198)~(3.202) 得式 (3.196). 现证式 (3.197). 以 $m=2$ 为例, 其他情况可类似讨论. 仍如前, 不失普遍性, 可以用 $W_n = (\sum{}' a_j e_j^*)^2/\sqrt{n}d_n$ 代替 Δ_n' 来讨论, 此处 $\sum{}' a_j^2 \leqslant 1$ 记 $Z_k = a_k e_k^*$, 有

$$
\begin{aligned}
E(S_n^2 W_n e^{itS_n}) =& (n^{3/2}d_n)^{-1}\sum_{j=1}^{n} E\left(\zeta_j^2\left(\sum{}' Z_k\right)^2 e^{itS_n}\right) \\
&+ (n^{3/2}d_n)^{-1}\sum_{j\neq k} E\left(\zeta_j\zeta_k\left(\sum{}' Z_l\right)^2 e^{itS_n}\right) \\
\triangleq& J_1(t) + J_2(t). \qquad (3.203)
\end{aligned}
$$

由引理 3.19, 知 $\{\eta, \mu, n, t\}$:

$$
\begin{aligned}
&\left|J_1(t) - (n^{3/2}d_n)^{-1}\sum_j\sum_k{}' E(\zeta_j^2 Z_k^2 e^{itS_n})\right| \\
\leqslant& Cn^{-3/2}\left|\sum_j\sum_{k\neq l}{}' E(\zeta_j^2 Z_k Z_l e^{itS_n})\right| \\
\leqslant& Cn^{-3/2}\sum_j\sum_{k\neq l}{}' E\zeta_j^2(|t|/\sqrt{n})E|Z_k\zeta_k| \times (|t|/\sqrt{n})E|Z_l\zeta_l| e^{-\mu t^2}
\end{aligned}
$$

$$
\begin{aligned}
&+ Cn^{-3/2}\sum_{j\neq k}{}' E\left|\zeta_j^2 Z_j\right| \cdot (|t|/\sqrt{n}) E\left|\zeta_k Z_k\right| e^{-\mu t^2} \\
&\leqslant Cn^{-3/2}(nt^2 + \sqrt{n}\,|t|)e^{-\mu t^2} \\
&\leqslant C_n^{-1/2}(|t| + t^2)e^{-\mu t^2}.
\end{aligned}
$$

由此可知

$$
J_1(t) \sim (n^{3/2}d_n)^{-1}\sum_j\sum_k{}' a_k^2 E(\zeta_j^2 e_k^{*2} e^{itS_n}). \tag{3.204}
$$

定义 $\varepsilon_{jk} = 1/2$ 或 1, 视 $j = k$ 与否而定. 由 $Ee_1^6 < \infty$ 易见

$$
\sum_j\sum_k{}' a_k^2 E(\zeta_j^2 e_k^{*2}) \leqslant Cn,
$$

$$
\sum_j\sum_k{}' a_k^2 E[\zeta_j^2 e_k^{*2}(|\zeta_j| + |\zeta_k|)] \leqslant Cn^{3/2}.
$$

故若令 $f_{jk} = \zeta_j^2 e_k^{*2} - E(\zeta_j^2 e_k^{*2})$, 则当 $|t| \leqslant \sqrt{n}\eta$ 时, 有

$$
\begin{aligned}
&\left|(n^{3/2}d_n)^{-1}\sum_j\sum_k{}' a_k^2[E(\zeta_j^2 e_k^{*2} e^{itS_n}) - E(\zeta_j^2 e_k^{*2})e^{-t^2/2}]\right| \\
&\leqslant Cn^{-3/2}\sum_j\sum_k{}' a_k^2\left|E(f_{jk}e^{itS_n})\right| \\
&\quad + Cn^{-3/2}\sum_j\sum_k{}' a_k^2 E(\zeta_j^2 e_k^{*2})\left|Ee^{itS_n} - e^{-t^2/2}\right| \\
&\leqslant Cn^{-3/2}\sum_j\sum_k{}'(|t|/\sqrt{n}) a_k^2 E\left|\varepsilon_{jk}(\zeta_j + \zeta_k) f_{jk}\right| e^{-\mu t^2} \\
&\quad + Cn^{-3/2}Cn(C|t|^3/\sqrt{n})e^{-\mu t^2} \\
&\leqslant Cn^{-2}|t|\sum_j\sum_k{}' a_k^2 E[\zeta_j^2 e_k^{*2}(|\zeta_j| + |\zeta_k|)]e^{-\mu t^2} + Cn^{-1}|t|^3 e^{-\mu t^2} \\
&\leqslant Cn^{-1/2}(|t| + |t|^3)e^{-\mu t^2}.
\end{aligned} \tag{3.205}
$$

由式 (3.204) 与 (3.205), 得

$$
J_1(t) \sim (n^{3/2}d_n)^{-1}\sum_j\sum_k{}' a_k^2 E(\zeta_j^2 e_k^{*2})e^{-t^2/2}. \tag{3.206}
$$

类似地讨论证明:

$$
J_2(t) \sim (n^{3/2}d_n)^{-1} 2\sum_{j\neq k}{}' a_j a_k E(\zeta_j e_j^*) E(\zeta_k e_k^*) e^{-t^2/2}. \tag{3.207}
$$

最后, 由式 (3.203) 和 (3.206) 及 (3.207), 知式 (3.197) 当 $m = 2$ 时成立. 引理证毕.

(三) 定理 3.10 的证明 令

$$a_0 = 1, \quad a_1 = E(S_n - \Delta_n'),$$
$$a_2 = E(S_n - \Delta_n')^2 - 1,$$
$$a_3 = E(S_n - \Delta_n')^3 - 3E(S_n - \Delta_n')^2,$$

则易见

$$|a_j| \leqslant C/\sqrt{n}, \quad j = 1, 2, 3. \tag{3.208}$$

又定义

$$h_n(t) = \sum_{k=0}^{3} a_k (it)^k e^{-t^2/2}/k!, \tag{3.209}$$

$$m_n(t) = E[\exp(it(S_n - \Delta_n'))]. \tag{3.210}$$

由式 (3.208) 易见

$$\left|h_n^{(3)}(t) - \psi_n(t)\right| \leqslant Cn^{-1/2}(|t| + t^6)e^{-t^2/2}.$$

$\psi_n(t)$ 的定义见引理 3.22. 故由引理 3.21 和 3.22, 得 $m_n^{(3)}(t) \sim \psi_n(t) \sim h_n^{(3)}(t)$, 即存在 $\eta > 0$ 与 n 无关, 使得

$$\int_{-\sqrt{n}\eta}^{\sqrt{n}\eta} |t|^{-1} \left|m_n^{(3)}(t) - h_n^{(3)}(t)\right| dt \leqslant C/\sqrt{n}.$$

又因 $m_n^{(j)}(0) = h_n^{(j)}(0)\,(j = 0, 1, 2)$, 由引理 3.15 知

$$\int_{-\sqrt{n}\eta}^{\sqrt{n}\eta} |t|^{j-4} \left|m_n^{(j)}(t) - h_n^{(j)}(t)\right| dt \leqslant C/\sqrt{n}, \quad j = 0, 1, 2, 3. \tag{3.211}$$

由引理 3.19 和 3.20, $\{\eta, \mu, n, t\}$:

$$\begin{aligned}\left|E[e^{itS_n}(e^{-it\Delta_n'} - 1)]\right| &= \left|E[e^{itS_n'}(e^{-it\Delta_n'} - 1)]\right| \left|Ee^{itS_n''}\right| \\ &\leqslant \frac{C}{\sqrt{n}}(|t| + |t|^3)e^{-\mu t^2} + \frac{Ct^2}{n}\exp(-\mu n^{-1/8}t^2) \sim 0.\end{aligned}$$

熟知, $Ee^{itS_n} \sim e^{-t^2/2}$ (Berry-Esseen), 故 $m_n(t) \sim e^{-t^2/2} \sim h_n(t)$, 即存在 $\eta > 0$, 使得

$$\int_{-\sqrt{n}\eta}^{\sqrt{n}\eta} |t|^{-1} |m_n(t) - h_n(t)| \, dt \leqslant C/\sqrt{n}. \tag{3.212}$$

现令

$$M_n(x) = P(S_n - \Delta_n' \leqslant x),$$

$$H_n(x) = \sum_{k=0}^{3} (-1)^k a_k \Phi^{(k)}(x)/k!. \tag{3.213}$$

则 M_n 非降, H_n 可微且有界变差于 $\mathbf{R}^1$, $M_n(\pm\infty) = H_n(\pm\infty)$,

$$\int_{-\infty}^{\infty} |x|^3 |d(M_n(x) - H_n(x))| < \infty,$$

且 $|H_n'(x)| \leqslant C/(1+|x|)^3$, 故由第一章定理 1.30, 有

$$\begin{aligned}
&|M_n(x) - H_n(x)| \\
&\leqslant C(1+|x|)^{-3}\bigg\{\int_{|t|\leqslant\sqrt{n}\eta} |t|^{-1}|m_n(t) - h_n(t)|dt \\
&\quad + \int_{|t|\leqslant\sqrt{n}\eta} |t|^{-1}|\delta_3(t)|dt + n^{-1/2}\bigg\},
\end{aligned} \tag{3.214}$$

此处

$$\delta_3(t) = \int_{-\infty}^{\infty} e^{itx} d\{x^3(M_n(x) - H_n(x))\}. \tag{3.215}$$

由第一章定理 1.38, 并注意到式 (3.211)~(3.215), 得

$$\begin{aligned}
&|M_n(x) - H_n(x)| \\
&\leqslant C(1+|x|)^{-3}\bigg\{\int_{|t|\leqslant\sqrt{n}\eta} |t|^{-1}\,|m_n(t) - h_n(t)|dt \\
&\quad + \sum_{j=0}^{3} \int_{|t|\leqslant\sqrt{n}\eta} |t|^{j-4}\left|m_n^{(j)}(t) - h_n^{(j)}(t)\right| dt + n^{-1/2}\bigg\} \\
&\leqslant Cn^{-1/2}(1+|x|)^{-3}.
\end{aligned} \tag{3.216}$$

由式 (3.208) 及 (3.213), 易见 $|H_n(x) - \Phi(x)| \leqslant C_n^{-1/2}(1+|x|)^{-3}$. 这与式 (3.216) 结合, 给出

$$|M_n(x) - \Phi(x)| \leqslant C_n^{-1/2}(1+|x|)^{-3}. \tag{3.217}$$

又据第一章的定理 1.29, 有

$$|P(S_n \leqslant x) - \Phi(x)| \leqslant Cn^{-1/2}(1+|x|)^{-3}. \tag{3.218}$$

因为 $|d_n/d - 1| \leqslant C/\sqrt{n}$, 由引理 3.14 知: 若记

$$\tilde{S}_n = \sum_{1}^{n} \xi_j/\sqrt{n}d,$$

$$\tilde{\Delta}'_n = 2\sum_{u=1}^{r}\left(\sum_v{}' a_{nuv}e_v^*\right)^2 \Big/ \sqrt{n}d,$$

$$\tilde{\Delta}''_n = 2\sum_{u=1}^{r}\left(\sum_v{}'' a_{nuv}e_v^*\right)^2 \Big/ \sqrt{n}d,$$

并以 $\tilde{M}_n(x)$ 记 $\tilde{S}_n - \tilde{\Delta}'_n$ 的分布函数, 则仍有

$$\left|\tilde{M}_n(x) - \Phi(x)\right| \leqslant Cn^{-1/2}(1+|x|)^{-3}, \tag{3.219}$$

$$\left|P(\tilde{S}_n \leqslant x) - \Phi(x)\right| \leqslant Cn^{-1/2}(1+|x|)^{-3}. \tag{3.220}$$

令

$$Q_n^{(1)} = \frac{1}{\sqrt{n}d}\sum_{u=1}^{r}\left(\sum_{v=1}^{n} a_{nuv}e_v^*\right)^2,$$

则有

$$\tilde{S}_n - \tilde{\Delta}'_n - \tilde{\Delta}''_n \leqslant Q_n^{(1)} \leqslant \tilde{S}_n.$$

由引理 3.16, 对 $|x| \geqslant 1$, 有

$$\begin{aligned} P\left(|\tilde{\Delta''}_n| \geqslant |x|/\sqrt{n}\right) &\leqslant Cn^2x^{-4}E(\tilde{\Delta''}_n)^4 \\ &\leqslant Cn^{-1/2}x^{-4} \leqslant Cn^{-1/2}(1+|x|)^{-3}. \end{aligned} \tag{3.221}$$

故由引理 3.14 及式 (3.219) 和 (3.220), 有

$$\left|P(Q_n^{(1)} \leqslant x) - \Phi(x)\right| \leqslant Cn^{-1/2}(1+|x|)^{-3}. \tag{3.222}$$

令 (a_{njk} 的定义见式 (3.6))

$$Q_n^{(2)} = \frac{1}{\sqrt{n}d}\left(\sum_{j=1}^{n}(1-\lambda_j)\hat{e}_j^2 - n\sigma^2\right) - \frac{1}{\sqrt{n}d}\sum_{u=1}^{r}\sum_{v\neq w}^{n} a_{nuv}a_{nuw}e_ve_w,$$

$$\hat{T}_n = \frac{1}{\sqrt{n}d}\sum_{j=1}^{n}(\hat{e}_j^2 - \sigma^2),$$

此处 $\lambda_j = \sum\limits_{u=1}^{r} a_{nuj}^2$, 有 $0 \leqslant \lambda_j \leqslant 1$. 易见

$$\left|Q_n^{(2)} - Q_n^{(1)}\right| \leqslant \left|\hat{T}_n - \tilde{S}_n\right| + |T'_n + T''_n|, \tag{3.223}$$

此处

$$T_n' = \frac{1}{\sqrt{n}d}\sum_{j=1}^{n}\lambda_j(\hat{e}_j^2 - e_j^{*2}),$$

$$T_n'' = \frac{1}{\sqrt{n}d}\sum_{u=1}^{r}\sum_{j\neq k}^{n} a_{nuj}a_{nuk}(e_je_k - e_j^*e_k^*).$$

由引理 3.17, 对 $|x| \geqslant 1$, 有

$$P(|T_n' + T_n''| \geqslant |x|/\sqrt{n}) \leqslant n^2x^{-4}E|T_n' + T_n''|^4$$
$$\leqslant Cn^{-1/2}x^{-4} \leqslant Cn^{-1/2}(1+|x|)^{-3}. \tag{3.224}$$

又因

$$\left|\hat{T}_n - \tilde{S}_n\right| \leqslant \frac{1}{\sqrt{n}d}\sum_{j=1}^{n}(\sigma^2 - E\hat{e}_j^2) \leqslant \frac{1}{\sqrt{n}d}\sum_{1}^{n}\frac{1}{n}Ee_j^u \leqslant Cn^{-1/2}, \tag{3.225}$$

故由引理 3.14, 及式 (3.222)~(3.225), 得

$$\left|P(Q_n^{(2)} \leqslant x) - \Phi(x)\right| \leqslant Cn^{-1/2}(1+|x|)^{-3}. \tag{3.226}$$

令

$$T_n = \frac{1}{\sqrt{n}d}\sum_{1}^{n}(e_j^2 - \sigma^2),$$

$$Q_n^{(3)} = \frac{1}{\sqrt{n}d}(n-r)(\sigma_n^2 - \sigma^2)$$
$$= \frac{1}{\sqrt{n}d}\left\{\sum_{1}^{n}e_j^2 - (n-r)\sigma^2\right\} - \frac{1}{\sqrt{n}d}\sum_{u=1}^{r}\left(\sum_{v=1}^{n}a_{nuv}e_v\right)^2$$
$$= \frac{1}{\sqrt{n}d}\left\{\sum_{1}^{n}(1-\lambda_j)e_j^2 - (n-r)\sigma^2\right\} - \frac{1}{\sqrt{n}d}\sum_{u=1}^{r}\sum_{v\neq w}^{n}a_{nuv}a_{nuw}e_ve_w.$$

易见

$$Q_n^{(2)} \leqslant Q_n^{(3)} \leqslant T_n + r\sigma^2/\sqrt{n}d. \tag{3.227}$$

由第一章定理 1.29, 有 $|P(T_n \leqslant x) - \Phi(x)| \leqslant Cn^{-1/2}(1+|x|)^{-3}$. 这与式 (3.226) 和 (3.227) 结合, 并使用引理 3.14, 即得

$$\left|P(Q_n^{(3)} \leqslant x) - \Phi(x)\right| \leqslant Cn^{-1/2}(1+|x|)^{-3}. \tag{3.228}$$

最后, 有

$$\widetilde{\sigma_n^2} = \frac{\sigma_n^2 - \sigma^2}{\sqrt{\mathrm{var}(\sigma_n^2)}} = \frac{\sqrt{n}d}{(n-r)\sqrt{\mathrm{var}(\sigma_n^2)}}Q_n^{(3)}. \tag{3.229}$$

$\widetilde{\sigma_n^2}$ 的分布函数已记为 G_n. 据引理 3.10, 有

$$|\sqrt{n}d/(n-r)\sqrt{\mathrm{var}(\sigma_n^2)}-1| \leqslant C/\sqrt{n}. \tag{3.230}$$

由式 (3.228)~(3.230), 再用引理 3.14, 即知式 (3.174) 对充分大的 n 和一切 x 成立, 因而对一切 n 和 x 都成立. 定理 3.10 证毕.

§3.5 σ_n^2 的分布的渐近展开

(一) 引言和主要结果 前面讨论了当 $n\to\infty$ 时, 误差方差估计 σ_n^2 的标准化 $\widetilde{\sigma_n^2}$ 的极限分布问题, 证明了在一定条件下, $\widetilde{\sigma_n^2}$ 的分布以 $O(n^{-1/2})$ 的速度收敛于标准正态分布 Φ. 可以把 Φ 看做 $\widetilde{\sigma_n^2}$ 的分布 G_n 的 "一级近似". 由于接近的速度只有 $n^{-1/2}$ 这样的数量级, 除非 n 很大, 用 $\Phi(x)$ 作为 $G_n(x)$ 的近似值就显得比较粗糙些. 如果能够把剩余 $G_n(x)-\Phi(x)$ 的主要部分 $Q_1(x)/\sqrt{n}$ 提取出来 ($Q_1(x)$ 也可以与 n 有关), 则 $\Phi(x)+Q_1(x)/\sqrt{n}$ 作为 $G_n(x)$ 的近似, 其接近程度将很有改善. 在一定的条件下, 剩余 $G_n(x)-\{\Phi(x)+Q_1(x)/\sqrt{n}\}$ 将以 $O(n^{-1})$ 的速度趋于 0, 因而又可把它的主要部分 $Q_2(x)/n$ 提出来. 这样做下去, 只要条件允许, 我们将得到这样一个展开式:

$$G_n(x)=\Phi(x)+Q_1(x)/\sqrt{n}+Q_2(x)/\sqrt{n}^2+\cdots+Q_k(x)/\sqrt{n}^k+\cdots, \tag{3.231}$$

这叫做 $G_n(x)$ 的渐近展开. 这种展开式的意义, 与通常的级数展开 (如幂级数展开, 三角级数展开等) 不同. 主要是: 式 (3.231) 右边的级数, 对任何固定的 n, 通常都不必收敛. 因而式 (3.231) 中等号的意义, 不能作平常的解释. 事实上, 依我们上面交代的式 (3.231) 的来由, 它的意义是说, 对任何 k (固定), 当 $n\to\infty$ 时, 剩余

$$G_n(x)-\left\{\Phi(x)+Q_1(x)/\sqrt{n}+\cdots+Q_k(x)/\sqrt{n}^k\right\}$$

以 $O(n^{-(k+1)/2})$ 的速度趋于 0.

相应于中心极限定理的, 即标准化独立随机变量和的分布的渐近展开通常叫做 Edgeworth 展开. 这在通常的教科书中都有所讨论. 例如, 可参看文献 [19]. 严格的理论可参看文献 [17]. 即使在这个相对说来是最简单的情况, 整个理论也是很艰难和复杂的. 在数理统计中所碰到的统计量, 一般都不具有独立和的形式, 情况当然更为复杂 (如本章讨论的 $\hat{\sigma}_n^2$). 近几十年来, 有一些学者从事过这方面的研究工作, 但直到目前为止, 还只得到一些零星的结果. 每个具体情况的研究都要用到针对这种具体情况的特殊方法.

在这些工作中, 我国许宝騄教授的工作[11] 是最早的. 在文献 [11] 中, 许教授讨

论了一般线性模型 (3.1) 的一个特例, 即 $p=1$, $x_1=x_2=\cdots=1$. 这时 σ_n^2 就是通常的样本方差

$$\sum_{i=1}^{n}(Y_i-\bar{Y}_n)^2/(n-1).$$

许教授研究了它的分布的渐近展开, 得到了彻底的结果, 可表述如下：

设 $e_1,e_2,\cdots$ 为一串独立同分布的随机变量, $Ee_1=0, Ee_1^2=1$. 记 $\alpha_v=Ee_1^v, v=3,4,\cdots$. 设对某个整数 $k\geqslant 4$, 有 $\alpha_{2k}<\infty$. 又 e_1 的分布 $F(x)$ 在 Lebesgue 意义下为 "非奇异的", 即 $F(x)$ 的 Lebesgue 分解中的绝对连续部分不消失. 记

$$\bar{e}_n=\sum_{i=1}^{n}e_i/n, \eta_n=\sum_{i=1}^{n}(e_i-\bar{e}_n)^2/n,$$

而

$$G_n(x)=P(\sqrt{n}(\eta_n-1)/\sqrt{\alpha_4-1}\leqslant x), \tag{3.232}$$

则有 $G_n(x)=\Phi(x)+\Psi_n(x)+R_n(x)$, 其中 $\Psi_n(x)$ 是 $\left\{\Phi^{(v)}(x), v=1,2,\cdots 3(k-3)\right\}$ 的线性组合, 系数是某些量的 $n^{-v/2}$ 倍 $(v=1,\cdots,k-3)$, 而这些量仅依赖于 $k,\alpha_3,\cdots,\alpha_{2k-2}$. 又

$$|R_n(x)|\leqslant\begin{cases}Q_k n^{-(k-2)/2}, & \text{当 } k=4,5,6,\\ Q_k n^{-k(k-1)/(2k+3)}, & \text{当 } k\geqslant 7,\end{cases}$$

其中 Q_k 为依赖于 k 及 e_1 的分布的常数.

在文献 [20] 中, 我们把许教授的上述结果推广到一般的线性模型. 本节将要介绍的这一结果还只是初步的, 因为它对试验点列加上了较强的限制, 即下文的 (3.233) 式. 在前几节的结果中我们注意到一个事实, 即 σ_n^2 的大样本结果多与 $\{x_k\}$ 无关. 这使我们有理由期望: 关于 σ_n^2 的分布的渐近展开问题, 有朝一日或许能达到与 $\{x_k\}$ 无关的结论. 本节的叙述根据文献 [20].

考虑线性模型 (3.1). 假定:

(i) $e_1,e_2,\cdots$ 独立同分布, $Ee_1=0$, $Ee_1^2=1$.

(ii) 记 $\alpha_j=Ee_1^j$, 存在整数 $k\geqslant 4$, 使得 $\alpha_{2k}<\infty$.

(iii) e_1 的分布按 Lebesgue 意义为非奇异的 (意义见前述).

(iv) 存在常数 A, 使得若将 σ_n^2 表为式 (3.6), 则有

$$\sum_{j=1}^{r}a_{njk}^2\leqslant A/n, \quad k=1,2,\cdots n; n=1,2,\cdots. \tag{3.233}$$

易见

$$\mathrm{var}(\sigma_n^2) = \frac{\alpha_4 - 1}{n}\left(1 + O\left(\frac{1}{n}\right)\right).$$

令

$$\eta_n(n-r)\sigma_n^2/n, \tag{3.234}$$

并按式 (3.232) 定义 $G_n(x)$. 我们在文献 [20] 中证明了

$$G_n(x) = \Phi(x) + \Psi_n(x) + R_n(x), \tag{3.235}$$

其中 $\Psi_n(x)$ 为 $\left\{\Phi^{(v)}(x), v = 1, \cdots, 3(k-3)\right\}$ 的线性组合, 系数是某些量的 $n^{-v/2}$ 倍 $(v = 1, \cdots, k-3)$, 这些量只依赖于 $k, r, \alpha_3, \cdots, \alpha_{2k-2}$ 及 $\{a_{njk}, 1 \leqslant j \leqslant r; 1 \leqslant k \leqslant n\}$. 又

$$|R_n(x)| \leqslant \begin{cases} Q_{kr}n^{-(k-2)/2}, & \text{当 } 4 \leqslant k \leqslant 2(r+2)/r, \\ Q_{kr}n^{-k(k-1)/(2k+r+2)}, & \text{当 } k > 2(r+2)/r, \end{cases} \tag{3.236}$$

此处 Q_{kr} 为只依赖于 k 和 r 及 e_1 的分布的常数.

关于式 (3.235) 中的 $\Psi_n(x)$, 可更细致地描述如下：记

$$\rho = \alpha_3/\sqrt{\alpha_4 - 1},\ \|t^{(0)}\| = |t_0|,\ \|t^{(1)}\| = \left(\sum_1^r t_l^2\right)^{1/2}, \tag{3.237}$$

$$\beta_{k0} = E|e_1^2 - 1|^k/(\alpha_4 - 1)^{k/2}, \quad \beta_{k1} = E|e_1|^k, \tag{3.238}$$

则存在常数 $B_k > 0$, 使得当

$$\left\|t^{(j)}\right\| \leqslant B_k\sqrt{n}(1-\rho^2)\beta_{kj}^{-3/k} \quad (j = 0, 1) \tag{3.239}$$

时, 有

$$\begin{aligned}
&\prod_{j=1}^n \exp\left\{i\left(\frac{t_0}{\sqrt{n}}\frac{e_j^2 - 1}{\sqrt{\alpha_4 - 1}} + \sum_{l=1}^r i_l a_n l_j e_j\right)\right\} \\
&\quad = \varphi_n(t_0, t_1, \cdots, t_r)(1 + \psi_n(it_0, it_1 \cdots, it_r)) \\
&\qquad + \theta_k n^{-(k-2)/2}\sum_{j=0}^1 \beta_{kj}^{3(k-2)/k}(\|t^{(j)}\|^k + \|t^{(j)}\|^{3(k-2)}) \\
&\qquad \cdot \exp\left(-\frac{1-\rho^2}{8}\sum_{l=0}^r t_l^2\right),
\end{aligned} \tag{3.240}$$

其中

$$\varphi_n(t_0, \cdots, t_r) = \exp\left\{-\frac{1}{2}\left(\sum_{l=0}^r t_l^2 + \frac{2\rho t_0}{\sqrt{n}}\sum_{l=1}^r\sum_{j=1}^n t_l a_{nlj}\right)\right\}, \tag{3.241}$$

而 $\psi_n(it_0,\cdots,it_r)$ 是一些形如

$$b_k n^{-v/2}(i^3\lambda_{3n})^{m_1}\cdots(i^{k-1}\lambda_{k-1,n})^{m_{k-3}} \tag{3.242}$$

的项的和, $|\theta_k|\leqslant A_k$, A_k 和 b_k 为只与 k 有关的常数, $m_1,\cdots,m_{k-3}$ 为非负整数,

$$1\leqslant\sum_{j=1}^{k-3}m_j\leqslant k-3,\quad \sum_{j=1}^{k-3}jm_j=v, v=1,\cdots,k-3.$$

又

$$\lambda_{vn}=\frac{1}{n}\sum_{j=1}^{n}\lambda_{vnj},$$

其中 λ_{vnj} 为变量

$$t_0(e_1^2-1)/\sqrt{\alpha_4-1}+\sqrt{n}e_1\sum_{l=1}^{r}t_l a_{nlj}$$

的 v 阶半不变量.

以 $w_n(y_0,\cdots,y_r)$记由特征函数 $\varphi_n(t_0,\cdots,t_r)$ 所确定的正态分布密度, 在 $\psi_n(it_0,\cdots,it_r)$ 中, 将每个 $\prod\limits_{j=0}^{r}(it_j)^{v_j}$ 用 $(-1)^{\sum_0^r v_j}\partial^{v_0+\cdots+v_r}w_n/\partial y_0^{v_0}\cdots\partial y_r^{v_r}$ 代替, 结果记为 $\delta_n(y_0,\cdots,y_r)$, 令

$$H_n(x)=\int\cdots\int_{y_0-\sum_1^r y_j^2/\sqrt{n(\alpha_4-1)}\leqslant x}\{w_n(y_0,\cdots,y_r)+\delta_n(y_0,\cdots,y_r)\}dy_0\cdots dy_r. \tag{3.243}$$

把 H_n 展开成 $n^{-1/2}$ 的多项式, 取到 $n^{-(k-3)/2}$ 一项为止, 这部分的和就是式 (3.235) 中的 $\varPhi(x)+\varPsi_n(x)$.

特别, 当 $r=1$ 时, 上述结果作为特例包含了许教授的结果.

如前所述, 这个定理的证明相当困难并且复杂, 因此我们不打算在此介绍它的证明. 如要了解这一证明, 可参看文献 [20]. 在此, 我们仅仅指出, 要去掉对试验点列所加的任何限制而不加上其他同样性质的限制也绝非易事. 例如, 若使用多维特征函数的展开及其反演, 以及 Esseen 提供的基本不等式, 而要去掉本节加之于试验点列的式 (3.233), 则在式 (3.239) 成立的条件下, 就不能得出多维特征函数的基本展式 (3.240), 其他也就无从谈起. 如果直接对一维特征函数 $E\exp\{it\sqrt{n}(\eta_n-1)/\sqrt{\alpha_4-1}\}$ 进行展开, 则当 $k>4$ 时, 计算是极其繁琐的, 甚至是难于进行的, 即使在 $k=4$ 即 $Ee_1^8<\infty$ 的条件下, 为要得到所要的结果, 也必须加上一些难于验证的其他条件. 其实质性的困难跟 U 统计量的渐近展开是类似的, 我们要处理的都是一个同分布独立和与一个非独立和的干扰项之和. 在高阶矩 $(k>3)$ 的场合, 这一干扰项将起实质性的作用. 但是, 我们仍然希望, 这个困难最终是会被克服的.

我们在研究 $\hat{\sigma}_n^2$ 的渐近性质的过程中, 受到许教授的基本文献 [11] 很大的启发. 我们得出的一些结果是许教授在这方面的工作的继续和发展.

参 考 文 献

1 陈希孺. 线性模型中误差方差估计的相合性. 中国科学, 1979, 11: 1039~1050

2 Gleser L J. On the asymptotic theory of Fixed-Size sequential confidence bounds for linear regression parameters. *Ann Math Statist*, 1965, 36: 463~467

3 Gleser L J. Cortection to "On the asymptotic theory of Fixed-Size sequential confidence bounds for linear regression parameters". *Ann Math Statist*, 1966, 37: 1053~1055

4 赵林城. 线性模型中误差方差估计的强相合性的充要条件. 中国科学, 1981, 10: 1187~1191

5 陈希孺. 多元线性模型中误差协差阵估计的相合性. 华中师院学报, 1980, 4: 1~8

6 Eicker F. Asymptotic normality and consistency of the least squares estimators for families of linear regression. *Ann Math Statist*, 1963, 34: 447~457

7 Eicker F. Limit theorems for regressions with uniqual and dependent errors. *Proc of the Fifth Berkeley Symp*, Math Statist and Prob, 1965, 1: 59~82

8 Loève M. Probability Theory. Princeton: D Van Norstrand, 1960

9 Chow Y S. Some convergence theorems for independent random variables. *Ann Math Statist*, 1966, 37: 1482~1493

10 Zhao Lincheng (赵林城). Rates of a. s. Convergence of the estimation of error variance in linear models. *Chin Ann of Math*, 1983, 4B(1): 95~103

11 Hsu P L. The Approximate distributions of the mean and variance of a sample of independent variables. *Ann Math Statist*, 1945, 16: 1~29

12 Schmidt W H. Asymptotic results for estimation and testing variances in regression models. *Mathematiche Operations-Forschung und Statistik*, 1979, 10: 209~236

13 陈希孺. 线性模型中误差方差估计的 Berry–Esseen 界限. 中国科学, 1981, 2: 129~140

14 Bai Z D, Chen X R, Zhao L C. Convergence rates of the distributions of error variance estimates in linear models. *J Math, Research and Exposition*, 1983, 1: 69~82

15 Chen X R (陈希孺). Convergence rates of the distributions of error variance estimates in linear models (II). 科学探索, 1981, 1(4): 23

16 赵林城. 线性模型中误差方差学生氏估计量依分布收敛的速度. 数学学报

17 Petrov, V., Sums of Independent Random Variables, Springer-Verlag, 1975

18 赵林城, 陈希孺. 线性模型误差方差估计的分布的非一致性收敛速度. 中国科学, A 辑, 1982, 5: 408~420

19 Cramer H. Mathematical Methods of Statistics, 1946

20 赵林城. 线性模型中误差方差估计的分布的渐近展开. 数学学报, 1982, 25: 680~697

第四章　线性模型参数估计的容许性问题

仍考虑线性模型

$$Y_i = x_i'\beta + e_i, \quad i = 1, \cdots, n. \tag{4.1}$$

e_i 有均值 0, 方差 σ^2. 在前两章中, 我们研究 β 和 σ^2 的估计 $\hat{\beta}_n$ 和 σ_n^2 的性质时, 都是在样本大小 $n \to \infty$ 的情形下去考虑, 因此称为大样本理论. 这种类型的结果当样本大小 n 很大时, 近似地可以使用. 由于目前在大样本理论中, 绝大多数结果并不附有切实的误差界限估计, 因此在碰到一个特定问题中特定的样本大小时, 我们无法确切说出, 这样的样本大小是否已使大样本理论可用. 这是大样本理论的一个重要缺点. 但是, 在承认这一点的同时也应看到, 不能以此否定大样本理论的重要意义. 一则由于, 从大样本观点提出的一些统计方法往往有其直观上的合理性, 在无其他更好的代替方法时, 这类方法提供了一种可能的选择. 而且, 有些小样本理论就是从基于大样本观点提出的统计量上面发展起来的. 举一个最简单的例子: 设 $X_1, \cdots, X_n$ 为抽自 $N(a, \sigma^2)$ 的样本, 要检验 $a = a_0$. 在 σ 已知时, 自然地取检验统计量 $\sqrt{n}(\bar{X} - a_0)/\sigma$. 当 σ 未知时, 以

$$S = \left(\frac{1}{n-1} \sum_{i=1}^{n} (X_i - \bar{X})^2 \right)^{1/2}$$

估计 σ 而取检验统计量 $t = \sqrt{n}(\bar{X} - a_0)/S$. 在 Student 没有发现 t 的精确分布之前, 人们只好近似地认为 t 有正态分布, 这就是一种大样本理论. 这个检验, 不论其极限分布, 单从直观上看也是合理的, 而 Student 之所以会去研究 t 的精确分布, 也可以说是因为大样本理论提供了这个问题. 此其一. 另一点理由是, 尽管一个统计量或统计方法具有某些大样本性质, 还不足以成为其在实际应用上的优良性的充足根据, 但由于大样本性质要求的条件较少 (主要是与总体分布关系很少, 因而常有所谓 “distribution-free” 的性质), 因此, 从反面说, 若一个统计方法不具有某些普通的大样本性质, 例如相合性, 我们就很难相信, 在样本大小不太大时, 它会有良好的表现. 所以我们说, 大样本理论的意义不能低估.

当然, 大样本理论在统计中受到如此的注意, 主要原因还在于, 用目前已知的数学工具所能得到的小样本结果实在太少. 谈到 “小样本理论” 这个名词, 一般并无明确的定义. 总的说, 如果一个统计模型中样本大小固定不变, 则关于这种模型的任意确定的理论结果, 都可以理解是小样本的 (因此, “大”、“小” 样本之差别, 不

在于样本的大小, 而在于样本大小 $\to \infty$, 或保持不变). 一些初等教科书上把小样本理解为寻求问题中有关统计量的精确分布, 这是一重要的方面. 但也可以把样本大小固定时, 统计方法具有的某些性质列入, 如估计的无偏性可算是小样本性质, 而渐近无偏性则是大样本性质. 估计的 Minimax 性质、检验在零假设集合上的相似性与不变性等, 都可视为小样本性质. 本章所要讨论的线性模型中的参数估计的容许性, 可视为一种小样本理论.

本章中总假定损失函数为平方或正定和半正定二次型. 关于容许性, 可以在全部估计类中考虑, 也可以在一定的估计类中考虑. 对 β 的估计来说, 一个自然的估计类是线性估计类. 关于一线性估计在全体线性估计类中的可容许性, 目前已有了较完整的结果. Rao[1] 的文章是到那时为止这方面工作的总结. 关于线性估计在全体估计类中的可容许性, 当随机误差 e_i 服从正态分布时, 已有了一些研究. 对其他情形则所知甚少. 至于 σ^2 的估计, 一个自然的估计是二次型估计类, 这种估计类是我国许宝騄教授开始研究的. 早在 20 世纪 30 年代, 他就在文献 [2] 中考虑了方差的二次型估计类中的最优无偏估计问题. 以后 Rao 等人继续了这方面的研究, 但关于其容许性问题, 则至今在文献中尚未见有公开发表的结果. 至于二次型估计在整个估计类中的容许性问题, 即使在随机误差服从正态分布时也所知很少, 对其他分布就更不用说了.

本章共分五节, 前三节讨论回归系数的线性估计的容许性问题, 后两节讨论误差方差的二次型估计的可容许性问题.

§4.1 回归系数的线性估计的可容许性 I (在线性估计类中)

(一) 预备知识 以 θ 记未知参数, Y 是观察值向量 (从下文可看出, 并无必要假定 Y 取值于欧氏空间), Y 的分布依赖于 θ. 在本节中, 我们只涉及有关分布的一、二阶矩, 因此没有关于 Y 的分布的任意特殊假定. 设 $g(\theta)$ 为一待估的 m 维向量函数, 如用 $d(X)$ 估计 $g(\theta)$, 损失取为

$$L(g(\theta), d(Y)) = (d(Y) - g(\theta))' B(d(Y) - g(\theta)), \tag{4.2}$$

此处 B 为一非零的 m 阶半正定常数方阵.

为精简文字, 我们把 "$d(Y)$ 为 $g(\theta)$ 的在损失函数 (4.2) 之下的容许估计" 一语, 记为 $d(Y) \overset{B}{\sim} g(\theta)$. 若 $B = I$, 则进一步简化为 $d(Y) \sim g(\theta)$.

引理 4.1 若 S 为任一方阵, 使得 $B = S'S$, 则 $d(Y) \overset{B}{\sim} g(\theta)$ 的充要条件为 $Sd(Y) \sim Sg(\theta)$.

证 充分性: 设 $Sd(Y) \sim Sg(\theta)$. 若 $d(Y) \overset{B}{\sim} g(\theta)$ 不对, 则存在 $d_1(Y)$, 使得

$$E_\theta \left[(d_1(Y) - g(\theta))' B (d_1(Y) - g(\theta)) \right]$$

$$\leqslant E_\theta\left[(d(Y)-g(\theta))'B(d(Y)-g(\theta))\right] \tag{4.3}$$

对参数空间 Θ 中任一 θ 成立, 且不等号至少对 Θ 中一个 θ_0 成立. 式 (4.3) 可写为

$$E_\theta\left\|Sd_1(Y)-Sg(\theta)\right\|^2 \leqslant E_\theta\left\|Sd(Y)-Sg(\theta)\right\|^2$$

对一切 $\theta\in\Theta$ 成立, 且不等号当 $\theta=\theta_0$ 成立. 这显然与 $Sd(Y)\sim Sg(\theta)$ 矛盾.

必要性: 设 $d(Y)\overset{B}{\sim}g(\theta)$. 用反证法, 设 $Sd(Y)\sim Sg(\theta)$ 不成立, 则存在 $b(Y)$, 使得

$$E_\theta\left\|b(Y)-Sg(\theta)\right\|^2 \leqslant E_\theta\left\|Sd(Y)-Sg(\theta)\right\|^2 \tag{4.4}$$

对一切 $\theta\in\Theta$, 且不等号当 θ 等于某个 $\theta\in\Theta$ 时成立. 记 $P=S(S'S)^-S'$, 即向 S 的列向量所张成的线性子空间的投影变换矩阵, 则有

$$\left\|b(Y)-Sg(\theta)\right\|^2=\left[b(Y)\right]'(I-P)b(Y)+\left\|Pb(Y)-Sg(\theta)\right\|^2. \tag{4.5}$$

由式 (4.4) 和 (4.5), 知对一切 θ 有

$$E_\theta\left\|Pb(Y)-Sg(\theta)\right\|^2 \leqslant E_\theta\left\|Sd(Y)-Sg(\theta)\right\|^2, \tag{4.6}$$

且不等号对 $\theta=\theta_0$ 成立. 式 (4.6) 可写为

$$\begin{aligned}&E_\theta\left[(\tilde{b}(Y)-g(\theta))'B(\tilde{b}(Y)-g(\theta))\right]\\&\quad\leqslant E_\theta\left[(d(Y)-g(\theta))'B(d(Y)-g(\theta))\right],\end{aligned} \tag{4.7}$$

此处 $\tilde{b}(Y)=B^-S'b(Y)$. 此式显然与 $d(Y)\overset{B}{\sim}g(\theta)$ 矛盾. 这证明了必要性.

引理 4.2 若 $B_*>0$ 而 $d(Y)\overset{B_*}{\sim}g(\theta)$, 则对任意的 $B\geqslant 0$ 有 $d(Y)\overset{B}{\sim}g(\theta)$.

证 简记 $d(Y)$ 为 d, 余类推. 由引理 4.1, 有

$$d\overset{B_*}{\sim}g(\theta)\Leftrightarrow B_*^{1/2}d\sim B_*^{1/2}g(\theta). \tag{4.8}$$

又, 用与引理 4.1 类似的证法, 证明

$$d\overset{B}{\sim}g(\theta)\Leftrightarrow B_*^{1/2}d\overset{K}{\sim}B_*^{1/2}g(\theta),\quad K=B_*^{-1/2}BB_*^{-1/2}. \tag{4.9}$$

故本引理归结为证明式 (4.8) 与 (4.9) 的右边等价. 这无异乎说在引理中可设 $B_*=I$. 用反证法, 设 $d\sim g(\theta)$, 但 $d\overset{B}{\sim}g(\theta)$ 不对, 则存在估计 d_1, 使得

$$E_\theta\left[(d_1-g(\theta))'B(d_1-g(\theta))\right]\leqslant E_\theta\left[(d-g(\theta))'B(d-g(\theta))\right]$$

对一切 θ, 且不等号当 θ 等于某个 θ_0 时成立. 以 λ 记 B 的最大特征根, 并令 $F=\lambda^{-1}B$(此处设 $\lambda\neq 0$. 否则 $B=0$, 结论自明), 则

$$E_\theta[(d_1-g(\theta))'F(d_1-g(\theta))]\leqslant E_\theta[(d-g(\theta))'F(d-g(\theta))]$$

对一切 θ, 且不等号当 θ 等于某个 θ_0 时成立. 令

$$d_* = d + F(d_1 - d).$$

由 $F \leqslant I$(即: $I - F$ 为非负定阵) 知 $F^2 \leqslant F$. 因而

$$\begin{aligned}
E_\theta \|d_* - g(\theta)\|^2 =& E_\theta \|d - g(\theta)\|^2 + E_\theta[(d_1 - d)'F^2(d_1 - d)] \\
& + E_\theta[(d - g(\theta))'F(d_1 - d)] \\
& + E_\theta[(d_1 - d)'F(d - g(\theta))] \\
\leqslant & E_\theta \|d - g(\theta)\|^2 + E_\theta[(d_1 - d)'F(d_1 - d)] \\
& + E_\theta[(d - g(\theta))'F(d_1 - d)] \\
& + E_\theta[(d_1 - d)'F(d - g(\theta))] \\
=& E_\theta \|d - g(\theta)\|^2 + E_\theta[(d_1 - g(\theta))'F(d_1 - g(\theta))] \\
& - E_\theta[(d - g(\theta))'F(d - g(\theta))] \\
\leqslant & E_\theta \|d - g(\theta)\|^2
\end{aligned}$$

对一切 θ, 且不等号当 $\theta = \theta_0$ 时成立. 这与 $d \sim g(\theta)$ 矛盾. 引理证毕.

系 4.1 (i) 若 $d(Y) \sim g(\theta)$, $g(\theta)$ 为 m 维, 则对任意常数矩阵 $S : k \times m$, 有 $Sd(Y) \sim Sg(\theta)$.

(ii) 若 $Sd(Y) \sim Sg(\theta)$ 而 S^{-1} 存在, 则 $d(Y) \sim g(\theta)$.

这是上面两个引理的直接推论.

引理 4.3(矩阵的特征分解) 设 $A : k \times m$, 则存在 k 阶正交阵 P 和 m 阶正交阵 Q, 使得

$$A = P \begin{pmatrix} \Lambda & 0 \\ 0 & 0 \end{pmatrix} Q = P_1 \Lambda Q_1,$$

此处 Λ=diag$(\lambda_1, \cdots, \lambda_r) > 0, r = \text{rk}(A)$, $\lambda_1^2, \cdots, \lambda_r^2$ 是 AA' 的非 0 特征根, P_1 为 P 的前 r 列构成的矩阵, Q_1 为 Q 的前 r 行构成的矩阵.

证 以 $\lambda_1^2, \cdots, \lambda_r^2, 0 \cdots, 0$ 记 AA' 的全部特征根, $p_1, \cdots, p_k$ 为相应于它们的特征向量, 且选择之, 使之成为 R^k 之一法正交基, 则易见, 当 $i = r+1, \cdots, k$ 时, $p_i'A = 0$. 令 $P = (p_1 \vdots \cdots \vdots p_k)$. 又令

$$q_i = \lambda_i^{-1} A' p_i, \quad i = 1, \cdots, r.$$

则 $q_i'q_j = 1$ 或 0, 视 $i = j$ 或否而定. 补充 $m-r$ 个向量 $q_{r+1}, \cdots, q_m$, 使得 $q_1, \cdots, q_m$ 构成 $\mathbb{R}^m$ 中之一法正交基, 并令 $Q = (q_1 \vdots \cdots \vdots q_m)$, 则有

$$A = PP'A = \sum_1^k p_i p_i' A = \sum_1^r p_i p_i' A = \sum_1^r \lambda_i p_i q_i'$$

$$=P_1\Lambda Q_1 = P\begin{pmatrix} \Lambda & 0 \\ 0 & 0 \end{pmatrix} Q.$$

明所欲证.

引理 4.4　假定

1° $D=\text{diag}(d_1,\cdots,d_p)$, $d_i \geqslant 0$, $i=1,\cdots,p$. $I-D\geqslant 0$.

2° $G=\text{diag}(g_1,\cdots,g_p)$.

3° Q 为 p 阶正交阵.

4° $\text{tr}(G^2)\leqslant\text{tr}(D^2)$.

5° $Q(I-G)^2Q' \leqslant (I-D)^2$.

则 4° 和 5° 等号成立.

证　以 q_i 记 Q' 的第 i 列, 而

$$e_i = (q_i'(I-G)^2q_i)^{1/2}, \quad i=1,\cdots,p,$$

则由 5° 知 $e_i^2 \leqslant (1-d_i)^2 (i=1,\cdots,p)$. 由此及 $I-D \geqslant 0$, 得 $e_i \leqslant 1-d_i (i=1,\cdots,p)$, 且

$$\begin{aligned}\sum_1^p d_i^2 \leqslant& \sum_1^p (1-e_i)^2 \\ &=p-2\sum_1^p e_i + \sum_1^p e_i^2 \\ &=p-2\sum_1^p e_i + \text{tr}[Q(I-G)^2Q'] \\ &=p-2\sum_1^p e_i + \text{tr}(I-G)^2 \\ &=p-2\sum_1^p e_i + \sum_1^p (1-g_i)^2 \\ &=\sum_1^p g_i^2 + 2\sum_1^p (1-g_i) - 2\sum_1^p e_i. \end{aligned} \tag{4.10}$$

由 Schwarz 不等式

$$(q_i'(I-G)q_i)^2 \leqslant (q_i'q_i)(q_i'(I-G)^2q_i) = e_i^2,$$

从而 $e_i \geqslant q_i'(I-G)q_i (i=1,\cdots,p)$, 且

$$\sum_1^p e_i \geqslant \sum_1^p q_i'(I-G)q_i = \text{tr}[Q(I-G)Q']$$

$$=\text{tr}(I-G)=\sum_1^p(1-g_i). \tag{4.11}$$

这与式 (4.10) 结合, 得 $\sum_1^p d_i^2 \leqslant \sum_1^p g_i^2$, 即 $\text{tr}(D^2) \leqslant \text{tr}(G^2)$, 再由 4° 即得

$$\text{tr}(D^2) = \text{tr}(G^2).$$

现证 5° 也成立等号. 若不然, 则在不等式

$$1-d_i \geqslant e_i(i=1,\cdots,p)$$

中, 至少有一个成立不等号. 这时式 (4.10) 将成立不等号. 这与式 (4.11) 结合, 将得出 $\sum_1^p d_i^2 < \sum_1^p g_i^2$, 与已证得的 4° 矛盾. 因而 5° 必成立等号. 引理证毕.

引理 4.5 设 L 和 S 都是 $m\times n$ 矩阵, 则 $LL' \leqslant LS'$(此一式包含要求 LS' 为对称方阵) 的充要条件是: 存在方阵 $M \geqslant 0$, M 的特征根全在区间 [0,1] 内, 使得 $L=SM$, 而 $\text{rk}(L)=\text{rk}(M)$.

证 充分性显然, 往证必要性. 对 L 作特征分解 $L=PGQ'$, 此处

$$G=\begin{pmatrix} \Lambda & 0 \\ 0 & 0 \end{pmatrix},$$

而 $\Lambda>0$ 为 r 阶对角阵, P 和 Q 分别为 m 阶和 n 阶正交阵. 因为 $LL'=PGG'P' \leqslant LS'=PGQ'S'PP'$, 知

$$GG' \leqslant GT', \tag{4.12}$$

此处

$$T'=Q'S'P=\begin{pmatrix} T_{11} & T_{12} \\ T_{21} & T_{22} \end{pmatrix},$$

其中 T_{11} 为 r 阶方阵. 我们有

$$GT'=\begin{pmatrix} \Lambda T_{11} & \Lambda T_{12} \\ 0 & 0 \end{pmatrix}.$$

因为 LS' 对称, 知 GT' 对称. 故 $\Lambda T_{12}=0$, 因而 $T_{12}=0$. 故

$$T'=\begin{pmatrix} T_{11} & 0 \\ T_{21} & T_{22} \end{pmatrix}, \quad GT'\begin{pmatrix} \Lambda T_{11} & 0 \\ 0 & 0 \end{pmatrix}.$$

由此及式 (4.12), 得

$$0<\Lambda^2 \leqslant \Lambda T_{11}. \tag{4.13}$$

从而 $|T_{11}| \neq 0$. 取 $A = (T_{11}^{-1})'\Lambda = \Lambda(T_{11}'\Lambda)^{-1}\Lambda$, 知 $A > 0$, 并由式 (4.13) 知 $T_{11}'\Lambda \geqslant \Lambda^2$. 故 $\Lambda^{-1}(T_{11}^{-1})' \leqslant \Lambda^{-2}$. 而 $(T_{11}^{-1})'\Lambda \leqslant I$, 因而 $A \leqslant I$. 故 A 的特征根全在 [0,1] 内. 又

$$
\begin{aligned}
G = \begin{pmatrix} \Lambda & 0 \\ 0 & 0 \end{pmatrix} &= \begin{pmatrix} T_{11}'A & 0 \\ 0 & 0 \end{pmatrix} = \begin{pmatrix} T_{11}' & T_{21}' \\ 0 & T_{22}' \end{pmatrix} \begin{pmatrix} A & 0 \\ 0 & 0 \end{pmatrix} \\
&= T \begin{pmatrix} A & 0 \\ 0 & 0 \end{pmatrix} = P'SQ \begin{pmatrix} A & 0 \\ 0 & 0 \end{pmatrix},
\end{aligned}
$$

而

$$
L = PGQ' = SQ \begin{pmatrix} A & 0 \\ 0 & 0 \end{pmatrix} Q'. \tag{4.14}
$$

取

$$
M = Q \begin{pmatrix} A & 0 \\ 0 & 0 \end{pmatrix} Q' \geqslant 0.
$$

则 M 的特征根全在 [0,1] 内, $L = SM$, 且由式 (4.14) 有

$$
\begin{aligned}
\mathrm{rk}(L) &= \mathrm{rk}(G) = \mathrm{rk}(GT') = \mathrm{rk}(\Lambda T_{11}) \\
&= \mathrm{rk}(A) = \mathrm{rk}(M).
\end{aligned}
$$

引理证毕.

引理 4.6　若 A 不是对称方阵, 则必存在正交阵 P, 使得

$$
\mathrm{tr}(PA) > \mathrm{tr}(A). \tag{4.15}
$$

证　先设 A 为二阶: $A = \begin{pmatrix} a & c \\ d & b \end{pmatrix}$. 为确定计, 设 $c > d$. 取正交阵.

$$
P_\varepsilon = \begin{pmatrix} 1-\varepsilon & -g \\ g & 1-\varepsilon \end{pmatrix},
$$

此处 $\varepsilon > 0$ 充分小, $g = \sqrt{2\varepsilon - \varepsilon^2}$. 这时

$$
\mathrm{tr}(P_\varepsilon A) - \mathrm{tr}(A) = -\varepsilon(a+b) + g(c-d).
$$

因为 $c - d > 0, g > 0$, 取 $\varepsilon > 0$ 充分小有 $\mathrm{tr}(P_\varepsilon A) > \mathrm{tr}(A)$(若 $d > c$, 则取 $g = -\sqrt{2\varepsilon - \varepsilon^2}$).

一般情形用归纳法. 设本引理结论对 A 为 $n-1$ 阶方阵时成立. 现设 A 为 n 阶方阵. 因为 A 非对称, 故必存在一个 $n-1$ 阶的非对称主子阵. 不失普遍性可设

它就在 A 的左上角, 即

$$A=\begin{pmatrix} A_{n-1} & b \\ d' & c \end{pmatrix}.$$

因为 A_{n-1} 非对称, 依归纳假设, 存在 $n-1$ 阶正交阵 P_{n-1}, 使得 $\mathrm{tr}(P_{n-1}A_{n-1})>\mathrm{tr}(A_{n-1})$. 现取

$$P=\begin{pmatrix} P_{n-1} & 0 \\ 0 & 1 \end{pmatrix},$$

则 P 为 n 阶正交阵, 且

$$\mathrm{tr}(PA)=\mathrm{tr}(P_{n-1}A_{n-1})+c>\mathrm{tr}(A_{n-1})+c=\mathrm{tr}(A).$$

这完成了归纳证明.

现在回到线性模型 (4.1). 记 $X'=(x_1\vdots\cdots\vdots x_n)$, $e=(e_1,\cdots,e_n)'$, 可将式 (4.1) 写为

$$Y=X\beta+e. \tag{4.16}$$

假定

$$Ee=0, \tag{4.17}$$

$$\mathrm{cov}(e)=\sigma^2V, \tag{4.18}$$

此处 $V>0$ 已知, 而 $\sigma^2>0$ 未知, 为简化文字, 以后称由式 (4.16)~(4.18) 所描述的模型为 H.

设 β 为 p 维, S 为一 $k\times p$ 矩阵, 使得 $S\beta$ 可估. $S\beta$ 的形如 AY 的估计 (A 为 $k\times n$ 矩阵) 组成线性估计类 $\mathscr{L}$. 以下总采用损失函数

$$L(S\beta,AY)=\|S\beta-AY\|^2. \tag{4.19}$$

如果 AY 相对于估计类 $\mathscr{L}$ 在损失函数 (4.19) 之下为 $S\beta$ 的可容许估计, 则记为 $AY\overset{\mathscr{L}}{\sim}S\beta$. 如引理 4.2 所指出的, 更一般的二次型损失函数 $(S\beta-AY)'B(S\beta-AY)$(其中 $B\geqslant 0$) 可归结为式 (4.19) 的情形.

(二)$p=n$且$X=I_n$的情形 下面我们要致力于寻求 $AY\overset{\mathscr{L}}{\sim}S\beta$ 的条件. 本段先考虑一个特殊情形: $p=n$, $X=I_n$, $V=I_n$. 这时 β 本身就是可估的.

定理 4.1 在模型 H 之下, 若又有 $X=I_n$, $V=I_n$, 则 $AY\overset{\mathscr{L}}{\sim}\beta$ 的充要条件为: A 为对称方阵, 其特征根全在 [0,1] 内.

证 设 $AY\overset{\mathscr{L}}{\sim}\beta$. 作 $I-A$ 的特征分解

$$I-A=PGQ,\quad G=\begin{pmatrix} G_r & 0 \\ 0 & 0 \end{pmatrix}.$$

P 和 Q 都是 n 阶正交阵, 而 $G_r = \mathrm{diag}(g_1, \cdots, g_r) > 0$.

以 R 记风险, 则

$$\begin{aligned}
&R(\beta, \sigma^2, AY) = E_\beta \|AY - \beta\|^2 \\
=&E_\beta\{\mathrm{tr}[A(Y-\beta) + (A-I)\beta][A(Y-\beta) + (A-I)\beta]'\} \\
=&\sigma^2 \mathrm{tr}(AA') + \beta'(I-A)'(I-A)\beta \\
=&\sigma^2 \mathrm{tr}[(I-PGQ)'(I-PGQ)] + \beta' Q' G^2 Q \beta.
\end{aligned}$$

将 tr 号下的矩阵乘出来, 并用 $\mathrm{tr}(AB) = \mathrm{tr}(BA)$, 有

$$R(\beta, \sigma^2, AY) = \sigma^2 \left[(n-r) + \sum_1^r (g_i^2 - 2\lambda_i g_i + 1)\right] + \sum_1^r g_i^2 \phi_i^2, \tag{4.20}$$

此处 λ_i 为 $P'Q'$ 的 (i,i) 元, 而 $(\phi_1, \cdots, \phi_n)' = Q\beta$. 由此式看出:

1. λ_i 必须为 1. 事实上, 由于 P 和 Q 为正交阵, 有 $|\lambda_i| \leqslant 1$. 若 $\lambda_i < 1$, 则可取 $\tilde{A} = I - Q'GQ$, 由式 (4.20) 知这时将有 $R(\beta, \sigma^2, AY) > R(\beta, \sigma^2, \tilde{A}Y)$, 对一切 β 及 $\sigma^2 > 0$, 这与 $AY \stackrel{\mathscr{L}}{\sim} \beta$ 矛盾, 因此 $\lambda_i = 1 (i = 1, \cdots, r)$, 因而 P 的前 r 列必须与 Q 的前 r 行一样 (即: P 的第 i 个列向量 =(Q 的第 i 个行向量)$'$). 但 P 的后 $(n-r)$ 列可任取而不影响 A, 故可取之, 使得与 Q 的后 $(n-r)$ 行 (的转置) 一样, 即 $P = Q'$, 这时有 $A = I - Q'GQ$, 而 A 为对称阵.

2. 既得 $\lambda_1 = \cdots = \lambda_r = 1$, 由式 (4.20) 有

$$R(\beta, \sigma^2, AY) = \sigma^2 \left[n - r + \sum_1^r (g_i - 1)^2\right] + \sum_1^r g_i \phi_i^2. \tag{4.21}$$

由此可知, $g_1, \cdots, g_r$ 都不能超过 1(注意已有 $g_i > 0$, $i = 1, \cdots, r$). 因若不然, 则可以把 G 中大于 1 的那种 g_i 换为 1 得到 $\tilde{G}$, 而令 $\tilde{A} = I - Q'\tilde{G}Q$, 则由式 (4.21) 易见 $\tilde{A}Y$ 的风险处处小于 AY 的风险. 这与 $AY \stackrel{\mathscr{L}}{\sim} \beta$ 矛盾. 因此有 $0 < g_i \leqslant 1, i = 1, \cdots, r$. 由 $A = I - Q'GQ = Q'(I-G)Q$ 知 A 的全部特征根为 $1 - g_1, \cdots, 1 - g_r, 1, \cdots, 1$, 全部在 [0,1] 内. 这样证明了必要性.

现设 A 满足定理中的条件, 将 A 表为 $A = Q'\Lambda Q$, $\Lambda = \mathrm{diag}(a_1, \cdots, a_n)$, 则有 $0 \leqslant a_i \leqslant 1 (i = 1, \cdots, n)$, 此处 Q 为正交阵. 记 $\theta = Q\beta$, 便有

$$R(\beta, \sigma^2, AY) = \sigma^2 \mathrm{tr}(\Lambda^2) + \theta'(I - \Lambda)^2 \theta. \tag{4.22}$$

设 MY 为任一满足条件

$$R(\beta, \sigma^2, MY) \leqslant R(\beta, \sigma^2, AY), \quad \forall \beta 及 \sigma^2 > 0 \tag{4.23}$$

的线性估计. 由已证的必要性部分, 不妨设 M 对称且特征根全在 [0,1] 中. 故可将 M 表为 $M = P'DP$, P 正交, 而 D 为对角阵, $0 \leqslant D \leqslant I$. 记 $QP' = B$, 易见 B 为正交阵, 且

$$R(\beta, \sigma^2, MY) = \sigma^2 \mathrm{tr}(D^2) + \theta' B(I-D)^2 B'\theta. \tag{4.24}$$

由式 (4.22)~(4.24), 置 $\theta = 0$, 得

$$\mathrm{tr}(D^2) \leqslant \mathrm{tr}(\Lambda^2). \tag{4.25}$$

又在式 (4.22)~(4.24) 中令 $\sigma^2 \downarrow 0$, 则得

$$B(I-D)^2 B' \leqslant (I-\Lambda)^2. \tag{4.26}$$

由式 (4.25) 和 (4.26), 用引理 4.4, 知式 (4.25) 和 (4.26) 均成立等号, 因而有

$$R(\beta, \sigma^2, MY) = R(\beta, \sigma^2, AY), \quad \forall\beta及\sigma^2 > 0.$$

这说明 MY 并不优于 AY, 即 $AY \overset{\mathscr{L}}{\sim} \beta$. 这证明了充分性, 因而证明了本定理.

$V \neq I_n$ 的情形易由本定理得出. 事实上, 有

系 4.2 在模型 H 之下, 又假定 $X = I_n$, 则 $AY \overset{\mathscr{L}}{\sim} \beta$ 的充要条件为

1° AV 对称 (这与 $V^{-1}A$ 对称是等价的),

2° A 的所有特征根都在 [0,1] 内.

证 取 $Z = V^{-1/2}Y$, 则 $\mathrm{cov}(Z) = \sigma^2 I_n$, 因而回到定理 4.1 讨论的情形. 记 $\phi = V^{-1/2}\beta$, 则 $EZ = \phi$, 且

$$AY \overset{\mathscr{L}}{\sim} \beta \Leftrightarrow AV^{1/2}Z \overset{\mathscr{L}}{\sim} V^{1/2}\phi \Leftrightarrow V^{-1/2}AV^{1/2}Z \overset{\mathscr{L}}{\sim} \phi. \tag{4.27}$$

最后一等价关系是根据系 4.1. 但由定理 4.1, 式 (4.27) 中第三个断言成立的充要条件为:

1′ $V^{-1/2}AV^{1/2}$ 对称,

2′ $V^{-1/2}AV^{1/2}$ 的特征根全在 [0,1] 内.

显然, 1′ 等价于 1° 而 2′ 等价于 2°. 于是证明了所要的结果.

下一定理考虑估计 β 的一个线性函数的情形.

定理 4.2 在模型 H 之下, 若又有 $X = I_n$, 则 $q'Y \overset{\mathscr{L}}{\sim} p'\beta$ 的充要条件为 $q'Vq \leqslant p'Vq$. 这里 p 和 q 为任意两个 n 维向量.

证 易见

$$E_\beta(q'Y - p'\beta)^2 = \sigma^2 q'Vq + [\beta'(q-p)]^2. \tag{4.28}$$

取 $b = p + c(q-p)$, $0 < c < 1$, 则

$$E_\beta(b'Y - p'\beta)^2$$

$$=\sigma^2[(1-c)^2p'Vp+c^2q'Vq+2c(1-c)p'Vq]+c^2[\beta'(q-p)]^2.$$

由于 $q'Y\overset{\mathscr{L}}{\sim}p'\beta$, 由上式可知

$$q'Vq\leqslant(1-c)^2p'Vp+c^2q'Vq+2c(1-c)p'Vq.$$

在此式中令 $c\downarrow 0$, 即得 $q'Vq\leqslant p'Vq$. 这证明了必要性部分.

为证充分性, 仍用变换 $Z=V^{-1/2}Y$ 化到 $V=I_n$ 的情形. 有 $EZ=V^{-1/2}\beta\triangleq\phi,\operatorname{cov}(Z)=\sigma^2I_n$. 又 $q'Y\overset{\mathscr{L}}{\sim}p'\beta\Leftrightarrow q'V^{1/2}Z\overset{\mathscr{L}}{\sim}p'V^{1/2}\phi$. 由定理条件有

$$(q'V^{1/2})(q'V^{1/2})'\leqslant(q'V^{1/2})(p'V^{1/2})'.$$

于是由引理 4.5, 知存在方阵 $M\geqslant 0$, M 的特征根全在 [0,1] 内, 使得 $q'V^{1/2}=p'V^{1/2}M$. 据定理 4.1, 有 $MZ\overset{\mathscr{L}}{\sim}\phi$. 再由系 4.1, 有 $p'V^{1/2}MZ\overset{\mathscr{L}}{\sim}p'V^{1/2}\phi$, 亦即 $q'V^{1/2}Z\overset{\mathscr{L}}{\sim}p'V^{1/2}\phi$, 即 $q'Y\overset{\mathscr{L}}{\sim}p'\beta$. 这证明了充分性部分.

注 4.1 定理的必要性部分当 $V\geqslant 0$ 时也对, 充分性则不然. 建议读者自举反例.

系 4.3 在定理 4.2 的条件下, 对任意 n 维常向量 p, 有 $p'Y\overset{\mathscr{L}}{\sim}p'\beta$.

下一定理考虑估计 β 的若干个线性函数的情形.

定理 4.3 在模型 H 之下, 若再假定 $X=I_n$, 则对任意 $k\times n$ 常数矩阵 A 与 S, $AY\overset{\mathscr{L}}{\sim}S\beta$ 的充要条件为 $AVA'\leqslant AVS'$.

证 先考虑 $V=I_n$ 的特例. 设 $AY\overset{\mathscr{L}}{\sim}S\beta$. 依系 4.1, 对任意 k 维常向量 p, 有 $p'AY\overset{\mathscr{L}}{\sim}p'S\beta$. 再由定理 4.2, 知 $p'AA'p\leqslant p'AS'p$. 故如能证得 AS' 的对称性, 就证明了 $AA'\leqslant AS'$. 用反证法. 设 AS' 不对称, 则 $(S-A)S'$ 也不对称. 依引理 4.6, 存在正交阵 P, 使得

$$\operatorname{tr}[P(S-A)S']>\operatorname{tr}[(S-A)S'].$$

取 $M=S-P(S-A)$, 便有

$$\begin{aligned}E_\beta\|MY-S\beta\|^2=&\sigma^2\operatorname{tr}(MM')+\|\beta'(S-M)\|^2\\=&\sigma^2\{\operatorname{tr}(SS')+\operatorname{tr}(S-A)(S-A)'\\&-2\operatorname{tr}[P(S-A)S']\}+\|\beta'(S-A)\|^2\\<&\sigma^2\{\operatorname{tr}(SS')+\operatorname{tr}(S-A)(S-A)'\\&-2\operatorname{tr}[(S-A)S']\}+\|\beta'(S-A)\|^2\\=&\sigma^2\operatorname{tr}(AA')+\|\beta'(S-A)\|^2\\=&E_\beta\|AY-S\beta\|^2.\end{aligned}$$

这与 $AY\overset{\mathscr{L}}{\sim}S\beta$ 矛盾, 因而证明了 AS' 对称.

反过来, 设 $AA' \leqslant AS'$. 依引理 4.5, 存在方阵 $M \geqslant 0$, M 的特征根均在 [0,1] 内, 使得 $A = SM$. 据定理 4.1, 有 $MY \overset{\mathscr{L}}{\sim} \beta$. 再由系 4.1, 知 $SMY \overset{\mathscr{L}}{\sim} S\beta$, 即 $AY \overset{\mathscr{L}}{\sim} S\beta$. 这证明了 $V = I_n$ 的情形.

对一般的 V, 仍如前, 用变换 $Z = V^{-1/2}Y$ 化到 $V = I_n$ 的情形. 证明细节与系 4.2 类似, 故不重复. 定理证毕.

由此易见, 在模型 H 之下, 若又有 $X = I_n$, 则对任意有 n 列的常数阵 A, 有 $AY \overset{\mathscr{L}}{\sim} A\beta$.

设在模型 H 之下有 $X = I_n$. 若 $AY \overset{\mathscr{L}}{\sim} \beta$, 则由系 4.2 知 AV 对称. 又由系 4.1, 知, 对任意 n 维常向量 p 有 $p'AY \overset{\mathscr{L}}{\sim} p'\beta$. 这两个条件也是 $AY \overset{\mathscr{L}}{\sim} \beta$ 的充分条件:

定理 4.4 设在模型 H 之下有 $X = I_n$, 则 $AY \overset{\mathscr{L}}{\sim} \beta$ 的充要条件为:

1° AV 对称,

2° $p'AY \overset{\mathscr{L}}{\sim} p'\beta$ 对任意 n 维常向量 p.

证 必要性前面已讲明. 为证充分性, 利用定理 4.2, 由 $p'AY \overset{\mathscr{L}}{\sim} p'\beta$ 推出 $p'AVA'p \leqslant p'AVp$. 此式对一切 p 成立且 AV 对称, 知 $AVA' \leqslant AV$. 再用定理 4.3, 即得 $AY \overset{\mathscr{L}}{\sim} \beta$.

(三) 一般 X 的情形 现在来研究一般的模型 H. 记

$$T = X'V^{-1}X, \quad \hat{\beta} = T^- X'V^{-1}Y. \tag{4.29}$$

如在第一章中提到的, 若 β 可估, 则 $\hat{\beta}$ 就是 β 的 BLUE—— 最优无偏线性估计. 这时 $\hat{\beta}$ 有惟一性. 若 β(的某些分量) 不可估, 则我们仍用式 (4.29) 定义 $\hat{\beta}$. 这时已没有惟一性, 但对以下出现的运算不存在这个问题, 因为 $X\hat{\beta}$ 与 T^- 的取法无关.

先证明下一引理:

引理 4.7 在模型 H 之下, 若 L 和 S 为常数阵而且 LY 是 $S\beta$ 的一线性估计 (这只是说, L 和 S 有相同的行数, L 有 n 列而 S 有 p 列), 则对一切 β 及 $\sigma^2 > 0$, 有

$$E_\beta \|LY - S\beta\|^2 \geqslant E_\beta \left\|LX\hat{\beta} - S\beta\right\|^2. \tag{4.30}$$

等号成立的充要条件为下列两条件之一:

1° $L = LXT^- X'V^{-1}$,

2° $\mathscr{M}(VL') \subset \mathscr{M}(X)$

(因此, 1° 与 2° 也等价, 这一点很容易直接验证).

证 有

$$\begin{aligned} E_\beta \|LY - S\beta\|^2 =& \mathrm{tr}\{E(LY - S\beta)(LY - S\beta)'\} \\ =& \mathrm{tr}\{E(LY - LX\hat{\beta} + LX\hat{\beta} - S\beta)(LY \\ & - LX\hat{\beta} + LX\hat{\beta} - S\beta)'\} \end{aligned}$$

$$
\begin{aligned}
&=\mathrm{tr}\{E(LY-LX\hat{\beta})(LY-LX\hat{\beta})'\}\\
&\quad+\mathrm{tr}\{E_\beta(LX\hat{\beta}-S\beta)(LX\hat{\beta}-S\beta)'\}\\
&=\sigma^2\mathrm{tr}\{L(I-XT^-X'V^{-1})V(I\\
&\quad-XT^-X'V^{-1})'L'\}\\
&\quad+\mathrm{tr}\{E_\beta(LX\hat{\beta}-S\beta)(LX\hat{\beta}-S\beta)'\}\\
&\geqslant E_\beta\left\|LX\hat{\beta}-S\beta\right\|^2.
\end{aligned}
\tag{4.31}
$$

在推导式 (4.31) 时, 第三个等式利用了事实 $E(X\hat{\beta})=X\beta$. 这是因为 $X\beta$ 为可估函数, 而 $X\hat{\beta}$ 为其无偏估计. 以上证明了式 (4.30), 且由式 (4.31) 知, 式 (4.30) 中的等号成立的充要条件为

$$
\mathrm{tr}\{L(I-XT^-X'V^{-1})V(I-XT^-X'V^{-1})'L'\}=0. \tag{4.32}
$$

记 $A=L(I-XT^-X'V^{-1})V^{1/2}$, 则由式 (4.32) 有 $\mathrm{tr}(AA')=0$, 因而显然有 $A=O$. 故式 (4.32) 等价于

$$
L(I-XT^-X'V^{-1})V^{1/2}=0,
$$

而后者显然等价于 1°. 现剩下验证 1° 与 2° 等价. 由 1° 得 $VL'=XT^-X'L'$, 因而 $\mathscr{M}(VL')\subset\mathscr{M}(X)$. 若后者成立, 则存在 D, 使得 $VL'=XD$, 故

$$
\begin{aligned}
LXT^-X'V^{-1}&=(LV)V^{-1}XT^-X'V^{-1}\\
&=D'X'V^{-1}XT^-X'V^{-1}\\
&=D'X'V^{-1}=LVV^{-1}=L.
\end{aligned}
\tag{4.33}
$$

因而 1° 成立, 引理证毕 (式 (4.33) 第三个等式的证明利用了 $X'V^{-1}XT^-X'V^{-1}=X'V^{-1}$).

本引理的后一部分也可以表为：式 (4.30) 中等号成立的充要条件是 $LY\equiv LX\hat{\beta}$. 这表明：一切形如 $LX\hat{\beta}$ 的估计类, 在一切线性估计的类 $\mathscr{L}$ 中构成一个完全类.

定理 4.5 在模型 H 之下, 若 $S\beta$ 可估, 则 $AY\overset{\mathscr{L}}{\sim}S\beta$ 的充要条件是:

1° $A=AXT^-X'V^{-1}$ (T 由式 (4.29) 确定),

2° $AXT^-X'A'\leqslant AXT^-S'$.

注 4.2 XT^-X' 与 T^- 的选择无关. 事实上, $XT^-X'=V^{1/2}W(W'W)^-W'V^{1/2}$, 其中 $W=V^{-1/2}X$. 由于 $W(W'W)^-W'$ 为向 $\mathscr{M}(W)$ 的投影阵, 与 $(W'W)^-$ 的取法无关, 即得出所述事实. 又因 $S\beta$ 可估, 有 $S'=X'B$, 因此, $XT^-S'=(XT^-X')B$, 也与 T^- 的选择无关.

又从上述讨论, 知 XT^-X' 为对称阵, 因此, $AXT^-X'A'$ 也是对称阵. 条件 2° 包含了要求 AXT^-S' 为对称阵.

定理 4.5 的证明 作正交阵 $P=(P_1 \vdots P_2)$, 使得 $\mathscr{M}(P_1)=\mathscr{M}(V^{-1/2}X)$. 记 $\eta=P_1'V^{-1/2}X\beta$. 则当 β 跑遍 $\mathbb{R}^p$ 时, η 跑遍 $\mathbb{R}^r$, 此处 $r=\text{rk}(X)$, 为明确这一点, 注意由 $\mathscr{M}(V^{-1/2}X)=\mathscr{M}(P_1)$, 知存在矩阵 C, 使得 $P_1=V^{-1/2}XC$. 于是有

$$\begin{aligned} r \geqslant &\text{rk}(P_1'V^{-1/2}X)=\text{rk}(C'X'V^{-1}X)\geqslant \text{rk}(C'X'V^{-1}XC) \\ =&\text{rk}(V^{-1/2}XC)=\text{rk}(P_1)=r. \end{aligned}$$

这证明了所述事实. 此外, 我们还有

$$V^{-1/2}X=PP'V^{-1/2}X=P_1P_1'V^{-1/2}X. \tag{4.34}$$

依引理 4.7, 条件 1° 对于 $AY\overset{\mathscr{L}}{\sim}S\beta$ 是必要的. 因此为证本定理, 只需证明在 1° 成立的前提下, 2° 是 $AY\overset{\mathscr{L}}{\sim}S\beta$ 的充要条件. 令 $Z=P_1'V^{-1/2}Y$, 则

$$EZ=P_1'V^{-1/2}X\beta=\eta,\quad \text{cov}(Z)=\sigma^2I_r.$$

又

$$\begin{aligned} AY=&AXT^-X'V^{-1}Y=AXT^-X'V^{-1/2}P_1P_1'V^{-1/2}Y \\ =&AXT^-X'V^{-1/2}P_1Z. \end{aligned}$$

又由 $S\beta$ 可估, 知存在矩阵 D, 使得 $S=DX$, 故

$$\begin{aligned} S\beta=&DX\beta=DV^{1/2}V^{-1/2}X\beta \\ =&DV^{1/2}P_1P_1'V^{-1/2}X\beta=DV^{1/2}P_1\eta. \end{aligned}$$

因此

$$\begin{aligned} AY\overset{\mathscr{L}}{\sim}S\beta \Leftrightarrow &AXT^-X'V^{-1/2}P_1Z\overset{\mathscr{L}}{\sim}DV^{1/2}P_1\eta \\ \Leftrightarrow &AXT^-X'V^{-1/2}P_1P_1'V^{-1/2}XT^-X'A' \\ \leqslant &AXT^-X'V^{-1/2}P_1P_1'V^{1/2}D'. \end{aligned} \tag{4.35}$$

式 (4.35) 中最后一等价关系是根据定理 4.3. 但由式 (4.34),

$$\begin{aligned} &AXT^-X'V^{-1/2}P_1P_1'V^{-1/2}XT^-X'A' \\ =&AXT^-X'V^{-1}XT^-X'A'=AXT^-X'A', \end{aligned}$$

$$\begin{aligned} AXT^-X'V^{-1/2}P_1P_1'V^{1/2}D' =& AXT^-X'V^{-1/2}V^{1/2}D' \\ =& AXT^-X'D' = AXT^-S'. \end{aligned}$$

此两式与式 (4.35) 结合, 证明了在条件 1° 之下, 2° 与 $AY \overset{\mathscr{L}}{\sim} S\beta$ 等价. 定理证毕.

系 4.4　在模型 H 之下, $AY \overset{\mathscr{L}}{\sim} GX\beta$ 的充要条件为 1° 及 2°: $AVA' \leqslant AVG'$.

证　此相当于定理中 $S = GX$ 的情形. 在条件 1° 成立的情形下, 有

$$\begin{aligned} AVA' =& AXT^-X'V^{-1}VV^{-1}XT^-X'A' = AXT^-X'A', \\ AVG' =& AXT^-X'V^{-1}VG' = AXT^-X'G' = AXT^-(GX)'. \end{aligned}$$

明所欲证.

系 4.5　在模型 H 之下, 若 $\mathrm{rk}(X) = p$(这时 β 可估), 则 ($\hat{\beta}$ 按式 (4.29) 定义. 又注意此处 T^{-1} 存在, 故 $T^- = T^{-1}$)

$$L\hat{\beta} \overset{\mathscr{L}}{\sim} S\beta \Leftrightarrow LT^{-1}L' \leqslant LT^{-1}S'.$$

证　因 $L\hat{\beta} = LT^-X'V^{-1}Y$, 故相当于定理 4.5 的 $A = LT^{-1}X'V^{-1}$ 的情形, 有

$$\begin{aligned} AXT^{-1}X'V^{-1} =& LT^{-1}X'V^{-1}XT^{-1}X'V^{-1} = LT^{-1}TT^{-1}X'V^{-1} \\ =& LT^{-1}X'V^{-1} = A, \end{aligned}$$

知定理 4.5 的 1° 满足. 同样, 直接代入知 2° 归结为 $LT^{-1}L' \leqslant LT^{-1}S'$.

一个值得注意的特例是 (在模型 H 下, 且 $\mathrm{rk}(X) = p$)

$$\hat{\beta} \overset{\mathscr{L}}{\sim} \beta. \tag{4.36}$$

这可由在系 4.5 中取 $L = S = I$ 得到. 这个结果表明: 在 “一致优于” 的意义下, 要在线性估计类 $\mathscr{L}$ 中寻求一个比 $\hat{\beta}$ 有改善的估计是不可能的. 在下节中我们将看到, 这在 β 的非线性估计类中是可能的.

我们以上得到结论 (4.36) 是基于定理 4.5, 因此初一看好像是一个很深刻的结果, 实则不然. 式 (4.36) 很易直接证明: 设 LY 为任一线性估计. 若 LY 不是 β 的无偏估计 (这等价于 $LX \neq I$), 则因

$$R(\beta, \sigma^2, LY) = \|(LX - I)\beta\|^2 + \mathrm{tr}\{\mathrm{COV}(LY)\}$$

而

$$R(\beta, \sigma^2, \hat{\beta}) = \mathrm{tr}\{\mathrm{COV}(\hat{\beta})\}.$$

取 $\tilde{\beta}$, 使得 $(LX-I)\tilde{\beta}\neq 0$. 我们看出, 固定 σ^2 而令 $t\to\infty$ 时, 将有 $R(t\tilde{\beta},\sigma^2,LY)>R(t\tilde{\beta},\sigma^2,\hat{\beta})$, 因而 LY 不能一致优于 $\hat{\beta}$. 若 LY 为无偏, 则因 $\hat{\beta}$ 为 β 的 BLUE, 有 $\text{tr}\{\text{COV}(LY)\}\geqslant\text{tr}\{\text{COV}(\hat{\beta})\}$. 因此在这种情形下, $\hat{\beta}$ 一致地优于 LY (或具同一风险函数). 这证明了所要结果.

§4.2 回归系数的线性估计的可容许性II (在一般估计类中)

在本节中, 我们仍取平方损失函数 $L(a,\theta)=\|a-\theta\|^2$. 在这个损失函数下来讨论线性估计在全体估计类中的可容许性. 这是一个比在线性估计类中的可容许性更强的性质, 因此需要的条件自然就多些. 更主要的是: 在平方损失下线性估计的风险可以算出显式且只依赖于随机误差分布的前两阶矩. 因此, 不仅在讨论容许性时可充分利用估计的风险表达式, 而且整个讨论只涉及到前两阶矩而与 (随机误差的) 分布无关. 如果在一般估计类中讨论, 这两个有利条件都告消失, 因而情形大为复杂.

值此以故, 总的可以说, 关于本节讨论的这个题目, 目前我们所知实在还颇有限. 具体地说, 在随机误差服从正态分布时, 有了不少结果 (在一维的情形下还有指数型分布族). 对一维的情形, Girshick, Savage, Karlin, 成平等人在 20 世纪 50~60 年代研究了指数型分布族参数的线性估计的容许性问题, 并得到了较完满的结果. 当维数超过 1 时, 在正态分布下, 基本结果是 Stein 和 James 等在 20 世纪 50~60 年代初期得到的. James-Stein 的工作[8] 和 Cohen 的工作[9] 讨论了一般回归模型 (在此以前, 问题多限于一般线性模型之一特例 —— 估计均值). 近年来, 关于正态族或一般的位置参数分布族中的位置参数估计的可容许性, 还有一些较好的结果, 但这与本节主题的距离已嫌远了些.

本节分三段. 第一段讨论一、二维正态分布均值估计的可容许性. 对一维情形, 这是一维指数型分布族的一般结果的特例, 但对正态分布证明简单得多. 二维情形是 Stein 证明的, 由于证明比较长, 我们把证明略去. 第二段讨论高维 (维数 $\geqslant$3) 正态均值估计, 介绍 Stein 和成平的结果. 第三段讨论一般线性模型当误差服从正态分布时, 线性估计在全体估计类中的容许性问题, 主要是介绍了 Cohen 的结果.

(一) 一、二维正态分布的情形 模型是

$$Y_i=\beta+e_i,\quad i=1,\cdots,n,\tag{4.37}$$

其中 $e_1,\cdots,e_n$ 独立同分布, 且 $e_1\sim N(0,1)$(一维), 或 $e_1\sim N(0,I_2)$(二维). 这显然是一般模型 (4.1) 的特例. 如前面已指出过的, 损失函数取为 $\left\|\hat{\beta}-\beta\right\|^2$. 又: “$f(Y)$ 为 $g(\beta)$ 的 (在一切估计类中的) 可容许估计” 一语, 仍简记为 $f(Y)\sim g(\beta)$.

根据充分性的考虑, 可以取充分统计量 $\bar{Y}$ 去讨论. 因为 $\bar{Y}$ 仍为正态, 故这意味着不失普遍性可在式 (4.37) 中取 $n=1$. 因而我们将模型简化为

$$Y=\beta+e,\quad e\sim N(0,I_j),\quad j=1,2. \tag{4.38}$$

定理 4.6 在模型 (4.38) 之下, $Y\sim\beta$.

证 先考虑 $j=1$ 的情形. 此时 Y 关于直线上的 Lebesgue 测度 (L_1 测度) 的密度函数为

$$(2\pi)^{-1/2}\exp\{-2^{-1}(y-\beta)^2\}=(2\pi)^{-1}\exp\{-2^{-1}\beta^2+\beta y-2^{-1}y^2\}.$$

令

$$c(\beta)=\exp\{-2^{-1}\beta^2\},$$

$$\mu(B)=(2\pi)^{-1}\int_B\exp\{-2^{-1}y^2\}dy,\quad \forall B\in\mathscr{B}_1,$$

此处 $\mathscr{B}_1$ 为直线上的 Borel 域. 于是, Y 关于测度 μ 的密度函数为

$$c(\beta)e^{\beta y}.$$

在定理 1.8 中, 取 $\lambda=0$. 易知定理 1.8 中的所有条件都满足, 因此 $Y\sim\beta$.

$j=2$ 时, 证明比较复杂, 这里略去. 有兴趣的读者可查阅文献 [3] 或 [5].

(二) 高维情形 设 $Y\sim N(\beta,I_n)$. 在 (一) 中给出了当 $n\leqslant 2$ 时, Y 为 β 的可容许估计. 从直观上看, 似乎很有理由预期, 这个结论当 $n\geqslant 3$ 时仍成立. 出人意料的是, Stein 于 1956 年在文献 [6] 中否定了这个猜想. Stein 原来的证明较复杂, 后经过 Hudson[7] 的简化, 即以下定理 4.7 中采用的证明. 这个定理在容许性理论中起了重要的, 甚至可以说是历史性的作用, 成为以后许多研究工作的起点.

定理 4.7 设 $Y\sim N(\beta,I_n)$, 则当 $n\geqslant 3$ 时, Y 不是 β 的可容许估计 (如上, 总是以 $\|a-\beta\|^2$ 为损失函数).

证 我们往证: $\delta(Y)=(1-(n-2)/\|Y\|^2)Y$ 优于 Y. 事实上, 有

$$\begin{aligned}E_\beta\|\delta(Y)-\beta\|^2=&E_\beta\|Y-\beta\|^2+E_\beta[(n-2)^2/\|Y\|^2]\\&-2(n-2)E_\beta[(Y-\beta)'Y/\|Y\|^2],\end{aligned} \tag{4.39}$$

因为

$$E_\beta[(Y-\beta)'Y/\|Y\|^2]=(2\pi)^{-n/2}\sum_{i=1}^n\int_{R^n}[y_i(y_i-\beta_i)]\,\|y\|^{-2}\,e^{-\|y-\beta\|^2/2}dy,$$

注意到由分部积分法有

$$\int_{-\infty}^{\infty}y_i(y_i-\beta_i)\,\|y\|^{-2}\,e^{-(y_i-\beta)^2/2}dy_i,$$

$$= \int_{-\infty}^{\infty} -y_i \|y\|^{-2} de^{-(y_i-\beta_i)^2/2}$$
$$= \int_{-\infty}^{\infty} (\|y\|^2 - 2y_i^2) \|y\|^{-4} e^{-(y_i-\beta_i)^2/2} dy_i,$$

得到

$$\begin{aligned}&E_\beta[(Y-\beta)'Y/\|Y\|^2]\\ =&(2\pi)^{-n/2}\int_{\mathbb{R}^n}\sum_{i=1}^n (\|y\|^2-2y_i^2)\|y\|^{-4} e^{-\|y-\beta\|^2/2}dy\\ =&(2\pi)^{-n/2}\int_{\mathbb{R}^n}(n-2)\|y\|^{-2}e^{-\|y-\beta\|^2/2}dy\\ =&E_\beta[(n-2)/\|Y\|^2].\end{aligned}$$

由此式及式 (4.39), 得知对一切 β 有

$$E_\beta \|\delta(Y)-\beta\|^2 = E_\beta \|Y-\beta\|^2 - (n-2)^2 E_\beta \|Y\|^{-2} < E_\beta \|Y-\beta\|^2 .$$

从而证明了所要的结果.

自然地会问: 虽则当 $n \geqslant 3$ 时 $Y \sim B$ 不成立, 但是否能找到 n 阶方阵 A, 使得 $AY \sim \beta$? Cohen 在文献 [4] 中肯定地回答了这个问题. 他的回答可粗略地理解为: 要 $AY \sim \beta$, A 必须是一压缩性的变换.

定理 4.8 若 $Y \sim N(\beta, I_n)$, 则 $AY \sim \beta$ 的充要条件是:

1° A 对称,

2° A 的特征根均在区间 [0,1] 内, 且至多只有两个特征根为 1.

注 4.3 注意在本定理中并没有要求 $n \geqslant 3$. 就是说, 它对 $n = 1, 2$ 也成立. 从本定理可知, Y 的线性函数 AY 如为 β 的可容许估计, 则 AY 的构造如下: 能用正交变换 P 把 Y 变为 $PY = Z = (Z_1, \cdots, Z_n)'$, 然后对 Z 的每个分量作压缩, 即令 $W = (c_1Z_1, \cdots, c_nZ_n)'$, $0 \leqslant c_i \leqslant 1 (i = 1, \cdots, n)$, 且至少有 $n-2$ 个分量要作实质性压缩, 即, 使得 $c_i < 1$ 的 i 至少有 $n-2$ 个. 最后用 P 的逆变换 P^{-1} 把 W 变回来, 得 $P^{-1}W = AY$. 只有这样得出的 AY, 才是 β 的线性可容许估计. 当 $n = 1$ 时, 本定理得出一个周知的事实: $cY \sim \beta$ 的充要条件为 $0 \leqslant c \leqslant 1$.

为证定理 4.8, 先证明下面的简单引理.

引理 4.8 若 $Y \sim N(\beta, \sigma^2 I_n)$, A 为 n 阶常数方阵, 则对于任意 n 阶正交阵 P, $AY \sim \beta \Leftrightarrow P'APY \sim \beta$.

证 由假定知 $PY \sim N(P\beta, \sigma^2 I_n)$, 因此

$$AY \sim \beta \Leftrightarrow APY \sim P\beta.$$

又因

$$E_\beta \|P'APY - \beta\|^2 = E_\beta \|P'(APY - P\beta)\|^2$$
$$= E_\beta \|APY - P\beta\|^2,$$

知 $APY \sim P\beta \Leftrightarrow P'APY \sim \beta$. 于是证明了本引理.

现往证定理 4.8. 因为 $AY \sim \beta \Rightarrow AY \overset{\mathscr{L}}{\sim} \beta$, 由定理 4.1 知, 欲 $AY \sim \beta$, A 必须对称且特征根均在 [0,1] 内. 因此问题归结为：在 A 具有此性质的前提下, 去证明 $AY \sim \beta$ 的充要条件是：A 的特征根至多只有两个为 1. 找正交阵 P, 使得

$$P'AP = \Lambda = \mathrm{diag}(\lambda_1, \cdots, \lambda_n),$$
$$1 \geqslant \lambda_1 \geqslant \lambda_2 \geqslant \cdots \geqslant \lambda_n \geqslant 0,$$

因而问题归结为证明：$AY \sim \beta \Leftrightarrow \lambda_3 < 1$.

先证充分性. 设 $\lambda_p > 0$, $\lambda_{p+1} = 0$. 当 $\lambda_1 < 1$ 时, 取 $\beta = (\beta_1, \cdots, \beta_n)'$ 的先验分布 ξ 如下：$\beta_1, \cdots, \beta_n$ 相互独立, $\beta_i \sim N(0, b_i^{-1})$, $b_i = (1-\lambda_i)/\lambda_i (i = 1, \cdots, p)$, 而 β_i 退化于 0 当 $i \geqslant p+1$. 这时 β 的后验分布为：$\beta_i = 0$ 当 $i \geqslant p+1$, 而 $(\beta_1, \cdots, \beta_p)'$ 的后验密度为

$$(2\pi)^{-p/2}(\lambda_1 \cdots \lambda_p)^{-1/2} \exp\left[-\sum_1^p (\beta_i - \lambda_i Y_i)^2 / 2\lambda_i\right].$$

由此不难算出在此先验分布 ξ 之下的 Bayes 解为

$$E(\beta | Y) = \Lambda Y,$$

且它是惟一的. 因此, 由第一章定理 1.7, 知 $\Lambda Y \sim \beta$. 再由引理 4.8 知 $P\Lambda P'Y \sim \beta$, 即 $AY \sim \beta$.

下一个情形是 $\lambda_1 = 1$, $\lambda_2 < 1$. 这个情形的处理, 与情形 $\lambda_1 = \lambda_2 = 1$, $\lambda_3 < 1$ 相似, 因而我们只考虑后者. 现设存在估计 $h(Y)$, 使得

$$R(\beta, h(Y)) \leqslant R(\beta, \Lambda Y) = 2 + \sum_3^n [\lambda_i^2 + \beta_i^2 (1-\lambda_i)^2]. \tag{4.40}$$

往证 $h(y) = \Lambda y$, a.s.L_n. 证明了这一点也就证明了 $\Lambda Y \sim \beta$, 因而 $AY \sim \beta$. 取 $\beta_{(1)} = (\beta_1, \beta_2)'$, $\beta_{(2)} = (\beta_3, \cdots, \beta_n)'$, 而将 β 分块为 $\beta' = (\beta_{(1)}', \beta_{(2)}')$. 对 $(h(y))' = h^{\mathrm{T}}(y)$(为避免与导数混淆, 把 $h(y)$ 的转置记为 $h^{\mathrm{T}}(y)$, 以后碰到这种情形也如此处理) 作同样的分块：$h^{\mathrm{T}}(y) = (h_{(1)}^{\mathrm{T}}(y), h_{(2)}^{\mathrm{T}}(y))$, 则可将式 (4.40) 写为

$$E_\beta \left\|h_{(1)}(Y) - \beta_{(1)}\right\|^2 + E_\beta \left\|h_{(2)}(Y) - \beta_{(2)}\right\|^2 \leqslant 2 + \sum_3^n [\lambda_i^2 + \beta_i^2 (1-\lambda_i)^2]. \tag{4.41}$$

取 $\beta_{(2)}$ 的先验分布如下：$\beta_3, \cdots, \beta_n$ 相互独立, $\beta_i \sim N(0, b_i^{-1})$, $b_i = (1-\lambda_i)/\lambda_i (i = 3, \cdots, p)$, 而 $\beta_{p+1}, \cdots, \beta_n$ 退化于 0. 注意到在此先验分布下, β_i^2 的均值为 $\lambda_i/(1-\lambda_i)$, $i \geqslant 3$. 由式 (4.41), 知对于任意固定的 $\beta_{(1)}$, 有

$$E^* \left\| h_{(1)}(Y) - \beta_{(1)} \right\|^2 + E^* \left\| h_{(2)}(Y) - \beta_{(2)} \right\|^2 \leqslant 2 + \sum_3^p \lambda_i, \tag{4.42}$$

此处及以下, E^* 表示对表达式中的 Y 和出现的 $\beta_i (i \geqslant 3)$ 同时求期望. 如所周知,

$$E^* \left\| h_{(2)}(Y) - \beta_{(2)} \right\|^2 \geqslant E^* \left\| E(\beta_{(2)} | Y) - \beta_{(2)} \right\|^2, \tag{4.43}$$

而

$$E(\beta_{(2)} | Y) = \Lambda_{(2)} Y_{(2)},$$

$$E^* \left\| \Lambda_{(2)} Y_{(2)} - \beta_{(2)} \right\|^2 = \sum_3^p \lambda_i, \tag{4.44}$$

此处 $\Lambda_{(2)} = \mathrm{diag}(\lambda_3, \cdots, \lambda_n)$, $Y'_{(2)} = (Y_3, \cdots, Y_n)$. 由式 (4.40)~(4.44), 有

$$E^* \left\| h_{(1)}(Y) - \beta_{(1)} \right\|^2 \leqslant 2 = E_\beta \left\| Y_{(1)} - \beta_{(1)} \right\|^2. \tag{4.45}$$

记

$$f(y, \beta_1, \beta_2) = (2\pi)^{-n/2} \left(\prod_{i=3}^n (1-\lambda_i) \right)^{1/2} \exp\left[-\sum_1^2 (y_i - \beta_i)^2/2 - \sum_3^n (1-\lambda_i) y_i^2/2 \right].$$

则易见它是包含参数 β_1 和 β_2 之一密度族. 且

$$E^* \left\| h_{(1)}(Y) - \beta_{(1)} \right\|^2 = \int_{\mathbb{R}^n} \left\| h_{(1)}(y) - \beta_{(1)} \right\|^2 f(y, \beta_1, \beta_2) dy.$$

于是式 (4.45) 可写为

$$E_f \left\| h_{(1)}(Y) - \beta_{(1)} \right\|^2 \leqslant E_f \left\| Y_{(1)} - \beta_{(1)} \right\|^2. \tag{4.46}$$

E_f 表在 Y 的密度为 f 时取的期望值. 由此及定理 4.6, 知

$$h_{(1)}(y) = y_{(1)}, \quad \text{a.s.} L_n. \tag{4.47}$$

事实上, 若此不成立, 则取 $k(Y) = \dfrac{1}{2}(h_{(1)}(Y) + Y_{(1)})$, 由平方函数的严凸性及 $f(y, \beta_1, \beta_2) > 0$ 对一切 y, 将有

$$E_f \left\| k(Y) - \beta_{(1)} \right\|^2 < E_f \left\| Y_{(1)} - \beta_{(1)} \right\|^2, \quad \forall \beta_{(1)} \in \mathbb{R}^2. \tag{4.48}$$

但对密度族 $\{f(y,\beta_1,\beta_2)\}$ 而言, $t(y)=(y_1,y_2)$ 是一充分统计量, 而损失函数是凸的. 故由判决理论周知的结果可知, 存在统计量 $g(Y_{(1)})$, 使得

$$E_f\left\|g(Y_{(1)})-\beta_{(1)}\right\|^2\leqslant E_f\left\|k(Y)-\beta_{(1)}\right\|^2,\quad \forall\beta_{(1)}\in\mathbb{R}^2. \tag{4.49}$$

由式 (4.48) 和 (4.49) 并注意当 E_f 号下的量只涉及 $Y_{(1)}$ 时, E_f 与 E_β 一致, 得

$$E_\beta\left\|g(Y_{(1)})-\beta_{(1)}\right\|^2< E_\beta\left\|Y_{(1)}-\beta_{(1)}\right\|^2,\quad \forall\beta\in\mathbb{R}^n.$$

这显然与定理 4.6 的结论矛盾, 因而证明了式 (4.47). 把式 (4.47) 与 (4.41) 结合, 得

$$\begin{aligned}E_\beta\left\|h_{(2)}(Y)-\beta_{(2)}\right\|^2&\leqslant\sum_3^n[\lambda_i^2+\beta_i^2(1-\lambda_i)^2]\\&=E_\beta\left\|\Lambda_{(2)}Y_{(2)}-\beta_{(2)}\right\|^2.\end{aligned}$$

由此可得

$$h_2(y)=\Lambda_{(2)}y,\quad \text{a.s.}L_n. \tag{4.50}$$

事实上, 若此式不对, 则令 $a(y)=[h_{(2)}(y)+\Lambda_{(2)}y_{(2)}]/2$, 将有

$$E_\beta\left\|a(Y)-\beta_{(2)}\right\|^2< E_\beta\left\|\Lambda_{(2)}Y_{(2)}-\beta_{(2)}\right\|^2,\quad \forall\beta\in\mathbb{R}^n.$$

由此将得

$$E^*\left\|a(Y)-\beta_{(2)}\right\|^2< E^*\left\|\Lambda_{(2)}Y_{(2)}-\beta_{(2)}\right\|^2. \tag{4.51}$$

但 $E^*\left\|a(Y)-\beta_{(2)}\right\|^2$ 的 (对 $a(Y)$ 取的) 最小值就在 $E(\beta_{(2)}\,|Y)=\Lambda_{(2)}Y_{(2)}$ 处达到. 故式 (4.51) 不可能成立, 因而证明了式 (4.50). 由式 (4.47) 和 (4.50) 得

$$h(y)=\Lambda y,\quad \text{a.s.}L_n.$$

这证明了 $\Lambda Y\sim\beta$. 如前所述, 这证明了定理的充分性部分.

现证条件的必要性. 设存在 $k\geqslant 3$, 使得 $\lambda_k=1$. 根据定理 4.7, 存在 $b(Y_1,\cdots,Y_k)$, 使得

$$E_\beta\left\|b(Y_1,\cdots,Y_k)-\tilde\beta\right\|^2< E_\beta\left\|(Y_1,\cdots,Y_k)'-\tilde\beta\right\|^2,\forall\beta\in\mathbb{R}^n, \tag{4.52}$$

此处 $\tilde\beta=(\beta_1,\cdots,\beta_k)$. 取估计

$$\delta(Y)=(b^{\mathrm T}(Y_1,\cdots,Y_k),\lambda_{k+1}Y_{k+1},\cdots,\lambda_nY_n)'.$$

由式 (4.52) 将得

$$E_\beta\left\|\delta(Y)-\beta\right\|^2< E_\beta\left\|\Lambda Y-\beta\right\|^2,\quad \forall\beta\in\mathbb{R}^n.$$

于是 ΛY, 因而 AY 不是 β 的可容许估计. 这证明了条件的必要性, 因而完成了定理的证明.

另一方面, 成平[8] 对 Stein 的著名结果定理 4.7 作了一个有趣的补充. 他证明了: 若不指定方差之值, 则在 $N(\beta,\sigma^2 I_n)$ 中, Y 仍为 β 的可容许估计.

定理 4.9 设 $Y\sim N(\beta,\sigma^2 I_n)(\beta\in\mathbb{R}^n)$ 和 $\sigma^2>0$ 都未知, 则 $Y\sim\beta$.

证 设存在 $\delta(Y)$, 使得

$$E_\beta\|\delta(Y)-\beta\|^2\leqslant E_\beta\|Y-\beta\|^2=n\sigma^2 \tag{4.53}$$

对一切 $\beta\in\mathbb{R}^n$ 及 $\sigma^2>0$ 且不等号至少在某 (β_0,σ_0^2) 处成立, 则必有 $L_n\{y:\delta(y)\neq y\}>0$. 记

$$S_k=\{y=(y_1,\cdots,y_n)':|y_i|\leqslant k,i=1,\cdots,n\},$$

则必存在 $a>0$ 和 $k_0>0$, 使得 $L_n(A_a,k_0)>0$, 此处

$$A_{a,k}=\{y:\|\delta(y)-y\|^2\geqslant a\}\cap S_k.$$

以 $I(y)$ 记集 A_{a,k_0} 的指示函数, 取 $I(y)$ 的 Lebesgue 点① $y_0=(y_{10},\cdots,y_{n0})'\in A_{a,k_0}$. 记 $\varphi(y)=(2\pi)^{-n/2}e^{-\|y\|^2/2}$, 则对任给 $b_1>0$, 存在 $b_2>0$, 使得当 $|y_i|\leqslant b_2(i=1,\cdots,n)$ 时, 有 $\varphi(y)\geqslant b_1$. 故

$$\begin{aligned}&E_{y_0}\|\delta(Y)-Y\|^2\\ \geqslant& a\int_{R^n}I(y)\sigma^{-n}\varphi((y-y_0)/\sigma)dy\\ \geqslant& ab_1\int_{|y_i-y_{i_0}|\leqslant b_2\sigma,i=1,\cdots,n}I(y)\sigma^{-n}dy\\ =&\frac{ab_1b_2^n}{\sigma^n b_2^n}\int_{|y_i-y_{i0}|\leqslant b_2\sigma,i=1,\cdots,n}I(y)dy.\end{aligned} \tag{4.54}$$

用 n 个超平面将超正方体 $B=\{y=(y_1,\cdots,y_n):|y_i-y_{i0}|\leqslant b_2\sigma,i=1,\cdots,n\}$ 进行分割, 得 B_i, $i=1,\cdots,2^n$. 因为 y_0 为 $I(y)$ 的 Lebesgue 点, 故有

$$\lim_{\sigma\to 0}\frac{1}{(\sigma b_2)^n}\int_{B_i}I(y)dy=1,\quad i=1,\cdots,2^n,$$

① 所谓点 $x=(x_1,\cdots,x_n)$ 是 f 的 Lebesgue 点, 是指

$$\lim_{h_1\to 0,\cdots,h_n\to 0}(h_1\cdots h_n)^{-1}\int_{x_1}^{x_1+h_1}\cdots\int_{x_n}^{x_n+h_n}|f(t)-f(x)|\,dt_1\cdots dt_n=0.$$

一个 L_n 可积函数 f 有如下性质: $\mathbb{R}^n$ 中几乎所有 (L_n 测度) 的点都是 f 的 Lebesgue 点. $n=1$ 时证明见文献 [9] 第九章. $n>1$ 时证明与 $n=1$ 的情形类似.

此式与式 (4.54) 结合, 给出

$$\liminf_{\sigma\to 0} E_{y_0}\|\delta(Y)-Y\|^2 \geqslant 2^n a b_1 b_2^n > 0. \tag{4.55}$$

另一方面, 当 $\sigma \to 0$ 时, 由式 (4.53), 有

$$\begin{aligned} E_\beta\|\delta(Y)-Y\|^2 &\leqslant 2E_\beta\|\delta(Y)-\beta\|^2 + 2E_\beta\|Y-\beta\|^2 \\ &\leqslant 4n\sigma^2 \to 0. \end{aligned}$$

这显然与式 (4.55) 矛盾, 因而证明了所要的结果.

(三) 一般线性模型的情形　现在假定 $Y \sim N(X\beta, V)$, X 已知且 $V>0$, 而讨论 β 的线性可估函数的线性估计, 在全体估计类中的容许性问题. 首先, 下述结果是定理 4.8 的简单推论:

定理 4.10　1° 设 $Y\sim N(X\beta,V)$, X 为 n 阶非异方阵, $V>0$ 已知, 则 $AY\sim\beta$ 的充要条件为: XAV 对称, XA 的特征根均在 [0,1] 内, 且等于 1 的至多只有两个.

2° 若 $Y\sim N(X\beta,\sigma^2V)$, X 和 V 的假定同 1°, 但 $\sigma^2>0$ 未知. 若 XAV 对称, XA 的特征根在 [0,1] 中且等于 1 的至多只有两个, 则 $AY\sim\beta$.

证　1° 令 $Z=V^{-1/2}Y$, 则 $Z\sim(V^{-1/2}X\beta, I_n)$. 由定理 4.8 及系 4.1, 有

$$\begin{aligned} AY\sim\beta &\Leftrightarrow V^{-1/2}XAV^{1/2}Z\sim V^{-1/2}X\beta \\ &\Leftrightarrow V^{-1/2}XAV^{1/2} \end{aligned}$$

对称, 特征根在 [0,1] 内, 且等于 1 的特征根至多只有两个. 但 $V^{-1/2}XAV^{1/2}$ 对称 $\Leftrightarrow V^{1/2}\cdot V^{-1/2}XAV^{1/2}\cdot V^{1/2}$ 对称 $\Leftrightarrow XAV$ 对称, 又 $V^{-1/2}XAV^{1/2}$ 与 XA 有完全一样的特征根, 因而证明了 1°.

2° 若存在估计量 $\delta(Y)$, 使得

$$R(\beta,\sigma^2,\delta(Y))\leqslant R(\beta,\sigma^2,AY),$$

对一切 $\beta\in\mathbb{R}^n, \sigma^2>0$ 且不等号在某个 (β_0,σ_0^2) 处成立. 这等于说, 在模型 $N(X\beta,\sigma_0^2V)$ 之下, $AY\sim\beta$ 不对. 这显然与 1° 矛盾. 证完.

应当注意的是: 在上述定理的 2° 中, 条件只是充分而非必要. 定理 4.9 就说明了这一点. 还有下面的结果: 若 $Y\sim N(X\beta,\sigma^2V)$, X 为 n 阶非异方阵, $V>0$ 已知, $\sigma^2>0$ 未知, 则 β 的 LS 估计, 即 $X^{-1}Y$ 为 β 的容许估计. 事实上, $Z\triangleq V^{-1/2}Y\sim N(V^{-1/2}X\beta,\sigma^2I_n)$. 由定理 4.9 知 $Z\sim V^{-1/2}X\beta$. 再由系 4.1, 得 $X^{-1}Y\sim X^{-1}V^{1/2}V^{-1/2}X\beta=\beta$. 在此处, $XA=XX^{-1}=I$, 其特征根全为 1 且个数可多于 2.

下面转向讨论一般的 X 的情形. 先证明以下的引理:

引理 4.9 设 A 为秩不小于 3 的矩阵, 则 "$AA' \leqslant AS'$, 且 $\mathrm{rk}(AS'-AA') \geqslant \mathrm{rk}(A)-2$" 的充要条件为: "存在 $M \geqslant 0$, M 的特征根均在 [0,1] 内且等于 1 的至多只两个, 使得 $A = SM$, $\mathrm{rk}(A) = \mathrm{rk}(M)$".

证 记 $\mathrm{rk}(A) = r$. 先证必要性. 由于 $AA' \leqslant AS'$, 依引理 4.5, 知存在 $M \geqslant 0$, M 的特征根均在 [0,1] 内, 使得 $A = SM$, $\mathrm{rk}(M) = r$. 找正交阵 P, 使得 $M = P\Lambda P'$, 此处 $\Lambda = \mathrm{diag}(\lambda_1, \cdots, \lambda_r, 0, \cdots, 0)$ 而 $1 \geqslant \lambda_1 \geqslant \cdots \geqslant \lambda_r > 0$. 于是 $AS' - AA' = S(M - M^2)S' = SP(\Lambda - \Lambda^2)P'S'$. 因而 $\mathrm{rk}(\Lambda - \Lambda^2) \geqslant \mathrm{rk}(AS' - AA') \geqslant r-2$, 故 $\lambda_1, \cdots, \lambda_r$ 中, 至多只有两个为 1. 这证明了必要性.

为证充分性, 依引理 4.5, 直接得出 $AA' \leqslant AS'$. 找正交阵 P, 使得 $M = P\Lambda P', \Lambda = \mathrm{diag}(\lambda_1, \cdots, \lambda_r, 0, \cdots, 0), 1 \geqslant \lambda_1 \geqslant \cdots \geqslant \lambda_r > 0$, 且 $\lambda_3 < 1$. 记 $\Lambda_1 = \mathrm{diag}(\lambda_1, \cdots, \lambda_r), \Lambda_2 = \mathrm{diag}(\lambda_3, \cdots, \lambda_r)$. 将 SP 分块为 $(C_1 \vdots C_2 \vdots C_3)$, 其中 C_1 有两列, C_2 有 $r-2$ 列 (故 C_3 这部分可能并没有, 因为 SP 可以只含 r 列), 则

$$\begin{aligned} AS' - AA' =& S(M - M^2)S' \\ =& (C_1 \vdots C_2)(\Lambda_1 - \Lambda_1^2)(C_1 \vdots C_2)' \\ \geqslant& C_2(\Lambda_2 - \Lambda_2^2)C_2'. \end{aligned}$$

因而

$$\begin{aligned} \mathrm{rk}(AS' - AA') \geqslant& \mathrm{rk}(C_2(\Lambda_2 - \Lambda_2^2)C_2') \\ =& \mathrm{rk}(C_2). \end{aligned} \tag{4.56}$$

但由 $AA' = SM^2S' = (C_1 \vdots C_2)\Lambda_1^2(C_1 \vdots C_2)'$, 知

$$\mathrm{rk}(C_1 \vdots C_2) = \mathrm{rk}(AA') = \mathrm{rk}(A) = r.$$

因而 $r-2 \geqslant \mathrm{rk}(C_2) \geqslant \mathrm{rk}(C_1 \vdots C_2) - \mathrm{rk}(C_1) \geqslant r-2$, 即 $\mathrm{rk}(C_2) = r-2$. 由此及式 (4.56), 知 $\mathrm{rk}(AS' - AA') \geqslant r-2$. 这证明了条件的充分性. 引理证毕.

定理 4.11 设 $Y \sim N(X\beta, \sigma^2 V)$, $V > 0$ 已知, $\sigma^2 > 0$ 未知, $S\beta$ 可估, 而 $\mathrm{rk}(A) = l$, 则

1° 当 $l \leqslant 2$ 时, 记 $T = X'V^{-1}X$(下同), 有

$$AY \sim S\beta \Longleftrightarrow A = AXT^- X'V^{-1}, \text{且} AVA' \leqslant AXT^- S.$$

2° 当 $l \geqslant 3$ 时, 若以下三条件成立, 则 $AY \sim S\beta : A = AXT^- X'V^{-1}, AVA' \leqslant AXT^- S', \mathrm{rk}(AXT^- S' - AVA') \geqslant l-2$.

证　找正交阵 $P=(P_1\vdots P_2)$, 使得 $M(P_1)=M(V^{-1/2}X)$, 则有 $\mathrm{rk}(P_1)=\mathrm{rk}(X)=r$, 且

$$V^{-1/2}X=P_1P_1'V^{-1/2}X. \tag{4.57}$$

令 $n=P_1'V^{-1/2}X\beta$, 则当 β 遍历 $\mathbb{R}^p$ 时, η 遍历 $\mathbb{R}^r$. 令 $Z=P_1'V^{-1/2}Y$, 则 $Z\sim N(\eta,\sigma^2I_r)$.

先证 1° 的必要性部分. 若 $AY\sim S\beta$, 则 $AY\overset{\mathscr{L}}{\sim}S\beta$. 故由定理 4.5, 有 $A=AXT^-X'V^{(-1)}$. 又由系 4.4 的证明中得知, 在定理 4.5 的条件 1° 成立时, 该定理的条件 2° 可推出 $AVA'\leqslant AXT^-S'$. 现往证充分性部分. 由假定及 (4.57) 式, 有

$$\begin{aligned}AY&=AXT^-X'V^{-1}Y=AXT^-X'V^{-1/2}P_1P_1'V^{-1/2}Y=LZ,\\ L&=AXT^-X'V^{-1/2}P_1.\end{aligned} \tag{4.58}$$

因 $S\beta$ 可估, 存在 D, 使得 $S=DX$. 故

$$\begin{aligned}S\beta&=DV^{1/2}V^{-1/2}X\beta=DV^{1/2}P_1P_1'V^{-1/2}X\beta\\ &=DV^{1/2}P_{1\eta}=C_\eta,C=DV^{1/2}P_1.\end{aligned} \tag{4.59}$$

注意到 (参看系 4.4 的证明, 并利用式 (4.57))

$$LL'=AXT^-X'A'=AVA',LC'=AXT^-S'.$$

有 $\mathrm{rk}(L)=\mathrm{rk}(A)\leqslant 2$. 又由假定知 $LL'\leqslant LC'$. 故由引理 4.5 知, 存在 $M\geqslant 0,M$ 的特征根均在 [0, 1] 内, 使得 $L=CM,\mathrm{rk}(M)=\mathrm{rk}(L)\leqslant 2$. 因此, M 的特征根中至多只有两个为 1. 依定理 4.10 的 2°, 知 $MZ\sim_\eta$. 再由系 4.1, 有 $CMZ\sim C_\eta$, 即 $LZ\sim C_\eta$. 依式 (4.58) 和 (4.59), 这就是 $AY\sim S\beta$. 于是证明了定理的 1°.

为证 2°, 用证明 1° 的充分性部分的方法并沿用其记号, 注意在 2° 的假定下, 由引理 4.9 仍存在 $M\geqslant 0$, M 的特征根均在 [0, 1] 内, 且至多只有两个特征根为 1. 于是, 依证明 1° 的充分性部分的推理, 即证得所要结果. 定理证毕.

系 4.6　设 $Y\sim N(X\beta,\sigma^2V)$, $V>0$ 已知, $\sigma^2>0$ 未知. β 的维数 $p\leqslant 2$, 而 $\mathrm{rk}(X)=p$, 则 β 的 BLUE, 即 $\hat{\beta}=T^{-1}X'V^{-1}Y$ 为 β 的容许估计.

证明直接由定理 4.11 的 1° 推出.

但是, 在系 4.6 的条件下若 $n>p\geqslant 3$, 则 $\hat{\beta}\sim\beta$ 不再成立. 将此与以前 (见 §4.1 末尾处) 得出的 $\hat{\beta}\overset{\mathscr{L}}{\sim}\beta$ 对照, 我们看出, 虽然 $\hat{\beta}$ 在线性估计类中已无法 (在一致优于的意义下) 改善, 但在非线性估计类中却是可能的. 不过, 由于这种非线性估计在使用上不大方便, 加上这里所谓 "改善" 不过是在平方损失的意义下, 而这种损失函数在应用上的合理性并非无可讨论, 因此, 这种非线性估计目前并未在实际问题中得到多少应用.

定理 4.12 设 $Y \sim N(X\beta, \sigma^2 V)$, $V > 0$ 已知, $\sigma^2 > 0$ 未知, β 的维数为 $p \geqslant 3$, 而 $\mathrm{rk}(X) = p < n, n$ 为 Y 的维数, 则 β 的 BLUE$\hat{\beta} = T^{-1}X'V^{-1}Y$ 不是 β 的容许估计.

证 记残差平方和为

$$S^2 = (Y - X\hat{\beta})'V^{-1}(Y - X\hat{\beta}),$$

则 $S^2/\sigma^2 \sim \chi^2_{n-p}$, 且 S^2 与 $\hat{\beta}$ 独立, 又 $\hat{\beta} \sim N(\beta, \sigma^2 T^{-1})$. 引进估计

$$\hat{\beta} = [I - (n-p+2)^{-1} S^2 (\hat{\beta}' T^2 \hat{\beta})^{-1} T]\hat{\beta},$$

则 $\tilde{\beta}$ 一致地优于 $\hat{\beta}$. 为此注意

$$\begin{aligned}&||\hat{\beta} - \beta||^2 - ||\tilde{\beta} - \beta||^2 = (n-p+2)^{-1} S^2 (\hat{\beta}' T^2 \hat{\beta})^{-1} [2(\hat{\beta} - \beta)' T \hat{\beta} \\ &- (n-p+2)^{-1} S^2].\end{aligned}$$

又 S^2 有密度函数

$$\sigma^{-2} 2^{-(n-p)/2} \left[\Gamma\left(\frac{n-p}{2}\right)\right]^{-1} \left(\frac{v}{\sigma^2}\right)^{(n-p-2)/2} \exp(-v/2\sigma^2),$$

易得

$$\begin{aligned}&R(\beta, \sigma^2, \hat{\beta}) - R(\beta, \sigma^2, \tilde{\beta}) \\ =&\sigma^{-(p+2)} (2\pi)^{-p/2} (n-p+2)^{-1} 2^{-(n-p)/2} \Gamma^{-1}\left(\frac{n-p}{2}\right) \sqrt{|T|} \\ &\times \int_{\mathbb{R}^p} dz \int_0^\infty (z' T^2 z)^{-1} v [2(z-\beta)' T z \\ &- (n-p+2)^{-1} v] (\frac{v}{\sigma^2})^{(n-p-2)/2} \\ &\times \exp\{-[v + (z-\beta)' T (z-\beta)]/2\sigma^2\} dv.\end{aligned}$$

作变数代换

$$w = (w_1, \cdots, w_p)' = T^{1/2} z/\sigma, u = v/\sigma^2,$$

并令 $\theta = (\theta_1, \cdots, \theta_p)' = T^{1/2}\beta/\sigma$. 先对 u 积分, 得

$$\begin{aligned}&R(\beta, \sigma^2, \hat{\beta}) - R(\beta, \sigma^2, \tilde{\beta}) \\ =&\sigma^2 (2\pi)^{-p/2} (n-p+2)^{-1} (n-p) \\ &\times \int_{\mathbb{R}^p} (w' T w)^{-1} [2(w-\theta)' w - 1] \exp(-||w-\theta||^2/2) dw. \qquad (4.60)\end{aligned}$$

利用分部积分法 (参看定理 4.7 的证明), 得

$$\begin{aligned}
&\int_{\mathbb{R}^p}(w'Tw)^{-1}(w-\theta)'w\exp(-\|w-\theta\|^2/2)dw\\
&=\sum_{i=1}^{p}\int dw_1\cdots dw_{i-1}dw_{i+1}\cdots dw_p\\
&\times\int_{-\infty}^{\infty}[(w'Tw)^{-1}-2w_iT_i'w(w'Tw)^{-2}]\exp(-\|w-\theta\|^2/2)dw_i\\
&=\int_{\mathbb{R}^p}(w'Tw)^{-1}(p-2)\exp(-\|w-\theta\|^2/2)dw,
\end{aligned}\tag{4.61}$$

此处 T_i' 为 T 的第 i 个行向量. 以式 (4.61) 代入式 (4.60), 得对一切 $\beta\in\mathbb{R}^p$ 和 $\sigma^2>0$,

$$\begin{aligned}
&R(\beta,\sigma^2,\hat{\beta})-R(\beta,\sigma^2,\tilde{\beta})\\
&=\sigma^2(2\pi)^{-p/2}(n-p+2)^{-1}(n-p)\\
&\quad\times\int_{R^p}(w'Tw)^{-1}[2(p-2)-1]\exp(-\|w-\theta\|^2/2)dw\\
&>0.
\end{aligned}$$

定理证毕.

§4.3　矩阵损失下回归系数线性估计的可容许性

设 Y 为可观察的随机变量, θ 为其分布的参数, $\theta\in\Theta\cdot g(\theta)$ 为定义于 Θ 上的 p 维向量函数. 假定当用 $a(a\in\mathbb{R}^p)$ 去估计 $g(\theta)$ 时, 所受损失为

$$L(g(\theta),a)=(a-g(\theta))(a-g(\theta))'.\tag{4.62}$$

式 (4.62) 是一个 p 阶方阵. 自然, 当 $p=1$ 时, 这与前两节讨论过的损失, 即 $\|a-g(\theta)\|^2$ 没有分别. 但当 $p\geqslant 2$ 时, 式 (4.62) 代表了一种不同类型的损失, 叫做矩阵损失. 取估计量 $a(Y)$, 其风险仍定义为

$$\begin{aligned}
R(\theta,a(Y))&=E_\theta L(g(\theta),a(Y))\\
&=E_\theta(a(Y)-g(\theta))(a(Y)-g(\theta))'.
\end{aligned}\tag{4.63}$$

这是一个 p 阶半正定方阵.

称估计量 $a_1(Y)$ 一致优于 $a_2(Y)$, 若 $R(\theta,a_1(Y))\leqslant R(\theta,a_2(Y))$ 对一切 $\theta\in\Theta$, 且至少对一个 $\theta_0\in\Theta, R(\theta,a_2(Y))-R(\theta,a_1(Y))$ 为非零矩阵 (此处 $A\leqslant B$, 如前, 是

指 $B-A$ 为半正定矩阵). 设 $a(Y)$ 为一估计量, 若不存在一致优于它的估计量, 则称 $a(Y)$ 为 $g(\theta)$ 的可容许估计, 记为 $a(Y)\sim g(\theta)$.

线性估计类的定义, 以及线性估计 AY 在整个线性估计类中的可容许性, 仍如前定义且仍记为 $AY\overset{\mathscr{L}}{\sim}g(\theta)$. 本节的目的就是研究在这种容许性的新定义之下, 线性估计在线性估计类中有容许性的条件问题.

(一) 预备知识

引理 4.10 若在损失 $||a-g(\theta)||^2$ 之下有 $d(Y)\sim g(\theta)(d(Y)\overset{\mathscr{L}}{\sim}g(\theta))$, 则在损失 (4.62) 之下, 也有 $d(Y)\sim g(\theta)(d(Y)\overset{\mathscr{L}}{\sim}g(\theta))$.

证 以下的证明对 $\sim$ 和 $\overset{\mathscr{L}}{\sim}$ 都有效. 用反证法, 若在损失式 (4.62) 之下, $d(Y)\sim g(\theta)$ 不成立, 则存在一估计 $d_1(Y)$, 使得对一切 $\theta\in\Theta$ 有

$$\begin{aligned}&E_\theta[(d(Y)-g(\theta))(d(Y)-g(\theta))']\\&\quad\geqslant E_\theta[(d_1(Y)-g(\theta))(d_1(Y)-g(\theta))'],\end{aligned}$$

且当 $\theta=\theta_0$ 时, 两边矩阵不相等, 因而对一切 $\theta\in\Theta$,

$$\begin{aligned}&E_\theta||d(Y)-g(\theta)||^2-E_\theta||d_1(Y)-g(\theta)||^2\\&\quad=\mathrm{tr}\{E_\theta[(d(Y)-g(\theta))(d(Y)-g(\theta))']\\&\qquad-E_\theta[(d_1(Y)-g(\theta))(d_1(Y)-g(\theta))']\}\\&\quad\geqslant 0,\end{aligned}$$

且不等号当 $\theta=\theta_0$ 时成立. 这与假设矛盾, 因而证明了本引理.

本引理给出了在损失 (4.62) 之下, 估计的容许性 (在全体估计类中, 以及在线性估计类中) 的一个充分条件. 由此推出, 在前两节中给出的容许性充分条件, 移至本节所考虑的容许性时, 仍保持有效. 但是引理 4.10 的逆不真, 因此, 关于在损失 (4.62) 之下容许性的充要条件问题仍有待解决. 吴启光在文献 [10] 中完满地解决了在线性估计类中容许性的充要条件问题, 本节将叙述他的结果. 关于在一般估计类中容许性的充要条件问题目前还没有解决.

以下假定 Y 有形如式 (4.16) 的结构, Y 为 n 维, β 为 p 维, 且条件 (4.17) 和 (4.18) 成立, 又损失函数取为式 (4.62). 为简化文字, 我们把这些假定综合地表为 "模型 H_1". 下一引理与引理 4.7 相当:

引理 4.11 在模型 H_1 之下, 对 $S\beta$ 的任一线性估计 LY, 有 $R(S\beta,\sigma^2,LY)\geqslant R(S\beta,\sigma^2,LX\hat{\beta})$, 对一切 $\beta\in\mathbb{R}^p,\sigma^2>0$ 且等号对一切 β 和 σ^2 成立的充要条件是

$$L=LXT^-X'V^{-1}.$$

就是说, $LY\equiv LX\hat{\beta}$. 此处 T 和 $\hat{\beta}$ 的定义见式 (4.29).

证明与引理 4.7 类似, 从略.

引理 4.12　在模型 H_1 之下, 若 $m \times n$ 矩阵 $L = LXT^{-}X'V^{-1}$, 又 $0 \neq AX - S \neq a(LX - S)$ 对任意常数 a, 则作为 $S\beta$ 的估计, AY 不可能一致优于 LY.

证　由引理 4.11, 有

$$
\begin{aligned}
R(S\beta, \sigma^2, AY) \geqslant & R(S\beta, \sigma^2, AX\hat{\beta}) \\
= & \sigma^2 AXT^{-}X'A' + (AX - S)\beta\beta'(AX - S)', \qquad (4.64) \\
R(S\beta, \sigma^2, LY) = & R(S\beta, \sigma^2, LX\hat{\beta}) \\
= & \sigma^2 LXT^{-}X'L' + (LX - S)\beta\beta'(LX - S)'. \qquad (4.65)
\end{aligned}
$$

因为 $AX - S \neq 0$, 故当 $LX = S$ 时, AY 不能一致优于 LY. 若 $LX \neq S$, 则对 $LX - S$ 作特征分解

$$
LX - S = P \begin{pmatrix} \Lambda & 0 \\ 0 & 0 \end{pmatrix} Q, \qquad (4.66)
$$

此处 P 和 Q 分别为 m 和 p 阶正交阵, $\Lambda = \mathrm{diag}(\lambda_1, \cdots, \lambda_r) > 0$. 由式 (4.64) 知, 只需证 $AX\hat{\beta}$ 不一致优于 LY. 记 $B = P'(AX - S)Q'$, 有

$$
AX - S = PP'(AX - S)Q'Q = PBQ. \qquad (4.67)
$$

分两种情形讨论.

$1°$ B 不能表为 $\left(\begin{smallmatrix} G & 0 \\ 0 & 0 \end{smallmatrix}\right)$ 的形状, 此处 G 为 r 阶对角阵. 这时必存在 B 的元 $b_{ij} \neq 0$, 使得 $i \neq j$, 或者 $i = j > r$. 对任意自然数 $l, j, l \geqslant j$ 以 e_{lj} 记一个 l 维列向量, 除第 j 元为 1 外, 其余各元为 0, 令 $\alpha = Pe_{mi}, \beta_{(k)} = kQ'e_{pj}$, 则当 $k \longrightarrow \infty$ 时有

$$
\begin{aligned}
& \alpha'[R(S\beta_{(k)}, 1, AX\hat{\beta}) - R(S\beta_{(k)}, 1, LY)]\alpha \\
& \quad = \alpha'(AXT^{-}X'A' - LXT^{-}X')\alpha + k^2 b_{ij}^2 \to \infty.
\end{aligned}
$$

因而 $AX\hat{\beta}$ 不能一致优于 LY.

$2°$ 存在 $G = \mathrm{diag}(\tau_1, \cdots, \tau_r)$, 使得 $B = \left(\begin{smallmatrix} G & 0 \\ 0 & 0 \end{smallmatrix}\right)$. 这时, 由引理的假定及式 (4.66) 和 (4.67), 知不存在常数 b, 使得 $G = b\Lambda$, 因此 r 必须不小于 2. 又分为两个情形:

a. 存在 $\tau_j = 0$. 因为 $G \neq 0$(否则 $AX = S$), 故存在 $\tau_i \neq 0$. 不失普遍性可设 $\tau_1 \neq 0, \tau_2 = 0$. 取

$$
\alpha = P(1, 1, 0, \cdots, 0)',
$$

$$
\beta_{(k)} = Q'(k, -\lambda_1 k|\lambda_2, 0, \cdots, 0)', \quad \sigma^2 = 1, \qquad (4.68)
$$

则当 $k \to \infty$ 时

$$\begin{aligned}&\alpha'[R(S\beta_{(k)},1,AX\hat{\beta})-R(S\beta_{(k)},1,LY)]\alpha\\&\quad=\alpha'(AXT^-X'A'-LXT^-X'L')\alpha+k^2\tau_i^2\to\infty.\end{aligned}$$

b. $\tau_i \neq 0, i=1,\cdots,r$. 存在 $i \neq j$, 使得 $\tau_i/\lambda_i \neq \tau_i/\lambda_i$. 不妨设 $i=1$, $j=2$. 取 $\alpha, \beta_{(k)}$ 和 σ^2 如式 (4.68), 当 $k \to \infty$ 时, 便有

$$\begin{aligned}\alpha'[R(S\beta_{(k)},1,AX\hat{\beta})-R(S\beta_{(k)},1,LY)]\alpha=&\alpha'(AXT^-X'A'-LXT^-X'L')\alpha\\&+(\tau_1\lambda_2-\tau_2\lambda_1)k^2/\lambda_2^2\to\infty,\end{aligned}$$

因此, 在 a 和 b 两种情形下, $AX\hat{\beta}$ 都不能一致优于 LY. 引理证毕.

引理 4.13 若 $A \geqslant 0$, $B \geqslant 0$ 为同阶方阵, 则存在非异方阵 P, 使得 $P'AP$ 和 $P'BP$ 都是对角形.

证 找非异方阵 Q, 使得

$$Q'(A+B)Q=\mathrm{diag}(1,\cdots,1,0,\cdots,0), \tag{4.69}$$

其中 1 的个数为 $r=\mathrm{rk}(A+B)$. 分块

$$Q'BQ=\begin{pmatrix}C_1 & C_2\\ C_3 & C_4\end{pmatrix}, \tag{4.70}$$

此处 C_1 为 r 阶方阵. 由 $Q'(A+B)Q \geqslant Q'BQ$ 及式 (4.69) 和 (4.70), 知 $C_2=0,C_3=0,C_4=0$. 又 C_1 对称, 故存在正交阵 Q_1, 使得 $Q_1'C_1Q_1=\mathrm{diag}(b_1,\cdots,b_r)$. 令

$$P=Q\begin{pmatrix}Q_1 & 0\\ 0 & I\end{pmatrix}.$$

则 P 为非异, 且

$$\begin{aligned}P'(A+B)P&=\mathrm{diag}(1,\cdots,1,0\cdots,0),\\P'BP&=\mathrm{diag}(b_1,\cdots,b_r,0,\cdots,0).\end{aligned}$$

相减得 $P'AP=\mathrm{diag}(1-b_1,\cdots,1-b_r,0\cdots,0)$. 引理证毕.

引理 4.14 设 $\mathscr{M}(S') \subset \mathscr{M}(X')$, 记

$$A=2LXT^-X'L'-LXT^-S'-ST^-X'L',$$

$$B=(LX-S)T^-(LX-S)',$$

这里 $L:m\times n, S:m\times p, X:n\times p$. 则 "$A-(1-a)B\geqslant 0$ 对任意 $a\in(0,1)$ 都不对" 的充要条件是: 下述两条件之一成立[①]

1° A 至少有一个负的特征根.

2° $A\geqslant 0, \mathrm{rk}(A)<m$, 且存在 $j\in J=\{l:\lambda_l=0, l=1,\cdots,m\}$ 使得 $\tau_j>0$(此处 λ_i 和 τ_i 等的意义为: 依引理 4.13, 存在非异阵 P, 使得 $P'AP=\mathrm{diag}(\lambda_1,\cdots,\lambda_m)$, $P'BP=\mathrm{diag}(\tau_1,\cdots,\tau_m)$).

证 由 $\mathscr{M}(S')\subset\mathscr{M}(X')$ 知 A 和 B 都与 T^- 的选择无关. 事实上, 拿 B 来说, 由 $\mathscr{M}(S')\subset\mathscr{M}(X')$ 知存在 D, 使得 $S=DX$, 故 $B=(L-D)XT^-X'(L-D)'$, 而我们已知 (见注 4.2)XT^-X' 与 T^- 的选择无关. 根据同样理由推知 A 对称, $B\geqslant 0$.

现设 1° 成立, 则存在正交阵 $Q=(q_1\vdots\cdots\vdots q_m)$, 使得 $Q'AQ=\mathrm{diag}(b_1,\cdots,b_m)$, 且 $b_1<0$. 这时有

$$q_1'(A-(1-a)B)q_1=b_1-(1-a)q_1'Bq_1<0$$

对任意 $a\in[0,1]$. 因而 "$A-(1-a)B\geqslant 0$ 对一切 $a\in(0,1)$" 不成立. 若条件 2° 满足, 则记 $P=(p_1\vdots\cdots\vdots p_m)$, 有

$$p_j'[A-(1-a)B]p_j=-(1-a)\tau_j<0,$$

$$\text{对任意}a\in(0,1).$$

故 "$A-(1-a)B\geqslant 0$ 对任意 $a\in(0,1)$" 也不成立. 这证明了引理的充分性部分.

现证必要性. 设条件 1° 和 2° 都不成立. 则以下两个情形必居其一.

a. $A>0$. 这时

$$\begin{aligned}&P'[A-(1-a)B]P\\=&\mathrm{diag}(\lambda_1-(1-a)\tau_1,\cdots,\lambda_m-(1-a)\tau_m).\end{aligned}\tag{4.71}$$

因为 $A>0$, 则有 $\lambda_1>0,\cdots,\lambda_m>0$, 故存在 $a_0\in(0,1)$, 使得 $\lambda_i-(1-a_0)\tau_i>0(i=1,\cdots,m)$. 这时 $A-(1-a_0)B>0$(因此, 断言 "$A-(1-a)B\geqslant 0$ 对一切 $a\in(0,1)$ 不成立" 是错误的).

b. $A\geqslant 0$, $\mathrm{rk}(A)<m$, 但 $\tau_j=0$ 当 $j\in J$. 这时, 若 $A=0$, 将有 $B=0$ 因而对一切 a, $A-(1-a)B\geqslant 0$. 若 $1\leqslant\mathrm{rk}(A)<m$, 则因 $\lambda_i=0\Longrightarrow\tau_j=0$, 由式 (4.71) 知存在 $a_0\in(0,1)$, 使得 $\lambda_i-(1-a_0)\tau_i\geqslant 0$, 对 $i=1,\cdots,m$. 故也有 $A-(1-a_0)B\geqslant 0$. 这证明了条件的必要性, 因而证明了本引理.

---

① 这里有一点易引起误解. 本引理并非说 1° 及 2° 中每一个都是充要条件 (这显然不对, 因为否则 1° 和 2° 将等价, 而这不可能). 而是说: 若 1° 和 2° 成立一个, 则引理结论成立; 反过来, 若引理结论成立, 条件 1° 和 2° 必有一个得到满足.

(二) 容许估计的条件

定理 4.13　在模型 H_1 下且设 $S\beta$ 可估, 则 $LY\overset{\mathscr{L}}{\sim}S\beta$ 的充要条件是:

1°　$L = LXT\ \ X'V\ \ ^{1}$.

2°　$LX = S$; 或者 $LX \neq S$, 但对任意 $a \in (0,1)$, 下式不成立:

$$
\begin{aligned}
&2LXT^{-}X'L' - ST^{-}X'L' - LXT^{-}S' \\
&\qquad - (1-a)(LX-S)T^{-}(LX-S)' \geqslant 0.
\end{aligned}
\tag{4.72}
$$

证　先考虑充分性. 设 L 为 $m \times n$ 矩阵, 则据引理 4.11, 只需证明: 对任意 $A: m \times n$, $AX\hat{\beta}$ 不能一致优于 LY. 分以下两种情形:

a. $LX = S$. 这时由式 (4.65), 有 $R(S\beta, \sigma^2, LY) = \sigma^2 ST^{-}S'$. 若 AX 也等于 S, 则由式 (4.64), 知 $R(S\beta, \sigma^2, AX\hat{\beta}) = \sigma^2 ST^{-}S'$, 故 $AX\hat{\beta}$ 不能一致优于 LY. 若 $AX \neq S$, 则由式 (4.64) 知, 固定 σ^2(例如, 令 $\sigma^2 = 1$) 而适当地选择 β, $AX\hat{\beta}$ 也不能一致优于 LY.

b. $LX \neq S$. 由定理条件 2°, 知 $LXT^{-}X'L' \geqslant ST^{-}S'$ 不成立. 因若此式成立, 将有

$$
\begin{aligned}
\text{式(4.72)左边} \geqslant & LXT^{-}X'L' + ST^{-}S' - ST^{-}X'L' - LXT^{-}S' \\
& - (1-a)(LX-S)T^{-}(LX-S') \\
= & (LX-S)T^{-}(LX-S)' - (1-a)(LX-S)T^{-}(LX-S)' \\
= & a(LX-S)T^{-}(LX-S)' \geqslant 0
\end{aligned}
$$

对任意 $a \geqslant 0$ 成立, 这与条件 2° 矛盾. 因此, 存在非零向量 a, 使得

$$
a'(LXT^{-}X'L' - ST^{-}S')a < 0. \tag{4.73}
$$

若 $AX = S$, 则由式 (4.64) 和 (4.65), 知

$$
a'(R(0,1,LY) - R(0,1,AX\hat{\beta})) = a'(LXT^{-}X'L' - ST^{-}S')a < 0.
$$

因此 $AX\hat{\beta}$ 不能一致优于 LY. 若 $AX \neq S$, 则依引理 4.12, 若不存在常数 a, 使得 $AX - S = a(LX - S)$, 则 $AX\hat{\beta}$ 不能一致优于 LY(引理 4.12 的陈述中是说 AY 不能一致优于 LY, 实际证明了 $AX\hat{\beta}$ 不能一致优于 LY). 故可设 $AX - S = a(LX - S)$ 对某常数 a. 分几个情形: 若 $|a| > 1$, 则由式 (4.64) 和 (4.65), 固定 $\sigma^2 = 1$ 并适当选择 β, 知 $AX\hat{\beta}$ 不能一致优于 LY. 若 $a = 1$, 则由式 (4.64) 和 (4.65), 知 $R(S\beta, \sigma^2, AX\hat{\beta}) \equiv R(S\beta, \sigma^2, LY)$. 若 $0 < a < 1$, 则

$$
R(0,1,LY) - R(0,1,AX\hat{\beta})
$$

$$
\begin{aligned}
&= (1-a)[LXT^{-}X'L' - ST^{-}S' + a(LX-S)T^{-}(LX-S)'] \\
&= (1-a)[2LXT^{-}X'L' - ST^{-}X'L' - LXT^{-}S' \\
&\quad - (1-a)(LX-S)T^{-}(LX-S)].
\end{aligned} \tag{4.74}
$$

因为对任意 $a \in (0,1)$, 式 (4.72) 不成立, 由式 (4.74) 即知 $AX\hat{\beta}$ 不能优于 LY. 若 $-1 \leqslant a < 0$, 则由式 (4.74) 的第一个等式结合式 (4.73), 知 $AX\hat{\beta}$ 不能优于 LY. $a=0$ 的情形相当于 $AX=S$, 已于前面讨论过. 因此在任意情形下, $AX\hat{\beta}$ 不能优于 LY.

现往证必要性. 若条件 1° 不满足, 则由引理 4.11 知 $LX\hat{\beta}$ 一致优于 LY. 若条件 2° 不满足, 则 $LX \neq S$, 且存在 $a_0 \in (0,1)$, 使得

$$
LXT^{-}X'L' - ST^{-}S' + a_0(LX-S)T^{-}(LX-S)' \geqslant 0.
$$

取 $A = a_0LXX^{-} + (1-a_0)SX^{-}$, 由式 (4.64) 和 (4.65) 得

$$
\begin{aligned}
&R(S\beta, \sigma^2, LY) - R(S\beta, \sigma^2, AX\hat{\beta}) \\
&\quad = (1-a_0)\sigma^2[LXT^{-}X'L' - ST^{-}S' + a_0(LX-S)T^{-}(LX-S)'] \\
&\qquad + (1-a_0^2)(LX-S)\beta\beta'(LX-S)' \geqslant 0.
\end{aligned} \tag{4.75}
$$

在推导式 (4.75) 时使用了 $S\beta$ 的可估性, 因而存在 D, 使得 $S=DX$, 故

$$
\begin{aligned}
AX &= a_0LXX^{-}X + (1-a_0)DXX^{-}X \\
&= a_0LX + (1-a_0)DX = a_0LX + (1-a_0)S = a_0(LX-S) + S.
\end{aligned}
$$

此处式 (4.75) 对任意 β 及 $\sigma^2 > 0$ 成立, 且由 $LX - S \neq 0$ 知必存在 $\sigma_0^2 > 0$ 及 β_0, 使得 $R(S\beta_0, \sigma_0^2, LY) - R(S\beta_0, \sigma_0^2, AX\hat{\beta})$ 不为零矩阵, 因而 $AX\hat{\beta}$ 一致优于 LY. 这说明: 当条件 1° 和 2° 都不满足时, 不能有 $LY \overset{\mathscr{L}}{\sim} S\beta$. 这证明了必要性, 因而证明了本定理.

由本定理及引理 4.14, 立得如下的推论:

系 4.7　在模型 H_1 之下设 $S\beta$ 可估, 则 $LY \overset{\mathscr{L}}{\sim} S\beta$ 的充要条件是以下两条件同时成立:

1°　$L = LXT^{-}X'V^{-1}$,

2°　$LX = S$; 或 $LX \neq S$,

但以下条件之一成立:

a. $A = 2LXT^{-}X'L' - LXT^{-}S' - ST^{-}X'L'$ 至少有一个负特征根;

b. $A \geqslant 0$,$\mathrm{rk}(A) < m$(A 的定义同 a, m 为 A 的阶数), 且存在 j, 使得 $\lambda_j = 0$ 但 $\tau_j > 0$. 这里 λ_j 和 τ_j 的定义与引理 4.14 条件 2° 中的一样, B 也是按引理 4.14 中的定义.

定理 4.13 和系 4.7 是吴启光在文献 [10] 中得到的. 这个定理完满地解决了在矩阵损失 (4.62) 之下, 线性估计在线性估计类中容许性的问题. 至于一个线性估计在什么条件下在全体估计类中可容许, 是一个尚未解决的有兴趣的问题.

§4.4 误差方差的二次型估计的可容许性 I (在二次型估计类中)

(一) 预备知识 **X 满秩的情形** 以上几节讨论了回归系数的线性估计的容许性问题. 本章其余部分将致力于线性模型中另一重要参数 —— 误差方差 σ^2 的估计的容许性问题. 正如对回归系数 β 而言, 最重要最自然的估计类是线性估计类那样, 对误差方差 σ^2 来说, 最重要最自然的一类估计是二次型估计. 由于 σ^2 大于 0, 我们且可把二次型限制为半正定的. 在 GM 假定下, 人们常用残差平方和 (除以适当的自由度) 估计 σ^2, 这是一种特殊的半正定二次型估计. 这个二次型估计是一个半正定而非正定的二次型. 由此可知, 纵然 $\sigma^2 > 0$, 我们不能局限于正定二次型.

考虑线性模型

$$\begin{cases} Y=(Y_1,\cdots,Y_n)'=X\beta+e=X\beta+(e_1,\cdots,e_n)', \\ X: n\times p\text{已知}, \beta=(\beta_1,\cdots,\beta_p)'\text{未知}, \\ e_1,\cdots,e_n\text{独立}, E_{e_i}=E_{e_i^3}=0, E_{e_i^2}=\sigma^2, \\ E_{e_i^4}=3\sigma^4, i=1,\cdots,n, 0<\sigma^2<\infty, \sigma^2\text{未知}. \end{cases} \tag{4.76}$$

为估计 σ^2, 取损失函数为①

$$L(\sigma^2,d)=(d-\sigma^2)^2/\sigma^4. \tag{4.77}$$

为简化文字, 假定式 (4.76) 和 (4.77) 总称为模型 H_2. 容许性都是在损失为式 (4.77) 之下来考虑.

以 $\mathscr{D}$ 记估计类 $\{Y'BY: B\geqslant 0\}$. 设 $Y'AY\in\mathscr{D}$. 如 $Y'AY$ 在估计类 $\mathscr{D}$ 中有容许性, 则记为 $Y'AY\overset{D}{\sim}\sigma^2$, 若 $Y'AY$ 在全体估计类中有容许性, 则记为 $Y'AY\sim\sigma^2$, 本节先考虑在 $\mathscr{D}$ 中的容许性问题. 这个问题研究的历史还不长, 迄今为止的结果是由吴启光、成平、李国英作出的 (参看文献 [11, 12]).

在假设 (4.76) 中, 一个特殊之点是 $E_{e_i^3}=0, E_{e_i^4}=3\sigma^4$. 就是说, e_i 的前四阶矩与正态分布 $N(0,\sigma^2)$ 的前四阶矩一样. 这与许宝騄教授在研究 σ^2 的最优无偏二次型估计时所用的假设一致 (见文献［2］). 其所以需要作这种假设, 可以从下面关于

① 从容许性的观点, 损失函数 (4.77) 与通常的平方损失函数 $(d-\sigma^2)^2$ 并无区别. 加进 σ^{-4} 这个因子是为了在风险表达式上方便些.

风险函数的计算看出 —— 若没有这个假设, 则风险函数的表达式将大为复杂, 而给以后的分析带来巨大的困难. 由于这个原因, 在更一般的假定下的容许性问题, 目前还一无所知.

引理 4.15　在模型 H_2 之下, 设 A 为 n 阶对称方阵. 又约定以 $R(\beta,\sigma^2,A)$ 记估计量 $Y'AY$ 的风险函数, 则

$$\begin{aligned}R(\beta,\sigma^2,A)=&2\mathrm{tr}(A^2)+(\mathrm{tr}(A)-1)^2+4\theta'X'A^2X\theta\\&+2(\mathrm{tr}(A)-1)\theta'X'AX\theta+(\theta'X'AX\theta)^2,\end{aligned}\tag{4.78}$$

此处 $\theta=\beta/\sigma$.

证　由损失函数的形状 (4.77), 有

$$\begin{aligned}R(\beta,\sigma^2,A)=&E(Y'AY-\sigma^2)^2/\sigma^4\\=&E[(Y'AY)^2/\sigma^4-2Y'AY/\sigma^2+1].\end{aligned}\tag{4.79}$$

记 $\xi=X\beta=(\xi_1,\cdots,\xi_n)'=\sigma X\theta$, 并以 a_{ij} 记 A 的 (i,j) 元, 有

$$\begin{aligned}E(Y'AY)^2=&E[(e+\xi)'A(e+\xi)]^2\\=&(\xi'A\xi)^2+E(e'Ae)^2+4E(\xi'Aee'A\xi)\\&+2\xi'A\xi E(e'Ae)+4E(\xi'Aee'Ae).\end{aligned}\tag{4.80}$$

由于 $a_{ij}=a_{ji}$, 且

$$E(e_ie_je_ke_l)=\begin{cases}3\sigma^4, & 当 i=j=k=l,\\ \sigma^4, & 当 i,j,k,l 可分为两对不同的足标,\\ 0, & 其他情形,\end{cases}$$

则有

$$\begin{aligned}E(e'Ae)^2=&E\left(\sum_{i,j,k,l=1}^n a_{ij}a_{kl}e_ie_je_ke_l\right)\\=&3\sigma^4\sum_1^n a_{ii}^2+\sigma^4\left(\sum_{i\neq k}a_{ii}akk+\sum_{i\neq j}a_{ij}^2+\sum_{i\neq j}a_{ij}^2\right)\\=&\sigma^4[(\mathrm{tr}A)^2+2\mathrm{tr}(A^2)],\end{aligned}\tag{4.81}$$

$$E(\xi'Aee'A\xi)=\sigma^2\xi'A^2\xi=\sigma^4\theta'X'A^2X\theta,\tag{4.82}$$

$$E(e'Ae)=\mathrm{tr}[AE(ee')]=\sigma^2\mathrm{tr}(A),\tag{4.83}$$

$$E(\xi'Aee'Ae)=0.\tag{4.84}$$

以式 (4.81)~(4.84) 代入式 (4.80), 并注意 $\xi=\sigma X\theta$, 有

$$E(Y'AY)^2 = \sigma^4(\theta'X'AX\theta)^2+\sigma^4[(\mathrm{tr}A)^2+2\mathrm{tr}(A^2)] \\ +4\sigma^4\theta'X'A^2X\theta+2\sigma^4\mathrm{tr}(A)\theta'X'AX\theta. \tag{4.85}$$

又不难算出

$$E(Y'AY)=\sigma^2\mathrm{tr}(A)+\sigma^2\theta'X'AX\theta. \tag{4.86}$$

以式 (4.85) 和 (4.86) 代入式 (4.79), 即得式 (4.78). 引理证毕.

下一引理的作用类似引理 4.4:

引理 4.16 设 $A\geqslant 0$, λ_1 为 A 的最大特征根, 且 $2\lambda_1+\mathrm{tr}(A)\leqslant 1$. 又设 $B\geqslant 0$ 满足

$$2\mathrm{tr}(B^2)+[\mathrm{tr}(B)-1]^2 \leqslant 2\mathrm{tr}(A^2)+[\mathrm{tr}(A)-1]^2, \tag{4.87}$$

$$B\leqslant A, \tag{4.88}$$

则必有 $A=B$.

证 找正交阵 P, 使得 $P'AP=\Lambda=\mathrm{diag}(\lambda_1,\cdots,\lambda_t,0,\cdots,0)$, 此处 $\lambda_1\geqslant\cdots\geqslant\lambda_t>0$. 令 $G=P'BP$, 则式 (4.87) 和 (4.88) 分别等价于

$$2\mathrm{tr}(G^2)+[\mathrm{tr}(G)-1]^2\leqslant 2\mathrm{tr}(\Lambda^2)+[\mathrm{tr}(\Lambda)-1]^2, \tag{4.89}$$

$$G\leqslant\Lambda, \tag{4.90}$$

而要证的事实 $(A=B)$ 转化为 $G=\Lambda$. 由式 (4.90) 知

$$G=\Lambda \Longleftrightarrow \mathrm{tr}(G)=\mathrm{tr}(\Lambda). \tag{4.91}$$

用反证法, 设 $\mathrm{tr}(G)\neq\mathrm{tr}(\Lambda)$. 由式 (4.90), 这时必有

$$\mathrm{tr}(G)<\mathrm{tr}(\Lambda). \tag{4.92}$$

作正交阵 Q, 使得 $Q'GQ=\mathrm{diag}(\tau_1,\cdots\tau_r,0,\cdots,0)$. 此处 $\tau_i>0(i=1,\cdots,r)$. 由式 (4.88) 知 $r\leqslant t$. 将 Q' 分块:

$$Q'=\begin{pmatrix} Q_{11} & Q_{12} & Q_{13} \\ Q_{12} & Q_{22} & Q_{23} \\ Q_{31} & Q_{32} & Q_{33}\end{pmatrix},$$

其中 Q_{11} 和 Q_{22} 及 Q_{33} 分别为 r 和 $(t-r)$ 及 $(n-t)$ 阶方阵. 记 $G_1=\mathrm{diag}(\tau_1,\cdots,\tau_r)$. 由式 (4.90) 有

$$\mathrm{diag}(\lambda_1,\cdots,\lambda_t,0,\cdots,0)\geqslant\begin{pmatrix} Q'_{11}G_1Q_{11} & Q'_{11}G_1Q_{12} & Q'_{11}G_1Q_{13} \\ Q'_{12}G_1Q_{11} & Q'_{12}G_1Q_{12} & Q'_{12}G_1Q_{13} \\ Q'_{13}G_1Q_{11} & Q'_{13}G_1Q_{12} & Q'_{13}G_1Q_{13}\end{pmatrix}. \tag{4.93}$$

由此得到 $Q_{13}'G_1Q_{13}=0$. 再由 $G_1>0$ 知 $Q_{13}=0$, 因而 $(Q_{11}\vdots Q_{12})(Q_{11}\vdots Q_{12})'=I_r$. 故可构造 t 阶正交阵

$$M=\begin{pmatrix} Q_{11} & Q_{12} \\ \tilde{Q}_{21} & \tilde{Q}_{22} \end{pmatrix}.$$

记 $D=\text{diag}(\lambda_1,\cdots,\lambda_t)$, $G_2=\text{diag}(\tau_1,\cdots,\tau_r,0,\cdots,0)$, G_2 的阶数为 t, 则式 (4.93) 可写为

$$\begin{pmatrix} D & 0 \\ 0 & 0 \end{pmatrix}\geqslant\begin{pmatrix} M'G_2M & 0 \\ 0 & 0 \end{pmatrix}.$$

由此及式 (4.92), 有

$$D\geqslant M'G_2M, \text{tr}(D)>\text{tr}(G_2). \tag{4.94}$$

从而

$$\text{tr}(I_t/(t+2)-G_2)>\text{tr}(I_t/(t+2)-D). \tag{4.95}$$

记 $\tilde{\lambda}_i=(t+2)^{-1}-\lambda_i$, $\tilde{\tau}_i=(t+2)^{-1}-\tau_i(i=1,\cdots t)$. 此处约定 $\tau_{r+1}=\cdots=\tau_t=0$. 又记 $\tilde{\lambda}=(\tilde{\lambda}_1,\cdots,\tilde{\lambda}_t)'$, $\tilde{b}=(\tilde{\tau}_1,\cdots,\tilde{\tau}_t)'$, $\lambda=(\lambda_1,\cdots,\lambda_t)'$, $b=(\tau_1,\cdots,\tau_t)'$. 于是式 (4.95) 成为

$$\mathbf{1}_t'\tilde{b}>\mathbf{1}_t'\tilde{\lambda}, \tag{4.96}$$

此处 $\mathbf{1}_t'$ 记 t 维行向量 $(1,1,\cdots,1)$. 记

$$\widetilde{D}=\lambda_1I-D, \widetilde{G}_2=\lambda_1I-G_2.$$

则由式 (4.94) 得 $\widetilde{D}\leqslant M'\widetilde{G}_2M$. 从 $\widetilde{D}\geqslant 0$ 得 $\widetilde{G}_2\geqslant 0$, 并因此有

$$\widetilde{D}^2\leqslant\widetilde{D}^{1/2}M'\widetilde{G}_2M\widetilde{D}^{1/2},$$

$$\begin{aligned} M'\widetilde{G}_2^{1/2}M\widetilde{D}M'\widetilde{G}_2^{1/2}M \leqslant& M'\widetilde{G}_2^{1/2}MM'\widetilde{G}_2MM'\widetilde{G}_2^{1/2}M \\ =& M'\widetilde{G}_2^2M. \end{aligned}$$

因而

$$\begin{aligned} \text{tr}(\widetilde{D}^2)&\leqslant\text{tr}(\widetilde{D}^{1/2}M'\widetilde{G}_2M\widetilde{D}^{1/2})=\text{tr}(M'\widetilde{G}_2^{1/2}M\widetilde{D}M'\widetilde{G}_2^{1/2}M) \\ &\leqslant\text{tr}(M'\widetilde{G}_2^2M)=\text{tr}(\widetilde{G}_2^2), \end{aligned}$$

即 $\sum\limits_1^t(\lambda_1-\lambda_i)^2\leqslant\sum\limits_1^t(\lambda_1-\tau_i)^2$. 记 $a=\lambda_1-(t+2)^{-1}$, 由此不等式得

$$2\lambda'\tilde{\lambda}+4_a\mathbf{1}_t'\tilde{\lambda}\leqslant 2\tilde{b}'\tilde{b}+4_a\mathbf{1}_t'\tilde{b}. \tag{4.97}$$

由假定 $2\lambda_1+\mathrm{tr}(A)\leqslant 1$, 并注意到 $\mathrm{tr}(A)=\mathrm{tr}(D)$, 有

$$\begin{aligned}2\lambda_1+\sum_1^t\tau_i&=2\lambda_1+\mathrm{tr}(G_2)<2\lambda_1+\mathrm{tr}(D)\\&=2\lambda_1+\sum_1^t\lambda_i\leqslant 1,\end{aligned}$$

得 $\mathbf{1}_t'\tilde{\lambda}+\mathbf{1}_t'\tilde{b}>4a$, 从而推出

$$\begin{aligned}(\mathbf{1}_t'\tilde{b})^2-(\mathbf{1}_t'\tilde{\lambda})^2=&(\mathbf{1}_t'\tilde{b}+\mathbf{1}_t'\tilde{\lambda})(\mathbf{1}_t'\tilde{b}-\mathbf{1}_t'\tilde{\lambda})\\&>4a(\mathbf{1}_t'\tilde{b}-\mathbf{1}_t'\tilde{\lambda}).\end{aligned}$$

再由式 (4.97), 得

$$2\tilde{\lambda}'\tilde{\lambda}\leqslant 2\tilde{b}'\tilde{b}+4_a(\mathbf{1}_t\tilde{b}-\mathbf{1}_t'\tilde{\lambda})<2\tilde{b}'\tilde{b}+(\mathbf{1}_t'\tilde{b})^2-(\mathbf{1}_t'\tilde{\lambda})^2.$$

因而有

$$2\tilde{\lambda}'\tilde{\lambda}+(\mathbf{1}_t'\tilde{\lambda})^2+2(t+2)^{-1}<2\tilde{b}'\tilde{b}+(\mathbf{1}_t'\tilde{b})^2+2(t+2)^{-1},$$

即

$$2\mathrm{tr}(A^2)+[\mathrm{tr}(A)-1]^2<2\mathrm{tr}(B^2)+[\mathrm{tr}(B)-1]^2.$$

这与式 (4.87) 矛盾, 因而证明了本引理.

利用这个引理不难证明如下的结果:

定理 4.14 在模型 H_2 下, 又假定 X 为 n 阶满秩方阵, 则 $Y'AY\overset{D}{\sim}\sigma^2$ 的充要条件为

$$2\lambda_1+\mathrm{tr}(A)\leqslant 1,\tag{4.98}$$

此处 λ_1 为 A 的最大特征根.

证 先证条件的充分性. 若存在 $Y'BY\in\mathscr{D}$ 一致优于 $Y'AY$, 则由引理 4.15, 将有

$$\begin{aligned}&2\mathrm{tr}(B^2)+[\mathrm{tr}(B)-1]^2+4\xi'B^2\xi+2[\mathrm{tr}(B)-1]\xi'B\xi+(\xi'B\xi)^2\\&\leqslant 2\mathrm{tr}(A^2)+[\mathrm{tr}(A)-1]^2+4\xi'A^2\xi+2[\mathrm{tr}(A)-1]\xi'A\xi+(\xi'A\xi)^2\end{aligned}\tag{4.99}$$

对一切 $\xi=X\theta\in\mathbb{R}^n$, 及 $\sigma^2>0$ 成立. 由 ξ 的任意性得

$$2\mathrm{tr}(B^2)+[\mathrm{tr}(B)-1]^2\leqslant 2\mathrm{tr}(A^2)+[\mathrm{tr}(A)-1]^2,\tag{4.100}$$

$$B\leqslant A.\tag{4.101}$$

事实上, 在式 (4.99) 中置 $\xi=0$, 即得式 (4.100). 又若式 (4.101) 不真, 则存在 $\xi_0\neq 0$, 使得 $\xi_0'B\xi_0>\xi_0'A\xi_0$. 令 $\xi=k\xi_0$ 且取 k 充分大, 式 (4.99) 将不能成立. 这证明了式 (4.101). 于是由引理 4.16 知 $B=A$. 这证明了条件的充分性.

为证必要性, 用反证法. 设式 (4.98) 不对. 找正交阵 P, 使得 $A=P'\Lambda P$, $\Lambda=\text{diag}(\lambda_1,\cdots,\lambda_n)$ 而 $\lambda_1\geqslant\cdots\geqslant\lambda_n\geqslant 0$. 由式 (4.98) 知 $\lambda_1>0$, 取 $a\in(0,\lambda_1)$, 使得 $3a+\sum\limits_2^n\lambda_i>1$. 记 $\phi=PX\theta=(\phi_1,\cdots,\phi_n)'$, 又 $B=P'\text{diag}(a,\lambda_2,\cdots,\lambda_n)P$, 则 $B\geqslant 0$, 且

$$
\begin{aligned}
R(\beta,\sigma^2,A)-R(\beta,\sigma^2,B)=&\left(3\lambda_1+3a+2\sum_2^n\lambda_i-2\right)(\lambda_1-a)\\
&+4(\lambda_1^2-a^2)\phi_1^2+2(\lambda_1-a)\left(\sum_2^n\lambda_i-1\right)\phi_1^2\\
&+2(\lambda_1^2-a^2)\phi_1^2+2(\lambda_1-a)\sum_2^n\lambda_i\phi_i^2\\
&+\left(\sum_1^n\lambda_i\phi_i^2+a\phi_1^2+\sum_2^n\lambda_i\phi_i^2\right)(\lambda_1-a)\phi_1^2\\
\geqslant&(\lambda_1-a)\left(3\lambda_1+3a+2\sum_2^n\lambda_i-2\right)\\
&+2(\lambda_1-a)\phi_1^2\left(\sum_2^n\lambda_i-1+3\lambda_1+3a\right)\\
>&0
\end{aligned}
$$

对一切 $\phi\in\mathbb{R}^n$ 成立. 这与 $Y'AY\overset{D}{\sim}\sigma^2$ 矛盾, 因而证明了必要性. 定理证毕.

系 4.8　设 $Y\sim N(X\beta,\sigma^2V)$, 此处 X 为已知 n 阶满秩方阵, $V>0$ 已知, $\sigma^2>0$ 未知, 则在损失 (4.77) 之下, $Y'AY\overset{D}{\sim}\sigma^2$ 的充要条件为 $2\lambda_1+\text{tr}(AV)\leqslant 1$, 此处 λ_1 为 $V^{1/2}AV^{1/2}$ 的最大特征根 (即 AV 的最大特征根).

证　令 $Z=V^{-1/2}Y$, 则 $Z\sim N(V^{-1/2}X\beta,\sigma^2I_n)$, Z 满足式 (4.76) 中加在 Y 上的全部条件, 又 $|V^{-1/2}X|\neq 0$. 因为 $Y'AY\overset{D}{\sim}\sigma^2\Longleftrightarrow Z'V^{1/2}AV^{1/2}Z'\overset{D}{\sim}\sigma^2$, 用定理 4.14 即证得所要结果.

注 4.4　若将参数空间限制为

$$
\Theta=\{(\beta_1,\cdots,\beta_n,\sigma^2):0<\sigma^2<\infty,\max_{i,j}|\beta_i-\beta_j|/\sigma^2\leqslant k\},
$$

此处 $k>0$ 为一给定的常数, 则定理 4.14 及系 4.8 仍成立. 顺便指出, 这个参数空间容许一种有实际意义的解释: 以 $X=I_n$ 为例, 在各次观测中, 不必能保持总体

均值不变, 但要求其变化程度与 σ^2 比, 不超过一定限度. 在这种情形下, 方差估计问题有其实际意义.

(二) 一般 X : 必要条件 下面考虑一般 X 的情形. 先证明几个预备性的结果.

引理 4.17 1° 在模型 H_2 之下, 记 $P = X(X'X)^-X'$, $S^2 = Y'(I-P)Y$, $r = \text{rk}(X)$, 则 $S^2/(n-r+2)\overset{D}{\sim}\sigma^2$.

2° 设 $A \geqslant 0$, $AX = 0$, 若 $A \neq (I-P)/(n-r+2)$, 则 $Y'AY\overset{D}{\sim}\sigma^2$ 不成立 (P, r 的意义同 1°).

证 由 S^2 的定义及式 (4.78), 算出 $S^2/(n-r+2)$ 的风险函数为常数 $2/(n-r+2)$. 当 $A \geqslant 0$, $AX \neq 0$ 时, 可找到 θ_0, 使得 $\theta_0'X'AX\theta_0 > 0$. 取 β 和 σ^2, 使得 $\beta/\sigma = k\theta_0$ 且 k 充分大, 则由式 (4.78) 将得 $R(\beta, \sigma^2, A) > 2/(n-r+2)$, 因而 $Y'AY$ 不能一致优于 $S^2/(n-r+2)$. 若 $A \geqslant 0$, $AX = 0$, 并以 $\lambda_1, \cdots, \lambda_q$ 记 A 的所有非零特征根, 则有 $q \leqslant n - \text{rk}(X) = n - r$. 记 $\lambda = (\lambda_1, \cdots, \lambda_q)'$, 有

$$\begin{aligned} R(\beta, \sigma^2, A) =& 2\text{tr}(A^2) + [\text{tr}(A) - 1]^2 \\ =& 2\lambda'\lambda + (\mathbf{1}_q'\lambda - 1)^2 \\ =& (\lambda - \mathbf{1}_q/(q+2))'(2I_q + \mathbf{1}_q\mathbf{1}_q')(\lambda \\ & - \mathbf{1}_q/(q+2)) + 2/(q+2) \\ \geqslant& 2/(q+2) \geqslant 2/(n-r+2). \end{aligned}$$

等号成立的充要条件是 $q = n-r$, $\lambda = \mathbf{1}_q/(n-r+2)$. 而当 $q = n-r$ 且 $\lambda = \mathbf{1}_q/(n-r+2)$ 时, $(n-r+2)A$ 是往 $\mathscr{M}^\perp(X)$ 的投影变换矩阵, 故 $A = (I-P)/(n-r+2)$, 因此一举证明了引理的 1° 和 2°.

引理 4.18 在模型 H_2 之下, 若 $Y'AY\overset{D}{\sim}\sigma^2$, 则 $Y'AY$ 必有形式

$$aS^2 + \hat{\beta}'X'BX\hat{\beta} = Y'[a(I-P) + PBP]Y, \tag{4.102}$$

此处 $P = X(X'X)^-X'$, $\hat{\beta}$ 为 β 的 LS 估计, $a \geqslant 0$, 矩阵 $B \geqslant 0$, 且若以 $\lambda_1 \geqslant \cdots \geqslant \lambda_q > 0$ 记 PBP 的非零特征根时, 有

$$(n-r)a + \sum_1^q \lambda_i + 2\max(a, \lambda_1) \leqslant 1, \quad r = \text{rk}(X) < n.$$

证 取

$$\begin{aligned} a_0 &= [\text{tr}(A) - \text{tr}(PAP)]/(n-r) \\ &= \text{tr}[A^{1/2}(I-P)A^{1/2}]/(n-r) \geqslant 0. \end{aligned}$$

往证若 A 不为 $a(I-P)+PBP$ (对某数 $a\geqslant 0$, 矩阵 $B\geqslant 0$) 之形时, $Y[a_0(I-P)+PAP]Y$ 将一致优于 $Y'AY$. 由式 (4.78) 易算得

$$\begin{aligned}&R(\beta,\sigma^2,A)-R(\beta,\sigma^2,a_0(I-P)+PAP)\\&=2\mathrm{tr}(A^2)-2[\mathrm{tr}(A^{1/2}(I-P)A^{1/2})]^2/(n-r)\\&\quad-2\mathrm{tr}(PAPA)+4\theta'X'A(I-P)AX\theta\\&\geqslant 2\mathrm{tr}(A^2)-2[\mathrm{tr}(A^{1/2}(I-P)A^{1/2}]^2/(n-r)\\&\quad-2\mathrm{tr}(PAPA),\end{aligned}\tag{4.103}$$

且等号对一切 θ 成立的充要条件是

$$(I-P)AP=0.\tag{4.104}$$

由 $(APA)^{1/2}(I-P)(APA)^{1/2}\geqslant 0$ 得

$$\begin{aligned}\mathrm{tr}[(A^{1/2}(I-P)A^{1/2})^2]&=\mathrm{tr}(A^2-2APA+APAP)\\&\leqslant \mathrm{tr}(A^2-APAP),\end{aligned}\tag{4.105}$$

且等号成立的充要条件是

$$(I-P)(APA)^{1/2}=0.\tag{4.106}$$

以 $b_1,\cdots,b_q$ 记 $A^{1/2}(I-P)A^{1/2}$ 的全部非零特征根, 则有 $q\leqslant n-r$, 且

$$\begin{aligned}\left[\mathrm{tr}(A^{1/2}(I-P)A^{1/2})\right]^2&=\left(\sum_1^q b_i\right)^2\\&\leqslant\sum_{i,j=1}^q(b_i^2+b_j^2)/2=q\sum_1^q b_i^2\\&\leqslant(n-r)\sum_1^q b_i^2=(n-r)\mathrm{tr}\left[(A^{1/2}(I-P)A^{1/2})^2\right],\end{aligned}\tag{4.107}$$

且等号成立的充要条件是

$$\begin{cases}A^{1/2}(I-P)A^{1/2}=0,\text{或者}\\A^{1/2}(I-P)A^{1/2}\neq 0,\text{但}b_1=\cdots=b_q, q=n-r.\end{cases}\tag{4.108}$$

由式 (4.103)~(4.108), 得知对一切 β 和 σ^2 有

$$R(\beta,\sigma^2,A)-R(\beta,\sigma^2,a_0(I-P)+PAP)\geqslant 0,\tag{4.109}$$

且等号成立的条件是：式 (4.104) 和 (4.106) 式 (4.108) 同时成立. 不难证明, 由式 (4.104) 推出式 (4.106). 事实上, 由式 (4.104) 知 $(I-P)APA(I-P)=0$, 故

$$\begin{aligned}0=&\operatorname{tr}[(I-P)APA(I-P)]\\=&\operatorname{tr}[(APA)^{1/2}(I-P)(APA)^{1/2}].\end{aligned}$$

由此并注意到 $(I-P)^2=I-P$, 立得式 (4.106).

故为证 $Y'AY$ 有式 (4.102) 的形式, 只需证明：当式 (4.104) 和 (4.108) 成立时, 存在数 $a\geqslant 0$ 及矩阵 $B\geqslant 0$, 使得 $A=a(I-P)+PBP$. 设式 (4.108) 的第一条满足, 则有 $(I-P)A=0$, $A(I-P)=0$, 从而

$$A=(I-P+P)A(I-P+P)=PAP.$$

取 $a=0$, $B=A$ 即得, 若式 (4.108) 的第二条满足, 则把 $A^{1/2}(I-P)A^{1/2}$ 的惟一的 ($n-r$ 重的) 非零特征根记为 a. 但 $(I-P)A\times(I-P)$ 的全部非零特征根等于 $A(I-P)^2$ 即 $A(I-P)$ 的全部非零特征根, 而后者又等于 (通过表 $A(I-P)$ 为 $A^{1/2}A^{1/2}(I-P))A^{1/2}(I-P)A^{1/2}$ 的全部非零特征根, 因此

$$\operatorname{rk}[(I-P)A(I-P)]=n-r$$

且 $(I-P)A(I-P)$ 的非零特征根只有 a. 这样, 矩阵 $(I-P)A(I-P)/a$ 是往 $\mathscr{M}^{\perp}(X)$ 的投影变换阵, 因此证明了

$$(I-P)A(I-P)/a=I-P.$$

再由式 (4.104) 得

$$A=(I-P+P)A(I-P+P)=a(I-P)+PAP.$$

明所欲证. 最后, 往证 A 的表达式 $a(I-P)+PBP$ 中, B 满足引理中指出的条件. 找正交阵 Q, 使得 $PBP=Q'\operatorname{diag}(\lambda_1\cdots,\lambda_q,0,\cdots,0)Q$. 记 $QX\theta=\alpha=(\alpha_1,\cdots,\alpha_n)'$, 则

$$\begin{aligned}&R(\beta,\sigma^2,a(I-P)+PBP)\\=&2(n-r)a^2+2\sum_1^q\lambda_i^2+\left[(n-r)a+\sum_1^q\lambda_i-1\right]^2+4\sum_1^q\lambda_i^2\alpha_i^2\\&+2\left[(n-r)a+\sum_1^q\lambda_i-1\right]\sum_1^q\lambda_i\alpha_i^2+\left(\sum_1^q\lambda_i\alpha_i^2\right)^2.\end{aligned}\tag{4.110}$$

用反证法. 设 $a, \lambda_1, \cdots, \lambda_q$ 不满足引理中之条件, 分两种情形:

a. $a \geqslant \lambda_1$. 取 $a_1 \in (0, a)$[①], 使得

$$(n-r+2)a_1 + \sum_1^q \lambda_i > 1.$$

由式 (4.110) 有

$$\begin{aligned}
&R(\beta, \sigma^2, a(I-P)+PBP) - R(\beta, \sigma^2, a_1(I-P)+PBP) \\
&= (n-r)(a-a_1)\left[(n-r+2)(a+a_1) + 2\sum_1^q \lambda_i - 2\right] \\
&\quad + 2(n-r)(a-a_1)\sum_1^q \lambda_i \alpha_i^2 > 0.
\end{aligned}$$

因而 $a_1 S^2 + \hat{\beta}' X' B X \hat{\beta}$ 将一致优于 $aS^2 + \hat{\beta}' X' B X \hat{\beta}$, 与后者的可容许性矛盾.

b. $\mathrm{a} < \lambda_1$, 取$b \in (0, \lambda_1)$, 使得

$$(n-r)a + 3b + \sum_2^q \lambda_i > 1.$$

又取矩阵 $C \geqslant 0$ 满足

$$PCP = Q' \mathrm{diag}(b, \lambda_2, \cdots, \lambda_q, 0, \cdots, 0) Q. \tag{4.111}$$

这种 C 的存在的证明见下. 由式 (4.110) 和 (4.111), 有

$$\begin{aligned}
&R(\beta, \sigma^2, a(I-P)+PBP) - R(\beta, \sigma^2, a(I-P)+PCP) \\
=&(\lambda_1 - b)\left[2(n-r)a + 3(\lambda_1+b) + 2\sum_2^q \lambda_i - 2\right] \\
&+ 2(\lambda_1 - b)\sum_2^q \lambda_i \alpha_i^2 + 2[(n-r)a + 3(\lambda_1+b) \\
&+ \sum_2^q \lambda_i - 1](\lambda_1 - b)\alpha_1^2 + [[(\lambda_1+b)\alpha_1^2 + 2\sum_2^q \lambda_i \alpha_i^2](\lambda_1 - b)\alpha_1^2 > 0.
\end{aligned}$$

这样 $aS^2 + \hat{\beta}' X' C X \hat{\beta}$ 将一致优于 $aS^2 + \hat{\beta}' X' B X \hat{\beta}$, 与所设矛盾. 剩下证明适合式 (4.111) 的 $C \geqslant 0$ 存在. 为此, 记

---

① 必有 $a > 0$. 因为, 若 $a = 0$, 则由 $0 \leqslant \lambda_1 \leqslant a$ 知 $\lambda_1 = 0$, 故 $\lambda_1 = \cdots = \lambda_q = 0$. 这时引理中条件显然满足.

$QP=W$, 而 $W'=(w_1 \vdots \cdots \vdots w_n), u_i=B^{1/2}w_i, (i=1,\cdots,n)$, 则 $WBW'=\text{diag}(\lambda_1,\cdots,\lambda_q,0,0,\cdots,0)$, 因而 $u_1,\cdots,u_q$ 两两正交、非零, 而 $u_{q+1}=\cdots=u_n=0$. 找 $n-q$ 个向量 $u_i^*(i=1,\cdots,,n-q)$, 使得

$$U=(u_1 \vdots \cdots \vdots u_q \vdots u_1^* \vdots \cdots \vdots u_{n-q}^*)$$

为满秩方阵. 再令

$$V=(\sqrt{b/\lambda_1}u_1 \vdots u_2 \vdots \cdots \vdots u_q \vdots 0 \vdots \cdots \vdots 0)=(v_1 \vdots \cdots \vdots v_n).$$

最后, 令 $C=B^{1/2}(VU^{-1})'(VU^{-1})B^{1/2}$. 有

$$WCW'=WB^{1/2}(VU^{-1})'(VU^{-1})B^{1/2}W'.$$

由 $VU^{-1}U=V$ 知 $VU^{-1}u_i=v_i(i=1,\cdots,q)$, 知

$$\begin{aligned}(VU^{-1})(B^{1/2}W') &=(v_1 \vdots \cdots \vdots v_q \vdots 0 \vdots \cdots \vdots 0)\\ &=(\sqrt{b_1/\lambda_1}u_1 \vdots u_2 \vdots \cdots \vdots u_q \vdots 0 \vdots \cdots \vdots 0).\end{aligned}$$

由 $u_1,\cdots,u_q$ 两两正交, 长分别为 $\sqrt{\lambda_1},\cdots,\sqrt{\lambda_q}$, 得

$$WCW=\text{diag}(b,\lambda_2,\cdots\lambda_q,0,\cdots,0).$$

再以 $W=QP$ 代入并注意 Q 为正交阵, 即得式 (4.111). 这完成了引理的证明.

为证明下一引理, 先做一点准备. 构造 n 阶正交阵 $Q=(Q_1 \vdots Q_2)$, 满足 $\mathscr{M}(X)=\mathscr{M}(Q_1)$. 记 $\eta=Q_1'X\theta$, 则有

$$X\theta=QQ'X\theta=Q_1Q_1'X\theta=Q_1\eta.$$

注意到 $\text{rk}(Q_1'X)=\text{rk}(X)=r$, 知当 θ 遍历 $\mathbb{R}^p$ 时, η 遍历 $\mathbb{R}^r$(注意 $\theta=\beta/\sigma$). 因 P 为向 $\mathscr{M}(X)$ 的投影阵, 故亦为向 $\mathscr{M}(Q_1)$ 的投影阵, 从而 $P=Q_1(Q_1'Q_1)^{-1}Q_1'=Q_1Q_1'$, 而

$$\begin{aligned}&R(\beta,\sigma^2,a(I-P)+PBP)\\ =&2(n-r)a^2+2\text{tr}[(Q_1'BQ_1)^2]\\ &+[(n-r)a+\text{tr}(Q_1'BQ_1)-1]^2\\ &+4\eta'(Q_1'BQ_1)^2\eta+(\eta'Q_1'BQ_1\eta)^2\\ &+2\left[(n-r)a+\text{tr}(Q_1'BQ_1)-1\right]\eta'Q_1'BQ_1\eta.\end{aligned}\tag{4.112}$$

在以下, P,Q_1,η 的意义均如此处, 不另作说明.

易见当 $B \geqslant 0$ 时, $Q_1'BQ_1$ 与 PBP 有相同的非零特征根. 事实上, 表 B 为 $B=C'C$, 则 $PBP=Q_1Q_1'C'CQ_1Q_1'$. 而后者与 $CQ_1Q_1'Q_1Q_1'C'$ 即 $CQ_1Q_1'C'$ 有相同非零特征根①, 但后者又与 $Q_1'C'CQ_1$ 即 $Q_1'BQ_1$ 有相同非零特征根.

引理 4.19　给实数 $a \geqslant 0$, 矩阵 $B \geqslant 0$. 以 $\lambda_1 \geqslant \cdots \geqslant \lambda_q > 0$ 记 PBP 的全部非零特征根 (即: m 重的计入 m 次), 若有

$$
\begin{aligned}
&-(n-r+2)a^2+a+2(n-r+2)a\lambda_q-\sum_1^q \lambda_i^2-2\lambda_q+2\lambda_q\sum_1^q \lambda_i \\
&<0,
\end{aligned}
\tag{4.113}
$$

则在模型 H_2 之下, $aS^2+\hat{\beta}'X'BX\hat{\beta}$ 不是 σ^2 的可容许估计.

证　因 $Q_1'BQ_1$ 与 PBP 有同样的非零特征根, 故存在正交阵 T, 使得 $Q_1'BQ_1=T'\mathrm{diag}(\lambda_1,\cdots,\lambda_q,0,\cdots,0)T$. 记 $T\eta=\xi=(\xi_1,\cdots,\xi_r)'$, 则由式 (4.112), 得

$$
\begin{aligned}
&R(\beta,\sigma^2,a(I-P)+PBP) \\
=&2(n-r)a^2+2\sum_1^q \lambda_i^2+\left[(n-r)\,a+\sum_1^q \lambda_i-1\right]^2+4\sum_1^q \lambda_i^2\xi_i^2 \\
&+2\left[(n-r)\,a+\sum_1^q \lambda_i-1\right]\sum_1^q \lambda_i\xi_i^2+\left(\sum_1^q \lambda_i\xi_i^2\right)^2.
\end{aligned}
$$

取 $b' \in (0,1)\,, \alpha>0$, 有

$$
\begin{aligned}
&R\left(\beta,\sigma^2,a\left(I-P\right)+PBP\right)-R\left(\beta,\sigma^2,\alpha\left(I-P\right)+bPBP\right) \\
=&2\left(n-r\right)\left(a^2-\alpha^2\right)+2\left(1-b^2\right)\sum_1^q \lambda_i^2+\left[(n-r)\,a+\sum_1^q \lambda_i-1\right]^2 \\
&-\left[(n-r)\,\alpha+b\sum_1^q \lambda_i-1\right]^2+4\left(1-b^2\right)\sum_1^q \lambda_i^2\xi_i^2 \\
&+2\left[(n-r)\,a+\left(1-b^2\right)\sum_1^q \lambda_i-(n-r)\,\alpha b-(1-b)\right]\sum_1^q \lambda_i\xi_i^2 \\
&+\left(1-b^2\right)\left(\sum_1^q \lambda_i\xi_i^2\right)^2 \\
\geqslant&2\left(n-r\right)\left(a^2-\alpha^2\right)+2\left(1-b^2\right)d+\left[(n-r)\,a+c-1\right]^2 \\
&-\left[(n-r)\,\alpha+bc-1\right]^2+4(1-b^2)\lambda_q\sum_1^q \lambda_i\xi_i^2
\end{aligned}
$$

① 根据周知事实: 若 AB 和 BA 都有意义, 则它们有完全一样的非零特征根. 这一事实在前面已用过了.

$$\begin{aligned}&+2\left[(n-r)\,a+\left(1-b^2\right)c-(n-r)\,\alpha b\right.\\&\left.-(1-b)\right]\sum_1^q\lambda_i\xi_i^2\\&+\left(1-b^2\right)\left(\sum_1^q\lambda_i\xi_i^2\right)^2\end{aligned}\tag{4.114}$$

对一切 $\xi\in\mathbb{R}^r$(即对一切 $\beta\in\mathbb{R}^p, 0<\sigma^2<\infty$), 此处 $d=\sum\limits_1^q\lambda_i^2, c=\sum\limits_1^q\lambda_i$. 式 (4.114) 中 $\geqslant$ 号后的表达式是 $\sum\limits_1^q\lambda_i\xi_i^2$ 的二次函数, 其判别式记为 Δ. 便有

$$\begin{aligned}\Delta/4=&\left[(n-r)\,a+\left(1-b^2\right)c-(n-r)\,\alpha b\right.\\&\left.-(1-b)+2\left(1-b^2\right)\lambda_q\right]^2\\&-\left(1-b^2\right)\left\{2\,(n-r)\left(a^2-\alpha^2\right)+2\left(1-b^2\right)d\right.\\&\left.+\left[(n-r)\,a+c-1\right]^2-\left[(n-r)\,\alpha+bc-1\right]^2\right\}.\end{aligned}$$

欲证引理成立, 只需证在引理条件下, 存在 $b_0\in(0,1)$ 和 $\alpha_0>0$, 使得 $\Delta<0$. 现对给定的 $a,b,\lambda_1,\cdots,\lambda_q,\Delta/4$ 作为 α 的函数在

$$\bar{\alpha}=\left[(n-r)\,ab+(1-b)+2\left(1-b^2\right)b\lambda_q\right]/\left[n-r+2\left(1-b^2\right)\right]\tag{4.115}$$

处达到最小. 在 $\Delta/4$ 的表达式中以 $\bar{\alpha}$ 代 α, 经过一些计算得到

$$\begin{aligned}&\Delta\left[n-r+2\left(1-b^2\right)\right]^2/4\left(1-b^2\right)\\=&(1-b)\,g\left(a,b,\lambda_1,\cdots,\lambda_q\right)+8\,(n-r)^2\left[-(n-r+2)\,a^2+a\right.\\&\left.+2\,(n-r+2)\,a\lambda_q-d-2\lambda_q+2\lambda_q c\right],\end{aligned}$$

此处 $g\left(a,b,\lambda_1,\cdots,\lambda_q\right)$ 是 $a,b,\lambda_1,\cdots,\lambda_q$ 的多项式. 因为

$$\lim_{b\to1}(1-b)\,g\left(a,b,\lambda_1,\cdots,\lambda_q\right)=0,$$

故当 $-(n-r+2)\,a^2+a+2\,(n-r+2)\,a\lambda_q-d-2\lambda_q+2\lambda_q c<0$ 时, 存在 $b_0\in(0,1)$ 和 $\alpha_0=\bar{\alpha}\,|_{b=b_0}$, 使得 $\Delta<0$. 引理得证.

注 4.5 当 $a=0$ 且 $2\lambda_1+\sum\limits_1^q\lambda_i\leqslant1$ 时, 式 (4.113) 显然满足. 因此, $\hat{\beta}'X'BX\hat{\beta}$ $(B\geqslant0)$ 在 $\mathscr{D}$ 中不是 σ^2 的可容许估计.

综合引理 4.17~4.19, 得到下述定理:

定理 4.15 在模型 H_2 之下, 若 $Y'AY\overset{D}{\sim}\sigma^2$, 则

$$Y'AY=aS^2+\hat{\beta}'X'BX\hat{\beta},\tag{4.116}$$

其中数 $a>0$, 矩阵 $B\geqslant 0$, 且 a 和 B 受到以下的限制:

1° 当 $PBP=0$ 时, $a=(n-r+2)^{-1}$(回忆 P 是向 $\mathscr{M}(X)$ 投影变换的矩阵).

$2\circ$ 当 $\operatorname{rk}(PBP)=q\geqslant 1$ 时, PBP 的全部非零特征根 $\lambda_1\geqslant\lambda_2\geqslant\cdots\geqslant\lambda_q>0$ 与 a 一起适合以下两式:

$$(n-r)\,a+\sum_1^q\lambda_i+2\max\left(a,\lambda_1\right)\leqslant 1\quad\left(r=\operatorname{rk}\left(X\right)\right),\tag{4.117}$$

$$\begin{aligned}&-(n-r+2)\,a^2+a+2\,(n-r+2)\,a\lambda_q\\&-\sum_1^q\lambda_i^2-2\lambda_q+2\lambda_q\sum_1^q\lambda_i\geqslant 0.\end{aligned}\tag{4.118}$$

系 4.9　设 $Y\sim N\left(X\beta,\sigma^2V\right),V>0$ 已知. 若在损失函数 (4.77) 之下, $Y'AY\overset{D}{\sim}\sigma^2$, 则

$$Y'AY=a\tilde{S}^2+\tilde{\beta}'X'V^{-1/2}BV^{-1/2}X\tilde{\beta},$$

此处 (记 $\tilde{P}$ 等于往 $\mathscr{M}(V^{1/2}X)$ 投影变换的矩阵)

$$\tilde{S}^2=Y'V^{-1/2}\left(I-\tilde{P}\right)V^{-1/2}Y,\quad\tilde{\beta}=\left(X'V^{-1}X\right)^-X'V^{-1}Y.$$

数 $a>0$, 矩阵 $B\geqslant 0$ 满足以下的限制: 当 $\tilde{P}B\tilde{P}=0$ 时 $a=(n-r+2)^{-1},r=\operatorname{rk}(X)$; 当 $\operatorname{rk}\left(\tilde{P}B\tilde{P}\right)=q\geqslant 1$ 时, $\tilde{P}B\tilde{P}$ 的非零特征根 $\lambda_1\geqslant\cdots\geqslant\lambda_q>0$ 及 a 满足式 (4.117) 和式 (4.118).

注 4.6　定理 4.15 中的条件不是 $Y'AY\overset{D}{\sim}\sigma^2$ 的充分条件. 例如, 当

$$q\geqslant 2,\lambda_1>a>0,(n-r)\,a+\sum_1^q\lambda_i+2\lambda_1=1\tag{4.119}$$

及满足时, $aS^2+\hat{\beta}'X'BX\hat{\beta}\overset{D}{\sim}\sigma^2$ 不成立. 为此找正交阵 T, 使得 $Q_1'BQ_1=T'\operatorname{diag}(\lambda_1,\cdots,\lambda_q,0,\cdots,0)T$($Q_1$ 的定义见前). 取 a_1,b 和 $C\geqslant 0$, 使得

$$a<b<\lambda_1,(n-r)\,a+\lambda_1=(n-r)\,a_1+b,$$

$$Q_1'CQ_1=T'\operatorname{diag}\left(b,\lambda_2,\cdots,\lambda_q,0,\cdots,0\right)T.$$

记 $T_\eta=\xi=(\xi_1,\cdots,\xi_r)'$. 据式 (4.112), 有

$$\begin{aligned}&R\left(\beta,\sigma^2,a\left(I-P\right)+PBP\right)-R\left(\beta,\sigma^2,a_1\left(I-P\right)+PCP\right)\\=&2\,(n-r)\left(a^2-a_1^2\right)+2\left(\lambda_1^2-b^2\right)\\&+(\lambda_1-b)\left[2\sum_2^q\lambda_i\xi_i^2+(\lambda_1+b)\,\xi_1^2\right]\xi_1^2\end{aligned}$$

$$
\begin{aligned}
&+2\left[\left(\sum_{2}^{q}\lambda_i-1\right)(\lambda_1-b)+(n-r)\,a\lambda_1\right.\\
&\left.+3\left(\lambda_1^2-b^2\right)-(n-r)\,a_1b\right]\xi_1^2. \qquad (4.120)
\end{aligned}
$$

由 $\sum\limits_{2}^{q}\lambda_i-1=-(n-r)\,a-3\lambda_1$ 及 $a_1=[(n-r)\,a+\lambda_1-b]/(n-r)$, 得

$$
\begin{aligned}
&\left(\sum_{2}^{q}\lambda_i-1\right)(\lambda_1-b)+(n-r)\,a\lambda_1+3\left(\lambda_1^2-b^2\right)-(n-r)\,a_1b\\
=&-[(n-r)\,a+3\lambda_1](\lambda_1-b)+(n-r)\,a\lambda_1\\
&+3\left(\lambda_1^2-b^2\right)-\left[(n-r)\,ab+\lambda_1b-b^2\right]\\
=&2b\,(\lambda_1-b)>0, \qquad (4.121)\\
&2\,(n-r)\left(a^2-a_1^2\right)+2\left(\lambda_1^2-b^2\right)\\
=&2\,(n-r)\,(a+a_1)\,(a-a_1)+2\,(\lambda_1+b)\,(\lambda_1-b)\\
=&2\,(a+a_1)\,(b-\lambda_1)+2\,(\lambda_1+b)\,(\lambda_1-b)\\
=&2\,(\lambda_1-b)\,(\lambda_1+b-a-a_1)\\
=&2\,(\lambda_1-b)\,[\lambda_1+b-a-a-(\lambda_1-b)/(n-r)]\\
>&0. \qquad (4.122)
\end{aligned}
$$

由式 (4.119)~(4.121), 得

$$
R\left(\beta,\sigma^2,a\,(I-P)+PBP\right)-R\left(\beta,\sigma^2,a_1\,(I-P)+PCP\right)>0
$$

对一切 β 和 σ^2, 因而 $\alpha S^2+\hat{\beta}'X'BX\hat{\beta}\overset{D}{\sim}\sigma^2$ 不成立.

顺便指出, 满足所述条件的 $a,\lambda_1,\cdots,\lambda_q$ 存在, 如 $q=2$, $a=8/[8\,(n-r)+33]$, $\lambda_1=4a/3,\lambda_2=a/8$, 就是一例.

(三) 一般 X: 充分条件

引理 4.20 若在任意模型 H_2 之下, $aS^2+\hat{\beta}'X'BX\hat{\beta}\overset{D}{\sim}\sigma^2$ 不成立 $(a>0,B\geqslant 0)$, 设 T 为正交阵, 使得

$$
Q_1'BQ_1=T'\mathrm{diag}\,(\lambda_1,\cdots,\lambda_q,0,\cdots,0)\,T,
$$

$$
\lambda_1\geqslant\cdots\geqslant\lambda_q>0.
$$

则必存在 $a_1>0,b_1\geqslant 0,\cdots,b_q\geqslant 0$, 矩阵 $C\geqslant 0$, 满足

$$
Q_1'CQ_1=T'\mathrm{diag}\,(b_1,\cdots,b_q,0,\cdots,0)\,T,
$$

使得 $a_1S^2+\hat{\beta}X'CX\hat{\beta}$ 一致优于 $aS^2+\hat{\beta}'X'BX\hat{\beta}$.

证 因 $aS^2+\hat{\beta}'X'BX\hat{\beta}\overset{D}{\sim}\sigma^2$ 不成立, 由引理 4.18 和 4.19 的证明过程知, 存在 $a_1>0$ 及 $\tilde{C}\geqslant 0$, 使得 $a_1S^2+\hat{\beta}'X'\tilde{C}X\hat{\beta}$ 一致优于 $aS^2+\hat{\beta}'X'BX\hat{\beta}$. 记 $d_1,\cdots,d_q$ 为 $D=TQ_1'\tilde{C}Q_1T'$ 的前 q 个主对角元. 令

$$C=Q_1T'\mathrm{diag}\left(d_1,\cdots,d_q,0,\cdots,0\right)TQ_1'.$$

往证

$$R\left(\beta,\sigma^2,a_1\left(I-P\right)+PCP\right)\leqslant R\left(\beta,\sigma^2,a\left(I-P\right)+PBP\right) \tag{4.123}$$

对一切 β 和 σ^2 成立, 且至少对 β 和 σ^2 的一组值有严格不等号. 只需讨论 $(n-r)\,a+\sum\limits_1^q\lambda_i+2b\leqslant 1$ 的情形, 此处 $b=\max\left(a,\lambda_1\right)$. 注意到

$$\begin{aligned}R\left(\beta,\sigma^2,a_1\left(I-P\right)+P\tilde{C}P\right)=&2\left(n-r\right)a_1^2+2\mathrm{tr}\left(D^2\right)\\&+\left[\left(n-r\right)a_1+\mathrm{tr}\left(D\right)-1\right]^2+4\xi'D^2\xi\\&+2\left[\left(n-r\right)a_1+\mathrm{tr}\left(D\right)-1\right]\xi'D\xi+\left(\xi'D\xi\right)^2,\end{aligned}$$

此处 $\xi=(\xi_1,\cdots,\xi_r)'=T_\eta$, 下同.

$$\begin{aligned}&R\left(\beta,\sigma^2,a\left(I-P\right)+PBP\right)\\=&2\left(n-r\right)a^2+2\sum_1^q\lambda_i+\left[\left(n-r\right)a+\sum_1^q\lambda_i-1\right]^2\\&+4\xi'\mathrm{diag}\left(\lambda_1^2,\cdots,\lambda_q^2,0,\cdots,0\right)\xi+2\left[\left(n-r\right)a+\sum_1^q\lambda_i-1\right]\\&\times\xi'\mathrm{diag}\left(\lambda_1,\cdots,\lambda_q,0\cdots,0\right)\xi+\left[\xi'\mathrm{diag}\left(\lambda_1,\cdots,\lambda_q,0,\cdots,0\right)\xi\right]^2.\end{aligned}$$

由 $a_1S^2+\hat{\beta}'X'\tilde{C}X\hat{\beta}$ 一致优于 $aS^2+\hat{\beta}'X'BX\hat{\beta}$ 知 $\mathrm{diag}(\lambda_1,\cdots,\lambda_q,0,\cdots,0)\geqslant D$, 而 $D\geqslant 0$, 故有

$$D=\begin{pmatrix}D_1&0\\0&0\end{pmatrix},\mathrm{diag}\left(\lambda_1,\cdots,\lambda_q\right)\geqslant D_1,$$

其中 $D_1\geqslant 0$ 为 q 阶方阵.

当 D 为对角形时, 显然有

$$T'\mathrm{diag}\left(d_1,\cdots,d_q,0,\cdots,0\right)T=Q_1'\tilde{C}Q_1=Q_1'CQ_1.$$

故式 (4.122) 成立.

当 D 不为对角形时, 由 $\operatorname{diag}(\lambda_1,\cdots,\lambda_q)\geqslant D_1\geqslant 0$, 知 $\lambda_i\geqslant d_i(i=1,\cdots,q)$, 且存在 i, 使得 $\lambda_i>d_i$. 记 $\alpha=\left(\xi_1^2,\cdots,\xi_q^2\right)',\lambda=(\lambda_1,\cdots,\lambda_q)',d=(d_1,\cdots,d_q)'$, 并定义

$$\begin{aligned}g(\alpha)=&R\left(\beta_1\sigma^2,a(I-P)+PBP\right)-R\left(\beta,\sigma^2,a(I-P)+PCP\right)\\=&2(n-r)\left(a^2-a_1^2\right)+2\lambda'\lambda+\left[(n-r)a+\mathbf{1}_q'\lambda-1\right]^2-2d'd\\&-\left[(n-r)a_1-\mathbf{1}_q'd-1\right]^2+4\sum_1^q\lambda_i^2\xi_i^2-4\sum_1^q d_i^2\xi_i^2\\&+2\left[(n-r)a+\mathbf{1}_q'\lambda-1\right]\lambda'\alpha-2\left[(n-r)a_1+\mathbf{1}_q'd-1\right]d'\alpha\\&+\alpha'\lambda\lambda'\alpha-\alpha'dd'\alpha.\end{aligned}\tag{4.124}$$

为证式 (4.122) 成立, 我们仅需证明存在 i 和 ξ_{i0}, 使得 $g(\alpha)$ 的最小值在 $\xi_i^2=\xi_{i0}^2,\xi_j^2=0$ 当 $j\neq i$ 处达到. 因为, 若这一点成立, 则因 D 不是对角阵, 有 $\operatorname{tr}\left(D^2\right)>d'd$, 从而

$$\begin{aligned}g(\alpha)\geqslant&g\left(0,\cdots,0,\xi_{i0}^2,0,\cdots,0\right)\\>&\left[R\left(\beta,\sigma^2,a(I-P)+PBP\right)\right.\\&\left.-R\left(\beta,\sigma^2,a_1(I-P)+P\tilde{C}P\right)\right]\Big|_{\alpha=\left(0,\cdots,0,\xi_{i0}^2,0,\cdots,0\right)}\\\geqslant&0.\end{aligned}$$

这就是式 (4.122). 以下分两种情形讨论:

a. $\lambda_i>d_i(i=1,\cdots,q)$. 这时由式 (4.123) 可知

$$\begin{aligned}g(\alpha)\geqslant&2(n-r)\left(a^2-a_1^2\right)+2\lambda'\lambda+\left[(n-r)a+\mathbf{1}_q'\lambda-1\right]^2-2d'd\\&-\left[(n-r)a_1+\mathbf{1}_q'd-1\right]^2+2\left[(n-r)_a+\mathbf{1}_q'\lambda-1\right]\lambda_1\sum_1^q\xi_i^2\\&+2\left[1-(n-r)a_1-\mathbf{1}_q'd\right]\bar{d}\sum_1^q\xi_i^2+\min_{1\leqslant i\leqslant q}\left(\lambda_i^2-d_i^2\right)\alpha'\alpha,\end{aligned}$$

此处

$$\bar{d}=\begin{cases}0, & 当1\geqslant(n-r)a_1+\mathbf{1}_q'd,\\\max\limits_{1\leqslant i\leqslant q}d_i, & 其他情形.\end{cases}$$

但 $\left(\sum\limits_1^q\xi_i^2\right)^2\leqslant q\alpha'\alpha$, 因此

$$g(\alpha)\geqslant2(n-r)\left(a^2-a_1^2\right)+2\lambda'\lambda+\left[(n-r)a+\mathbf{1}_q'\lambda-1\right]^2-2d'd$$

$$- \left[(n-r)\,a_1 + \mathbf{1}_q' d - 1\right]^2 + 2\left[(n-r)_a + \mathbf{1}_q'\lambda - 1\right]\lambda_1\sqrt{q\alpha'\alpha}$$
$$+ 2\left[1-(n-r)\,a_1 - \mathbf{1}_q' d\right]\bar{d}\sqrt{q\alpha'\alpha} + \min_{1\leqslant i\leqslant q}\left(\lambda_i^2 - d_i^2\right)\alpha'\alpha.$$

因此 $\lim\limits_{\|\alpha\|\to\infty} g(\alpha) = \infty$. 故存在 $L>0$, 使得当 $\|\alpha\|>L$ 时, $g(\alpha)>g(0)$. 由于 $g(\alpha)$ 为 α 的连续函数, 故 g 在集 $A_L=\{\alpha:\|\alpha\|\leqslant L\}$ 上取到其最小值, 后者也是 g 在全空间上的最小值. 现有

$$\begin{aligned}\partial g/\partial\alpha \triangleq & (\partial g/\partial\xi_1^2,\cdots\partial g/\partial\xi_q^2)' \\ =& 2\left[(n-r)\,a + \mathbf{1}_q'\lambda - 1\right]\lambda - 2\left[(n-r)\,a_1 + \mathbf{1}_q' d - 1\right]d \\ & + 4\left(\lambda_1^2,\cdots,\lambda_q^2\right)' - 4\left(d_1^2,\cdots,d_q^2\right)' + 2A\alpha,\end{aligned} \tag{4.125}$$

$$\partial^2 g/\partial\alpha^2 = \left(\partial^2 g/\partial\xi_i^2\partial\xi_j^2\right)_{i,j=1,\cdots,q} = 2A,$$

此处

$$A = \left(\lambda_i\lambda_j - d_i d_j\right)_{i,j=1,\cdots,q} = \lambda\lambda' - dd', \tag{4.126}$$

易见

$$A\geqslant 0 \Leftrightarrow \text{存在}x,\text{使得}d_i/\lambda_i = x, i=1,\cdots,q. \tag{4.127}$$

事实上, 若式 (4.126) 右端对, 则 $A=\left(1-x^2\right)\lambda\lambda'\geqslant 0$(注意, 由 $\lambda_i>d_i\geqslant 0$ 知 $0\leqslant x<1$). 反之, 若式 (4.126) 右端不成立, 不失普遍性可设 $d_1/\lambda_1\neq d_2/\lambda_2$. 取 $z_1=-\left(\lambda_1^2-d_1^2\right)^{-1/2}(\lambda_1\lambda_2-d_1d_2)$,$z_2=\left(\lambda_1^2-d_1^2\right)^{1/2}$, 有

$$(z_1,z_2,0,\cdots,0)A\left(z_1,z_2,0,\cdots,0\right)' = -\left(d_1\lambda_2 - d_2\lambda_1\right)^2 < 0.$$

即 $A\geqslant 0$ 不成立, 这证明了式 (4.126).

当 A 非半正定时, g 在 $\left\{\alpha=\left(\xi_1^2,\cdots,\xi_q^2\right):\xi_i^2>0, i=1,\cdots,q\right\}$ 上取不到最小值, 但前已证明, 存在 $L>0$, 使得 g 在 A_L 上能达到最小. 因此存在足标 $i_1<i_2<\cdots<i_k$, 使得函数 g 在集

$$W=\left\{\alpha=\left(\xi_1^2,\cdots,\xi_q^2\right):\xi_{i_j}^2=0, j=1,\cdots,k\right\} \tag{4.128}$$

上能取到最小值. 若 $A\geqslant 0$, 则由式 (4.124)~(4.126)(右端), 方程 $\partial g/\partial\alpha=0$ 成为

$$\left[(n-r)\,a + \mathbf{1}_q'\lambda - 1\right]\lambda + 2\left(1-x^2\right)\left(\lambda_1^2,\cdots,\lambda_q^2\right)'$$
$$-\left[(n-r)\,a_1 + \mathbf{1}_q' d - 1\right]x\lambda + \left(1-x^2\right)\lambda\lambda'\alpha = 0.$$

对 α 有解的充要条件为对某常数 w, $\left(\lambda_1^2,\cdots,\lambda_q^2\right)'=w\left(\lambda_1,\cdots,\lambda_q\right)'$ 由于 $\lambda_i>0$, 这只在 $\lambda_1,\cdots,\lambda_q$ 同为一常数 $u>0$ 时才可能. 但当 $\lambda_1=\cdots=\lambda_q=u$ 时, 有

$$g(\alpha) = 2\,(n-r)\left(a^2-a_1^2\right) + 2q\left(1-x^2\right)u^2 + \left[(n-r)\,a + qu - 1\right]^2$$

$$
\begin{aligned}
&-[(n-r)\,a_1+qxu-1]^2+2[(n-r)\,a+(q+2)\,u\\
&-1-(n-r)\,a_1x-(q+2)\,x^2u+x]u\sum_1^q\xi_i^2\\
&+(1-x^2)u^2\left(\sum_1^q\xi_i\right)^2,
\end{aligned}
$$

例如, 其最小值可在点 $(\xi_1^2,0,\cdots,0)$ 处达到, 其中

$$
\xi_1^2=\begin{cases}0, & \text{当}\,(n-r)\,(a-a_1x)+(q+2)\,u\left(1-x^2\right)\\ & \quad -(1-x)\geqslant 0,\\ [\,(n-r)\,a_1x-(n-r)\,a-(q+2)\,u\left(1-x^2\right) & \\ \quad +(1-x)\,]/u\left(1-x^2\right), & \text{其他情形}.\end{cases}
$$

当 $\lambda_1,\cdots,\lambda_q$ 不全相同时, 函数 g 在集 $\{\alpha=(\xi_1^2,\cdots,\xi_q^2)';\xi_i^2>0,i=1,\cdots,q\}$ 上将达不到极值. 与前面类似的讨论给出, 存在形如式 (4.127) 的集 W, 使得 g 在 W 上能取到其最小值. 记 $\{j_1,\cdots,j_m\}=\{1,2,\cdots,q\}\setminus\{i_1,\cdots,i_k\}$, 则在 W 上, g 是 $\left(\xi_{j_1}^2,\cdots,\xi_{j_m}^2\right)$ 的函数. 对它重复以上的论证并在必要时继续做下去, 最后将得出: 函数 g 的最小值在某一形如

$$
W_1=\left\{\alpha=(0,\cdots,0,\xi_i^2,0,\cdots,0)':0\leqslant\xi_i^2<\infty\right\}
$$

上取到其最小值. 但在 W_1 上, g 是 ξ_i^2 的非负二次数, 它必然在某点 $\xi_i^2=\xi_{i0}^2$ 处取到其最小值. 这就是所要证明的.

b. 存在 i, 使得 $\lambda_i=d_i$. 前已指出, 必存在 j, 使得 $\lambda_j>d_j$. 不失普遍性, 设 $\lambda_i>d_i$, 当 $i=1,\cdots,k;\lambda_i=d_i$, 当 $i=k+1,\cdots,q$, 此处 $1\leqslant k\leqslant q-1$. 因为

$$
\begin{aligned}
g\left(0,\cdots,0,\xi_q^2\right)=&2\,(n-r)\left(a^2-a_1^2\right)\\
&+2\lambda'\lambda+\left[(n-r)\,a+\mathbf{1}_q'\lambda-1\right]^2\\
&-2d'd-\left[(n-r)\,a_1+\mathbf{1}_q'd-1\right]^2\\
&+2\left[(n-r)\,a+\mathbf{1}_q'\lambda-1\right]\lambda_q\xi_q^2\\
&-2\left[(n-r)\,a_1+\mathbf{1}_q'd-1\right]\lambda_q\xi_q^2\\
>&[R\left(\beta,\sigma^2,a\,(I-P)+PBP\right)-R(\beta,\sigma^2,a_1\,(I-P)\\
&+P\tilde{C}P)]|_{\xi_1^2=\cdots=\xi_{q-1}^2=0}\geqslant 0,
\end{aligned}
$$

知 $(n-r)\,a+\mathbf{1}_q'\lambda\geqslant(n-r)\,a_1+\mathbf{1}_q'd$, 因而

$$
g\,(\alpha)\geqslant g\left(\xi_1^2,\cdots,\xi_k^2,0,\cdots,0\right).
$$

上式右边作为 $\xi_1^2,\cdots,\xi_k^2$ 的函数, 与情形 a 相似. 由情形 a 的论证方法将得出：存在 i, 使得函数 $g(\alpha)$ 在 $\xi_j^2=0(j=1,\cdots,q,j\neq i)$ 处取到其最小值. 这样就完成了引理的证明.

引理 4.21 矩阵 P 和 Q 与 r 的意义同前. 仍以 $\lambda_1\geqslant\cdots\geqslant\lambda_q>0$ 记 PBP' 的全部非零特征根, 又 $a\geqslant\lambda_1$, 且满足

$$(n-r+2)\,a+\sum_1^q\lambda_i=1, \tag{4.129}$$

(这等于要求 $\left(1-\sum\limits_1^q\lambda_i\right)/\,(n-r+2)\geqslant\lambda_1$) 则在模型 H_2 之下, 有 $\delta\,(Y)\triangleq aS^2+\hat{\beta}X'BX\hat{\beta}\overset{D}{\sim}\sigma^2$.

证 找正交阵 T, 使得 $Q_1'BQ_1=T'\mathrm{diag}(\lambda_1,\cdots\lambda_a,0,\cdots,0)T$. 由引理 4.20, 只需证对于 $a_1>0$ 及满足条件

$$Q_1'CQ_1=T'\mathrm{diag}\,(b_1,\cdots,b_q,0,\cdots,0)\,T$$

的矩阵 $C\geqslant0,\delta_1\,(Y)=a_1S^2+\hat{\beta}'X'CX\hat{\beta}$ 不能一致优于 $\delta\,(Y)$. 由公式 (4.78) 算出

$$\begin{aligned}
&R\left(\beta,\sigma^2,\delta\,(Y)\right)-R\left(\beta,\sigma^2,\delta_1\,(Y)\right)\\
=&2\,(n-r)\left(a^2-a_1^2\right)+2\lambda'\lambda-2b'b+\left[(n-r)\,a+\mathbf{1}_q'\lambda-1\right]^2\\
&-\left[(n-r)\,a_1+\mathbf{1}_q'b-1\right]^2+4\left(\lambda_1^2,\cdots,\lambda_q^2\right)\alpha-4\left(b_1^2,\cdots,b_q^2\right)\alpha\\
&+2\left[(n-r)\,a+\mathbf{1}_q'\lambda-1\right]\lambda'\alpha-2\left[(n-r)\,a_1+\mathbf{1}_q'b-1\right]b'\alpha\\
&+\alpha'\left(\lambda\lambda'-bb'\right)\alpha,
\end{aligned}$$

此处如前, $\alpha=\left(\xi_1^2,\cdots,\xi_q^2\right)',\lambda=\left(\lambda_1,\cdots,\lambda_q\right)',b=\left(b_1,\cdots,b_q\right)'$ 显然, 若 $b_i>\lambda_i$, 则 $\delta_1\,(Y)$ 不可能一致优于 $\delta\,(Y)$, 故只需讨论 $b_i\leqslant\lambda_i(i=1,\cdots,q)$ 的场合. 分三种情形:

a. $(n-r+2)\,a_1+\sum\limits_1^q b_i=1$. 这时必存在 i, 使得 $b_i<\lambda_i$. 否则将有 $b_i=\lambda_i(i=1,\cdots,q)$, 再由对 a_1 的假定及式 (4.128), 将有 $a=a_1$, 而 $\delta_1\,(Y)\equiv\delta\,(Y)$, 这样, 必有 $a_1>a$. 记 $d_i=\lambda_i-b_i$ 有 $d_i\geqslant0(i=1,\cdots,q)$, 且

$$(n-r+2)\,(a_1-a)=\sum_1^q d_i$$

以及

$$2\,(n-r)\left(a^2-a_1^2\right)+2\lambda'\lambda-2b'b+\left[(n-r)\,a+\mathbf{1}_q'\lambda-1\right]^2$$

$$
\begin{aligned}
&-\left[(n-r)\,a_1+\mathbf{1}_q'b-1\right]^2\\
=&2\,(n-r+2)\left(a^2-a_1^2\right)+2\sum_1^a(\lambda_l+b_i)\,d_i\\
<&2\,(a+a_1)\left[(n-r+2)\,(a-a_1)+\sum_1^q d_i\right]=0,
\end{aligned}
$$

因而 $\delta_1(Y)$ 不能一致优于 $\delta(Y)$.

b. $(n-r+2)a_1+\sum\limits_1^q b_i<1$. 取 $a_2=\left(1-\sum\limits_1^q b_i\right)\Big/(n-r+2)$. 注意到这时 $2(n-r)a_1^2+2b'b+[(n-r)a_1+1_q'b-1]^2$ 是 a_1 的严格下降函数, 因此, 由已证的情形 a, 有

$$
\begin{aligned}
&2(n-r)a^2+2\lambda'\lambda+[(n-r)a+\mathbf{1}_q'\lambda-1]^2\\
<&2(n-r)a_2^2+2b'b+[(n-r)a_2+\mathbf{1}_q'b-1]^2\\
<&2(n-r)a_1^2+2b'b+[(n-r)a_1+\mathbf{1}_q'b-1]^2,
\end{aligned}
$$

因而 $\delta_1(Y)$ 不能一致优于 $\delta(Y)$.

c. $(n-r+2)a_1+\sum\limits_1^q b_i>1$. 此时 $2(n-r)a_1^2+2b'b+[(n-r)a_1+\mathbf{1}_q'b-1]^2$ 是 a_1 的严格上升函数. 由与情形 b 类似的证法, 得知 $\delta_1(Y)$ 不能一致优于 $\delta(Y)$. 引理证毕.

对固定的 r 阶正交阵 T, 考虑估计类

$$
\begin{aligned}
\mathscr{F}=\{&aS^2+\hat\beta'X'BX\hat\beta:a>0,B\geqslant 0,\\
&Q_1'BQ_1=T'\mathrm{diag}(\lambda_1,\cdots,\lambda_q,0\cdots,0)T\},
\end{aligned}
$$

若 $\mathscr{F}$ 中一个估计相对于 $\mathscr{F}$ 是可容许的, 则由引理 4.20, 此估计必是 σ^2 的相对于类 $\mathscr{D}$ 的可容许估计. 我们用 Bayes 方法来求 $\mathscr{F}$ 中的相对于 $\mathscr{F}$ 的 (σ^2 的, 下同) 可容许估计. 回忆 $\eta=Q_1'X\theta$. 记 $T_\eta=\xi=(\xi_1,\cdots,\xi_r)',a$ 和 λ 的意义同前. 有

$$
\begin{aligned}
&R(\beta,\sigma^2,a(I-P)+PBP)\\
&=2(n-r)a^2+2\lambda'\lambda+[(n-r)a+\mathbf{1}_q'\lambda-1]^2\\
&+4(\lambda_1^2,\cdots,\lambda_q^2)\alpha+2[(n-r)a+\mathbf{1}_q'\lambda-1]\lambda'\alpha\\
&+\alpha'\lambda\lambda'\alpha.
\end{aligned}
$$

取 α 的先验分布 π, 使得

$$
E_\pi\alpha=m=(m_1,\cdots,m_q)',\quad \mathrm{COV}_\pi(\alpha)=V=(v_{ij}).
$$

当然有 $m_i \geqslant 0$, 且 $m_i = 0 \Rightarrow \pi(\xi_i^2 = 0) = 1$, 这时也将有 $v_{ii} = 0$. 经过一些繁复但初等的计算, 可得 $aS^2 + \hat{\beta}'X'BX\hat{\beta}$ 在先验分布 π 之下的 Bayes 风险为

$$\begin{aligned} &R_\pi(aS^2 + \hat{\beta}'X'BX\hat{\beta}) \\ =&(a, \lambda')C(a, \lambda')' - 2a(n-r) - 2\lambda'(\mathbf{1}_q + m) + 1, \end{aligned} \tag{4.130}$$

此处

$$\begin{aligned} C =& \begin{pmatrix} (n-r)(n-r+2) & (n-r)(\mathbf{1}_q + m)' \\ (n-r)(\mathbf{1}_q + m) & 2I + 4\text{diag}(m_1, \cdots, m_q) \\ & +(\mathbf{1}_q + m)(\mathbf{1}_q + m)' + V \end{pmatrix} \\ =& \begin{pmatrix} 2(n-r) & 0 \\ 0 & 2I + 4\text{diag}(m_1, \cdots, m_q) \end{pmatrix} \\ &+E_\pi \left[\begin{pmatrix} n-r \\ \mathbf{1}_q + \alpha \end{pmatrix} (n - r \vdots (\mathbf{1}_q + \alpha)') \right] \\ >& 0. \end{aligned} \tag{4.131}$$

因此, $R_\pi(aS^2 + \hat{\beta}'X'BX\hat{\beta})$ 是 a 和 λ 的严格凸函数. 则 $\bar{D} = \{(a, \lambda_1, \cdots, \lambda_q) : a \geqslant 0, \lambda_i \geqslant 0, i = 1, \cdots, q\}$, 则 $\bar{D}$ 为闭凸集, 从而 $R_\pi(aS^2+\hat{\beta}'X'BX\hat{\beta})$, 作为 $a, \lambda_1, \cdots, \lambda_q$ 的函数, 而且 (由式 (4.129) 推知) 当 $\max\{a, \lambda_1, \cdots, \lambda_q\} \to \infty$ 时, $R_\pi \to \infty$. 故知 $R_\pi(aS^2 + \hat{\beta}'X'BX\hat{\beta})$ 在 $\bar{D}$ 上惟一的一点 $(a_0, \lambda_{10}, \cdots, \lambda_{q0})$ 处达到其最小值. 与此点相应的估计, 即 $\alpha_0 S^2 + \hat{\beta}'X'B_0X\hat{\beta}$, 就是相应于先验分布 π 的 Bayes 估计. 依第一章定理 1.7, 若 PBP 的全部非零特征根恰是 $\lambda_{10}, \cdots, \lambda_{q0}$ 中全部非零者, 则 $a_0S^2 + \hat{\beta}'X'BX\hat{\beta} \overset{D}{\sim} \sigma^2$. 由引理 4.18 及注 4.5 可知, $R_\pi(aS^2 + \hat{\beta}'X'BX\hat{\beta})$ 在 $\bar{D}$ 上的最小值必在集

$$\{(a, \lambda_1, \cdots, \lambda_q) : 0 < a < 1, 0 \leqslant \lambda_i < 1, \quad i = 1, \cdots, q\}$$

上达到. 由以上论证及引理 4.17 和 4.21, 即得下面定理中 $1^\circ \sim 3^\circ$ 的证明.

定理 4.16　在模型 H_2 之下有

1° 设 $m = (m_1, \cdots, m_q)'(1 \leqslant q \leqslant r = \text{rk}(X)$, 又 P, Q_1, η 保持前面的意义) 及 V 分别是一非负随机向量的均值向量与协方差阵①. 用式 (4.130) 的第一个等式定义 C. 记式 (4.129) 右端的函数为 $f(a, \lambda)$, 以及

$$D^* = \{(a, \lambda_1, \cdots, \lambda_q) : 0 \leqslant a \leqslant 1, 0 \leqslant \lambda_i \leqslant 1, \quad i = 1, \cdots, q\}.$$

若 $f(a, \lambda)$ 在 D^* 上的最小值在 $(a_0, \lambda_{10}, \cdots, \lambda_{q0})$ 处达到, 而 PBP(其中 $B \geqslant 0$) 的非零特征根的全体恰是 $\lambda_{10}, \cdots, \lambda_{q0}$ 中的非零者, 则 $a_0S^2 + \hat{\beta}'X'BX\hat{\beta} \overset{D}{\sim} \sigma^2$.

---

① 指各分量都以概率 1 只取非负值的随机向量.

2° $S^2/(n-r+2) \overset{D}{\sim} \sigma^2$.

3° 若 $a>0, PBP$(其中 $B \geqslant 0$) 的全体非零特征根为 $\lambda_1 \geqslant \lambda_2 \geqslant \cdots \geqslant \lambda_q > 0$, 而式 (4.128) 成立, 则 $aS^2+\hat{\beta}'X'BX\hat{\beta} \overset{D}{\sim} \sigma^2$.

4° 若 $B \geqslant 0, \mathrm{rk}(PBP)=1, \lambda$ 是 PBP 的非零特征根, $a>0$, 则 $aS^2+\hat{\beta}'X'BX\hat{\beta} \overset{D}{\sim} \sigma^2$ 的充要条件为以下两式同时成立

$$(n-r+2)a+\lambda \leqslant 1, \tag{4.132}$$

$$-(n-r+2)a^2+a+2(n-r+2)a\lambda+\lambda^2-2\lambda \geqslant 0. \tag{4.133}$$

证 $1° \sim 3°$ 已在前面证明了, 只剩下 4°. 必要性部分由定理 4.15 的式 (4.117) 和 (4.118) 立即得出. 往证条件的充分性. 找正交阵 T, 使得

$$Q_1'BQ_1 = T'\mathrm{diag}(\lambda, 0, \cdots, 0)T.$$

记 $\mathrm{T}\eta=\xi=(\xi_1,\cdots,\xi_r)'$. 由式 (4.112) 得

$$\begin{aligned}
&R(\beta,\sigma^2,a(I-P)+PBP)\\
=&2(n-r)a^2+2\lambda^2+[(n-r)a+\lambda-1]^2\\
&+4\lambda^2\xi_1^2+2[(n-r)a+\lambda-1]\lambda\xi_1^2+\lambda^2\xi_1^4.
\end{aligned}$$

取 ξ_1^2 之一先验分布 π, 满足条件 $E_\pi(\xi_1^4)=M<\infty$. 记 $u=E_\pi(\xi_1^2)$, 则 $M \geqslant u^2$, 且当 $u=0$ 时有 $M=0$. 于是在此先验分布之下, $aS^2+\hat{\beta}'X'BX\hat{\beta}$ 的 Bayes 风险易算出为

$$\begin{aligned}
&R_\pi(aS^2+\hat{\beta}'X'BX\hat{\beta})\\
=&(n-r)(n-r+2)a^2\\
&+2\left[(n-r)+(n-r)u\right]a\lambda\\
&+(3+6u+M)\lambda^2-2(n-r)a-2(1+u)\lambda+1.
\end{aligned}$$

它作为 a 和 λ 的函数有惟一的最小值点 (a_0,λ_0), 满足方程组

$$\left\{\begin{array}{l}
(n-r+2)a_0+(1+u)\lambda_0=1,\\
(n-r)(1+u)a_0+(3+6u+M)\lambda_0=1+u.
\end{array}\right. \tag{4.134}$$

易见 $a_0>0$, $\lambda_0>0$, 这不难直接解出式 (4.133), 并利用 $0 \leqslant u \leqslant \sqrt{M}$ 证得. 据第一章可容许定理, 有 $a_0S^2+\hat{\beta}'X'B_0X\hat{\beta} \overset{D}{\sim} \sigma^2$($B_0$ 为当 $\lambda=\lambda_0$ 时的 B).

现设 a 和 λ 满足式 (4.131) 和 (4.132), 且式 (4.131) 成立严格不等号. 取

$$u=[1-(n-r+2)a-\lambda]/\lambda,$$

$$M = [(1+u)(1-(n-r)a-3\lambda)-3\lambda u]/\lambda,$$

则以 (a,λ) 代式 (4.133) 中的 (a_0,λ_0) 时, 式 (4.133) 成立. 且由 $a>0, \lambda>0$, $(n-r+2)a+\lambda<1$ 及式 (4.132) 成立, 知 $0<u\leqslant\sqrt{M}<\infty$, 因此存在 ξ_1^2 的先验分布 π, 使得 $\pi(0,\infty)=1$, $E_\pi(\xi_1^2)=u$, $E_\pi(\xi_1^4)=M$①, 这时 $aS^2+\hat{\beta}'X'BX\hat{\beta}$ 成为式 (4.133) 下面提到的那个 $a_0S^2+\hat{\beta}'X'B_0X\hat{\beta}$, 因而为 σ^2 在 $\mathscr{D}$ 中的可容许估计.

若 a 和 λ 使得式 (4.131) 成立等号, 且使得式 (4.132) 成立, 则容易验证 $a\geqslant\lambda$. 这时所要的结论由引理 4.21 给出. 定理证毕

系 4.10 设 Y 服从正态分布 $N(X\beta,\sigma^2V)(V>0)$ 已知. 若在定理 4.16 中, 以 $V^{-1/2}Y$ 代 Y, $V^{-1/2}X$ 代 X, $V^{-1/2}X(X'V^{-1}X)^-\cdot X'V^{-1/2}$ 代 P, 定理的结论仍有效.

定理 4.15 和 4.16 分别给出了 (在模型 H_2 之下)$Y'AY\overset{D}{\sim}\sigma^2$ 的必要条件和充分条件. 这之间有一些距离尚待弥合.

注 4.7 在定理 4.16 的 1° 中, 当 V 为对角形 $\operatorname{diag}(v_{11},\cdots,v_{qq})$ 且满足 $m_i=0\Rightarrow v_{ii}=0(i=1,\cdots,q)$ 时, 存在随机向量 $(Z_1,\cdots,Z_q)'$, 使得其均值向量和协方差阵分别为 m 及 V. 这时, 表达式

$$(a\vdots\lambda')C(a\vdots\lambda')'-2\left[a(n-r)+\lambda'(\mathbf{1}_q+m)\right]+1$$

在 $\mathbb{R}^{q+1}$ 的最小值在

$$a=\left\{n-r+2\left[\sum_1^q(1+m_i)^2\Big/(2+4m_i+v_{ii})\right]\right\}^{-1},$$

$$\lambda_i=2(1+m_i)a/(2+4m_i+v_{ii}), i=1,\cdots,q \tag{4.135}$$

处达到. 若由式 (4.134) 定义 a 和 λ, 且 m_i 和 v_{ii} 满足 $m_i\geqslant0$, $v_{ii}\geqslant0, m_i=0\Rightarrow v_{ii}=0, i=1,\cdots,q$, 而 PBP 的非零特征根为 $\lambda_1,\cdots,\lambda_q$ 时, 有

$$aS^2+\hat{\beta}X'BX\hat{\beta}\overset{D}{\sim}\sigma^2.$$

注 4.8 在模型 H_2 之下, 若 $X=\mathbf{1}_n$, $n\geqslant2$(这就是通常估计一维总体方差 (均值未知) 的问题), 则 $Y'AY\overset{D}{\sim}\sigma^2$ 的充要条件是

$$Y'AY=a\sum_1^n(Y_i-\bar{Y})^2+bn\bar{Y}^2,$$

① π 可如下做出: 取 $\varepsilon_1\in(0,u)$, $\varepsilon_2>u$, 使得 $(\varepsilon_1+\varepsilon_2)(\varepsilon_3-u)=\varepsilon_2^2-M$, 取 $p=(\varepsilon_2-u)/(\varepsilon_2-\varepsilon_1)$, 令 $\pi(\{\varepsilon_1\})=p, \pi(\{\varepsilon_2\})=1-p$.

此处 $\bar{Y} = \frac{1}{n}\sum_{1}^{n} Y_i$, 而 a 和 b 满足以下两条件之一:

1° $a = 1/(n+1), b = 0$.

2° $a > 0, b > 0, (n+1)a + b \leqslant 1, -(n+1)a^2 + a + 2(n+1)ab + b^2 - 2b \geqslant 0$.

§4.5 误差方差的二次型估计的可容许性II (在一般估计类中)

在上节中我们看到: 关于线性模型的误差方差 σ^2 的二次型估计在二次型估计类中的可容许性, 虽然还没有完整的解决, 但已有了相当普遍的结果. 即, 我们不仅得出了很广一类的可容许估计, 而且找到了可容许性的必要条件与充分条件. 二者的差距不很大. 如果在全体估计类中去考虑问题, 情形就复杂得多. 即使假定随机误差服从正态分布, 目前也还谈不上任意系统的结果. 而在回归系数的线性估计方面, 我们已看到, 在正态假设下问题有了较完满的解决. 这显示出, 方差估计的容许性问题在难度上要比线性估计大.

本节的目的是介绍吴启光、成平和李国英在这方面的若干研究成果, 见文献 [11, 12].

仍如前, 设有线性模型

$$Y = X\beta + e, \tag{4.136}$$

Y, X, β, e 分别为 $n\times 1, n\times p, p\times 1$ 和 $n\times 1$ 矩阵. X 已知, 而 e 满足条件

$$e \sim N(0, \sigma^2 I_n) \quad , \quad 0 < \sigma^2 < \infty. \tag{4.137}$$

为估计 σ^2, 采用平方损失函数

$$L(\sigma^2, d) = (\sigma^2 - d)^2. \tag{4.138}$$

以下, 将条件 (4.135)~(4.137) 总括地称呼为模型 H_3. 若 σ^2 的估计 $\delta(Y)$ 在 σ^2 的全体估计类中有容许性, 则记为 $\delta(Y) \sim \sigma^2$.

本节的主要结果是下面的定理.

定理 4.17 在模型 H_3 之下, 有

1° $||Y^2||/(n+2) \sim \sigma^2$.

2° 设 $\mathscr{M}(C) \subset \mathscr{M}(X), B > 0, A = C'C + B$, 则

$$Y'(I - CA^{-1}C')Y/(n+2) \sim \sigma^2.$$

证 先证 1°. 我们先在式 (4.135) 中的 $\beta = 0$(即 $Y \sim N(0, \sigma^2 I_n)$) 的补充假定下来证明 $\delta_0(Y) \triangleq ||Y||^2/(n+2) \sim \sigma^2$. 记 $\theta = -(n+2)/2\sigma^2$, 则 $g(\theta) \triangleq \sigma^2 =$

$-(n+2)/2\theta$. 以 θ 为参数, Y 有密度函数 $C(\theta)\exp(\delta_0(y)\theta)$, 其中

$$C(\theta)=(2\pi)^{-n/2}(-2\theta/(n+2))^{n/2}.$$

容易验证, 对这个分布族而言, 第一章定理 1.9 的条件全部成立, 因此 $\delta_0(Y)\sim\sigma^2$(在 $\beta=0$ 的假定下).

对一般情形, 设存在估计量 $\delta_1(Y)$, 使得对一切 $\beta\in\mathbb{R}^p$,

$$R(\beta,\sigma^2,\delta_1)\leqslant R(\beta,\sigma^2,\delta_0),\quad 0<\sigma^2<\infty. \tag{4.139}$$

则对一切 $\sigma^2>0$, 更有 $R(0,\sigma^2,\delta_1)\leqslant R(0,\sigma^2,\delta_0)$. 由已证的关于 $\beta=0$ 时的结果, 及损失函数 (4.137) 关于 d 的严格凸性, 知① 对任意 $\sigma>0$,

$$P_\sigma(\delta_0(Y)=\delta_1(Y))=1,$$

此处 P_σ 表示 $Y\sim N(0,\sigma^2 I_n)$. 由上式知

$$\delta_0(y)=\delta_1(y),\quad \text{a.s.}L_n \text{ 于 } y\in\mathbb{R}^n. \tag{4.140}$$

故由式 (4.139) 知, 式 (4.138) 对一切 $\beta\in\mathbb{R}^p$ 和 $\sigma^2>0$ 成立等号, 因而证明了 $\delta_0(Y)\sim\sigma^2$, 即 1°.

为证 2°, 先讨论 $C=X$ 的情形. Y 有密度

$$p(y,\beta,\sigma^2)=(2\pi\sigma^2)^{-n/2}\exp(-\|y-X\beta\|^2/2\sigma^2).$$

因 $B>0$, 可以取 $N(0,\sigma^2B^{-1})$ 为 β 的先验分布. 令

$$\begin{aligned}p_\xi(y,\sigma^2)=&(2\pi\sigma^2)^{-n/2}|B|^{1/2}|A|^{-1/2}\exp(-y'(I-XA^{-1}X')y/2\sigma^2)\\&\times\int_{\mathbb{R}^p}|A|^{1/2}(2\pi\sigma^2)^{-p/2}\exp[-(\beta-A^{-1}X'y)'A(\beta\\&-A^{-1}X'y)/2\sigma^2]d\beta\\=&(2\pi\sigma^2)^{-n/2}|B|^{1/2}|A|^{-1/2}\exp(-y'(I-XA^{-1}X')y/2\sigma^2).\end{aligned}$$

记

$$T(y)=y'(I-XA^{-1}X')y/(n+2),\quad \alpha=-(n+2)/2\sigma^2,$$

$$\sigma^2=g(\alpha)=-(n+2)/2\alpha,$$

$$\beta(\alpha)=(2\pi)^{-n/2}|B|^{1/2}|A|^{-1/2}[-(n+2)/2\alpha]^{-n/2}.$$

① 否则, 取 $\delta_2=(\delta_0+\delta_1)/2$, 将得出 δ_2 一致优于 δ_0.

我们有

$$p_\xi(y,\sigma^2) = \beta(\alpha)\exp(T(y)\alpha). \tag{4.141}$$

对这个指数分布族来说, 容易验证定理 1.9 的条件都满足. 因此, 当 Y 具密度函数 (4.140) 时, 有 $T(Y) \sim \sigma^2$. 再应用第一章定理 1.10, 知在模型 H_3 之下, 有 $Y'(I-XAX')Y/(n+2) \sim \sigma^2$.

其次, 考虑一般的 C_y 由假定 $\mathscr{M}(C) \subset \mathscr{M}(X)$ 知, 存在矩阵 Q, 使得 $C = XQ$. 记 $\delta_0(Y) = Y'(I-CA^{-1}C')Y/(n+2)$. 若存在 σ^2 的估计量 $\delta_1(Y)$, 致 (4.138) 成立, 则易见有: 当 $Y \sim N(C\beta, \sigma^2 I_n)(\tilde{\beta} \in R^q, q = C$ 的列数) 而损失函数为式 (4.137) 时, 有

$$R(\tilde{\beta},\sigma^2,\delta_1(Y)) \leqslant R(\tilde{\beta},\sigma^2,\delta_0(Y)), \quad \forall \tilde{\beta} \in \mathbb{R}^q, \sigma^2 > 0. \tag{4.142}$$

与情形 1° 的论证类似, 由此得出

$$P_{\tilde{\beta},\sigma}(\delta_0(Y) = \delta_1(Y)) = 1,$$

此处 $P_{\tilde{\beta},\sigma}$ 表示 $Y \sim N(C\tilde{\beta}, \sigma^2 I_n)$, 此显然可写为

$$P_{\tilde{\beta},\sigma}(\delta_0(Y) = \delta_1(Y)) = 1.$$

而 $P_{\beta,\sigma}$ 表示 $Y \sim N(X\beta, \sigma^2 I_n)$. 这证明了 $\delta_0(Y) \sim \sigma^2$. 定理证毕.

系 4.11 设 $Y \sim N(X\beta, \sigma^2 V)$, $V > 0$ 已知, 则在损失函数 (4.137) 之下, 有

1° $Y'V^{-1}Y/(n+2) \sim \sigma^2$.

2° 若 $\mathscr{M}(C) \subset \mathscr{M}(V^{-1/2}X), B > 0, A = C'C + B$, 则

$$Y'V^{-1/2}(I - CA^{-1}C')V^{-1/2}Y/(n+2) \sim \sigma^2.$$

注 4.9 在定理 4.17 的 2° 中, 即使在 $C'C$ 为满秩的情形, $B > 0$ 的条件也不能放宽为 $B \geqslant 0$. 事实上, 考虑 $X = \mathbf{1}_n$ 的特例. 这相当于估计一维正态分布 $N(\beta, \sigma^2)$ 的方差 σ^2(均值 β 未知). 取 $C = \mathbf{1}_n$, 则 $C'C$ 为数 n 取 $B = 0$, 则

$$Y'(I - CA^{-1}C')Y/(n+2) = S^2/(n+2),$$

此处

$$S^2 = \sum_1^n (Y_i - \bar{Y})^2, \quad \bar{Y} = \frac{1}{n}\sum_1^n Y_i.$$

但易见 $S^2/(n+2)$ 不为 σ^2 的可容许估计, 因为直接计算得出, 估计量 $S^2/(n+1)$ 的风险处处小于 $S^2/(n+2)$ 的风险.

不难验证, 就本例而言, 在一切形如 aS^2 的估计中, 以 $a = (n+1)^{-1}$ 最优, 但即使这个估计 (指 $S^2/(n+1)$) 也不是可容许的 —— 这当然是指在全体估计类中.

若局限在二次型估计类 $\mathscr{D}$ 中, 则由定理 4.16 的 2° 知, $S^2/(n+1)$ 是可容许的. 本例也说明: 即使在正态分布下, $\mathscr{D}$ 可容许与在全体估计类中可容许也不等价.

参考文献

1 Rao C R. Estimation of parameters in a linear model. Ann Statist, 1976, 4: 1023~1037

2 Hsu P L. On the best unbiased quadratic estimate of the variance. Stat Res Mem, 1938, 2: 91~104

3 James W, Stein C. Estimation with quadratic loss// Proc Fourth Berkeley Symp Math Statist Prob, 1. Sam Diego: Univ of Califomia Press, 1961: 361~379

4 Cohen A. All admissible linear estimates of the mean vector. Ann Math Statist, 1966, 37: 458~463

5 Brown L D, Fox M. Admissibility of procedures in two-dimensional location parameter problems. Ann Statist, 1974, 2: 248~266

6 Stein C. Inadmissibility of the usual estimator for the mean of a multivariate normal distribution// Proc Third Berkeley Symp Math Statist Prob 1. San Diego: Univ of California Press, 1956, 197~206

7 Hudson H H M. A Natural identity for experiential families with application in multiparameter estimation. Ann Statist, 1978, 6: 473~484

8 Cheng Ping. Admissibility of simultaneous estimation of several parameters. 系统科学与数学, 1982, 2(3): 176~195

9 那汤松. 实变函数论. 徐瑞云译. 北京: 人民教育出版社, 1962

10 吴启光. 矩阵损失下回归系数的线性估计的可容许性. 科学通报, 1982, 27: 833~835

11 吴启光, 成平, 李国英. 线性模型中误差方差的二次型估计的可容许性问题. 中国科学, 1981, 7: 815~825

12 吴启光, 成平, 李国英, 再论线性模型中误差方差的二次型估计的可容许性. 系统科学与数学, 1981, 1 (2): 112~127

13 吴启光. 可容许线性估计的一个注记. 应用数学学报, 1982, 5: 19~24